高坝泄洪雾化
预测技术及工程安全对策

陈端　韩继斌　陈辉　侯冬梅　著

长江出版社
CHANGJIANG PRESS

图书在版编目（CIP）数据

高坝泄洪雾化预测技术及工程安全对策 / 陈端等著 .
武汉 ：长江出版社，2024.3. -- ISBN 978-7-5492-3096-9

Ⅰ . ①高… Ⅱ . ①陈… Ⅲ . ①高坝－泄洪消能－研究
Ⅳ . ① TV649

中国版本图书馆 CIP 数据核字 (2015) 第 030318 号

高坝泄洪雾化预测技术及工程安全对策
GAOBAXIEHONGWUHUAYUCEJISHUJIGONGCHENGANQUANDUICE
陈端等 著

责任编辑： 郭利娜
装帧设计： 汪雪
出版发行： 长江出版社
地　　址： 武汉市江岸区解放大道 1863 号
邮　　编： 430010
网　　址： https://www.cjpress.cn
电　　话： 027-82926557（总编室）
027-82926806（市场营销部）
经　　销： 各地新华书店
印　　刷： 武汉邮科印务有限公司
规　　格： 787mm×1092mm
开　　本： 16
印　　张： 15.5
字　　数： 372 千字
版　　次： 2024 年 3 月第 1 版
印　　次： 2024 年 3 月第 1 次
书　　号： ISBN 978-7-5492-3096-9
定　　价： 96.00 元

前　言

FOREWORD

泄洪雾化是高坝水力学的重大关键技术问题之一。泄洪雾化对工程安全和周边环境的影响也越来越严重。目前,在建的高坝工程大部分均处于我国西部高山峡谷和高地震区,河谷陡窄,岸坡地质条件复杂,重大事故危险隐患较多。在特大泄洪落差和泄洪功率的驱动下,工程泄洪运用时将在局部区域产生超强降雨及雾流,短时间内雾化水体的高强度入渗和冲击容易诱发岸坡崩塌,危及工程安全,浓雾弥漫会对电站的安全运行以及周边工作和生活环境产生严重影响,超强度雾雨还将使局部区域内的动植物生境发生较大变化。因此,建立科学的水利水电工程泄洪雾化影响预测和评价机制并制定安全合理可靠的防治对策,对减少泄洪雾化对工程本身及生态环境的不利影响,保证工程的安全运用至关重要。

本研究在以往的研究基础上,耦合原型工程类比、物理模型和数学模型预测方法,开展泄洪雾化复合预测技术研究,定量研究泄洪雾化对工程安全和环境的不利影响,建立泄洪雾化工程安全和环境影响综合评价体系,并制定泄洪雾化不利影响的综合防治措施。主要内容和研究结果如下:

(1)高坝泄洪雾化形成过程是挑流水舌在空中运动过程中紊动掺气形成不连续水体和落入下游水体时激溅反弹形成破碎水滴,向周围扩散形成降雨和雾流。泄洪雾化是非常复杂的水—气和气—水两相流,影响因素十分复杂,雾化降雨的影响范围和降雨强度与上下游水位、下泄流量、消能方式、下游地形地势、当地气候等因素有关。

(2)泄洪雾化雾源区的降雨强度以水舌落水点为中心呈对称分布,数值由内向外逐渐减小。落水区上游的雾化主要由水舌两侧散裂水滴抛洒形成,降雨强度在横向断面内呈双峰分布;落水区下游的雾化主要由水舌与水体激溅反弹产生,降雨强度在横向断面内呈单峰对称分布;落水区域两侧同时有水舌裂散抛洒和水舌落入水体激溅反弹产生的雾化，形成的雨强基本沿纵向呈单调递增的分布趋势。

(3)泄洪雾化降雨雨滴主要由滴径较小、数量众多的优频雨滴和滴径较大、数量很少的优势雨滴组成，两种雨滴的组成比例共同影响测点雨强的大小。优势雨滴和优频雨滴满足不同的模型律，雾化雨强的模型律可表达为两者的线形组合。泄洪雾化引起的下游降雨原则上可以分为三个区：抛洒降雨区、溅水降雨区、雾流降雨区。其中，抛洒降雨区的降雨组成以优势雨滴为主，雨强模型律可表达为 $S_P=S_m\times L_r^{1.553}$；溅水降雨区的降雨优势和优频雨滴的成分并重，雨强模型律为 $s_p=s_f\times L_r^{1.653}+s_g\times L_r^{1.196}$；雾流降雨区的降雨以优频雨滴为主，雨强模型律为 $S_P=S_m\times L_r^{1.636}$。

(4)综合挑流泄洪雾化的原型观测与物理模型成果，构建了雾化水流的全场数学模型以对溅抛水滴与雾流扩散所形成的雾流降雨进行统一模拟，开发泄洪雾雨复合预测技术，全方位预测泄洪雾化各雨区(抛洒雨区、强降雨区和雾流降雨区)以及雾区(浓雾区、薄雾区)的降雨强度和雾流浓度的分布及范围，并选取典型高坝工程进行数值模拟计算，通过原型观测成果对预测技术进行校验和完善。

(5)以细砂、黏土为研究对象，采用模型试验研究降雨条件下的边坡稳定性，全程监测坡内含水率、孔压、坡面位移物理量的变化，观察不同雨强、坡度下边坡的破坏现象。通过归纳和分析试验数据，对含水率、孔压变化进行深入研究，进一步揭示降雨入渗对边坡破坏机理和过程，随着雨强的增大，含水率发生变化的时间越早，因为雨强增大，边坡容易饱和，而饱和渗透系数大于非饱和渗透系数，所以随着雨强增大，水分入渗也快。随着雨强的增大，孔压发生变化的时间越早，增加的梯度相对也大，但最终所达到的最大值基本相同。这说明雨强增大，饱和带形成时间越早，而孔压最终的大小不是由雨强决定的，小雨强长历时也能形成较大孔压，从而较大降低土体的有效应力和抗剪强度，降低边坡稳定性。

(6)雾化雨入渗条件下，边坡坡脚、下部首先产生水压力且由坡面至坡底增加。随着降雨入渗，饱和区域向下发展，饱和区域亦从在边坡底部由坡外向坡内发展，孔压区域因此向下部和内部发展，即水压力区域在竖直和水平方向上均会发展。最终，整个坡体均产生孔压，边坡表层处孔压等值线密集，说明表层水压力变化梯度大，水分的势能变化大；在边坡内部，水压力在坡外向坡内的方向上增加，在竖向上也是增加，最终在边坡上部的底部区域有最大孔压。

(7)陡坡的整个坡面区域均有较大孔压，而缓坡中部至顶部的坡面区域的孔压要较小，它们在靠近坡底的区域孔压均较大，从陡坡孔压分布说明其破坏除了重力的分量增大外还有孔压的影响导致破坏规模大和连续性强。

(8)有限元模拟分析结果表明，虽然无防护时，安全系数在降雨停止后能迅速回升，但由于其在降雨时，下降幅度大，下降速度快，总体安全性偏低。有抗滑桩时，因为抗滑桩的布置位置和布置数量对安全系数影响较大，因此，此次计算情况并不能完全反映其对边坡安全系数的影响，具有一定的局限性，如果布置准确，抗滑桩能极大地提高潜在滑动块的抗滑能力。浆砌石护坡条件下，其安全系数与混凝土条件相比，对降雨更为敏感，安全系数变化响应更为迅速，但总体下降幅度有限。浆砌石护坡的入渗率如果过小，将影响边坡的排水能力，内部阻滞的水将提高静水压力，进而威胁边坡的稳定性；反之，则无法对大量降雨起到有效的阻渗作用。而有混凝土衬砌条件下，安全系数变化幅度最小，且在此次计算中，其所有工况的安全系数均大于1，显示其在有雾化雨入渗条件下，对边坡安全防护具有十分明显的作用。需要指出的是，在有混凝土衬砌时，为了能使其发挥最大的保护作用，安全排水设置仍然十分重要。

(9)在掌握雾雨强度及分布的基础上，分析坝区局部区域内雾雨对周边环境的影响方式、影响程度和影响范围，研究泄洪雾雨对该区域内人类生产生活以及动植物环境的影响机制，在雾雨区和对照区，选定样方，对比分析湿度、温度、土壤含水量、土壤微生物群落、植物光合作用速率、植被格局等的差异，从温度和湿度要素评价雾雨对动物/人的舒适度影响，从植物光合作用速率及植被格局差异研究雾雨对植被的影响；通过对实验数据的分析，结合观测，提出了泄洪雾雨环境生态影响评价指标体系，包括：雾雨区湿度变率及其持续时间、雾雨区温度变率及其持续时间，雾雨区人为淹没强度及其持续时间，进而为建立泄洪雾雨环境影响评价指标体系提供参考。

(10)雾化区雾流降雨潜在危害程度受多个因素影响，具有不确定性及模糊性，因而模糊数学综合评判方法是雾流降雨潜在危害程度评价分析的有效途径；研究分析雾化区内雾流降雨潜在危害程度的7个主要影响因素，评价泄洪雾雨影响范围及对高边坡稳定、坝区交通、电厂发电以及局部区域内人类生产生活、动植物环境的影响，对于十分特殊的问题，可适当增加考虑的关联因素，扩展评价指标体系，即可进行模糊综合分析；指标体系及其权重的选取都是在广泛调查及实际工程经验的基础上得出的，有较为扎实的基础，通过对工程实例的评价分析，所得结果与实际吻合较好，验证了模型的有效性。

(11)挑射泄洪引起下游局部地区雾化不可避免，其对工程的危害通过前期预测计算研究以及一系列后期工程防护措施可以避免，保证工程安全运行，综合考虑泄洪雾化降雨强度以及影响危害，对雾化降雨进行分级分区，并进行相应的防护处理，合理的防护方式能有效地保证工程安全，同时节省工程投资。

本书由陈端、韩继斌、陈辉、侯冬梅编写，全书分为7章。

本书的出版感谢国家自然科学基金项目“挑流泄洪雾化雾源量影响因素及分布规律研究”和水利部行业专项“高坝泄洪雾化工程安全及环境影响评价与对策”的资助。

由于作者水平有限，对部分问题的认识和研究还有待于进一步的深化，书中难免存在疏漏和不足之处，恳请同行专家批评指正。

作　者

2024年10月

目　录

CONTENTS

第1章 概 述

1.1 泄洪雾化现象

新中国成立以来，我国的坝工建设取得了巨大的成就，已建各类大坝 83000 多座，成为世界上建坝最多的国家。特别是近年来，一大批接近 300m 或者超过 300m 的超高坝都相继开始建设，如澜沧江上的小湾，坝高为 292m，泄洪总功率约为 42000MW；金沙江上的溪洛渡，坝高为 295m，泄洪总功率约为 100000MW；普斯罗沟上的锦屏，坝高为 305m，泄洪总功率约为 43000MW；黄河上的拉西瓦，坝高为 252m，泄洪总功率约为 12540MW；澜沧江上的糯扎渡，坝高为 260m，泄洪总功率约为 95000MW 等。这些工程的泄洪消能具有"高水头、大流量及河谷狭窄"等特点，其泄洪最大单宽流量均超过 $200m^3/(s \cdot m)$、单宽消能功率达 300MW/m，使得泄洪消能问题十分突出。目前，国内外所采用的消能方式，主要有挑流、底流、面流及戽流。据不完全统计，绝大多数水利工程采用挑流或底流消能方式，见表 1.1。

表 1.1　　高坝(70m 以上)枢纽采用的消能方式

工程项目	坝型				消能工			
	小计	重力坝	拱坝	土石坝	挑流	底流	面流	戽流
国内	42	24	15	3	41	1	0	10
国外	116	45	55	16	85	21	0	10
合计	158	69	70	19	126	22	0	10

泄洪雾化现象的一般定义是指水利枢纽泄洪过程中，由于水舌的掺气散裂和水舌入水时的溅水所形成的雾流，下游局部区域内产生的非自然的雨雾弥漫的现象。它包括降雨和雾流两部分，水舌入水处附近一般形成强度较大的降雨区，然后沿程衰减，同时产生大量雾流，雾气升腾，其受泄水建筑物布置、上游水流条件、上游大气来流、水舌风和下游地形条件的综合影响。图 1.1 为江垭水利枢纽大坝泄洪雾化形态，图 1.2 为清江隔河岩水电站泄洪雾化形态。

图 1.1　江垭水利枢纽大坝泄洪雾化

图 1.2　清江隔河岩水电站泄洪雾化

泄洪雾化是非常复杂的水—气和气—水两相流，影响因素很多，其形成机理尚不完全清楚，但对于泄洪雾化的运动模式，国内同行已基本达成共识，可概括如下：下泄水流受泄水建筑物的壁面和周围空气的影响，水流内部产生紊动，射流水股表面产生波纹，并掺气、扩散，导致部分水体失稳、脱离水流主体，碎裂成水滴，而掺气射流的主体落入下游河床内，与下游水体相互碰撞，所产生的喷溅水体向四周抛射形成降雨。同时，喷溅过程中产生的大量小粒径水滴飘浮在空中形成浓雾，雾滴受到水舌风的影响，不断扩散、飘逸形成雾流。

从其结果来看，泄洪雾化现象可以归结为雨和雾两方面。从众多工程泄洪雾化原型观测和实际运行情况看，雨比雾对工程的影响要大，而雾的运动规律要比雨复杂。泄洪雾化现象中“雨”的概念与自然现象中的雨有很大的差异，天然降雨一般在较大范围内变化小，且强度较弱，而雾化降雨仅局限在泄洪区域内，且强度大，变化大；现有原型观测的泄洪降雨强度（简称雨强，下同）可以达到 4000～5000mm/h，而天然降雨则小很多，气象学上有记载以来观测到的极值降雨雨强为 636mm/h，天然降雨中特大暴雨雨强的下限标准也仅为 11.67mm/h。枢纽泄水建筑物泄洪时，雾化降雨区的雨强大多会超过天然降雨中特大暴雨的标准。而泄洪雾化中产生的雾流则与天然雾流的区别不大，目前缺乏相关的对比研究成果。一般而言，泄洪雾化中的雾流浓度根据可见度分为浓雾、淡雾和薄雾，其划分的原则与天然雾流的划分标准一致。

运行实践表明，大型水电工程的泄洪雾化，由于降雨强度及其影响范围相当大，较之于常规的自然降雨过程，这种由非自然降雨对水利枢纽及其附属建筑物和下游岸坡所造成的威胁与破坏要大得多，20 世纪 80 年代中后期，随着宽尾墩、窄槽式挑流戽和高低坎等挑跌流消能工的应用，泄洪雾化问题日益突出。如龙羊峡水电站 1989 年泄洪与李家峡水电站 1997 泄洪时，因雾化降雨的入渗作用曾诱发大规模的山体滑坡；二滩水电站 1999 年泄洪时，强烈的雾化降雨也导致了下游岸坡的坍塌；又如白山水电站 1986 年及 1995 年两次开闸泄洪，均在坝下形成较严重的雾化现象，水舌风、暴雨、飞石对水电站的正常运行造成了严重影响。泄洪雾化的危害主要有以下几个方面：①降雨积水可能威胁电厂正常运行；②影响机电设备正常运行；③冲蚀地表、破坏植被；④影响两岸交通；⑤影响周围工作和居住环境；⑥危害岸坡稳定，诱发滑坡。

泄洪雾化对工程的影响程度、范围以及造成的后果，与该工程的布置、当时的泄流条件以及下游岸坡地质条件等有关。国内已建的水利枢纽中，因泄洪产生的雾化影响枢纽运行甚至产生更严重后果的并不少见。但也有许多已建工程由于事先充分考虑泄洪雾化的危害，且采取了防护措施，泄洪雾化并未对工程产生严重的影响。因此，对泄洪雾化现象进行深入的分析和研究，估算雾化水流的影响范围和影响程度，并根据研究成果制定相应的防治措施，避免或减少其危害，以确保工程的安全运行。

1.2 泄洪雾化的影响因素

公认造成泄洪雾化的有两个主要雾源：一是由水舌扩散掺气引起的，二是由水舌落水激溅产生的。水利部交通运输部国家能源局南京水利科学研究院（柴恭纯等，1992）在对泄洪雾化研究成果综合分析的基础上，认为水舌雾化水量只占水舌总量的很小一部分，对水舌的宏观特性没有什么影响，泄洪雾化的雾化源主要是由水舌落水附近的喷溅产生的。陈慧玲等（1997）为此专门进行了东江水电站泄洪雾化原型观测，对比分析了不同雾化源所占比重。该电站左岸和右岸滑雪道分别采用扭曲挑坎和窄缝挑坎。二者相比，后者的水舌空中掺气以及散裂显著，而入水激溅相对较弱；前者的水舌入水激溅较强，而空中掺气散裂较弱。将二者的雾雨强度加以比较，可反映出水舌空中掺气散裂与入水激溅对雾化量的贡献大小。观测结果表明，采用窄缝挑坎的右岸滑雪道泄洪时，雾化降水量强度比左岸滑雪道泄洪时小，可见水舌空中掺气散裂所产生的雾化源较小，雾源主要是由水舌落水区的激溅引起的。长江科学院陈端等（2005）通过对泄洪雾化研究成果的综合分析，也持该观点。

多年以来针对不同水利工程泄洪雾化情况的原型观测结果表明，泄洪雾化范围和强度与水力条件（水舌出射流速、入水速度、入水角度、入水范围、泄量、落差等）、地质条件（河谷形态等）和气象条件（风速、风向空气湿度、温度等）都密切相关。其中，水力条件和河谷形态是影响泄洪雾化的重要因素。但受观测条件以及观测精度限制，关于各影响因素的量化研究不多。孙双科和刘之平（2003）通过对大量原型观测资料的收集、整理与分析，发现泄洪雾化纵向边界与泄流流量、水舌入水流速、入水角之间存在良好的相关关系，并基于 Rayleigh 量纲分析方法建立了雾化纵向边界与水力因素之间的定量关系相应的经验关系式。受资料数量的限制，仅对泄洪雾化的纵向边界进行了定量研究，而在工程实际中，人们往往更为关心雾化降雨量等值线图的分布特征以及两岸岸坡上的雾化降雨情况，这方面的研究有待进一步深入。

1.3 主要研究方法

由于国情、自然条件、经济状况的差异，国外像中国这样高水头、大流量及雾化危害严重的工程不多，因此国外几乎没有对泄洪雾化开展系统研究，可供我国参考的工程实例和研究成果也较少。我国自 20 世纪 60 年代以来，因泄洪雾化导致的工程事故时有发生，从而引起各方面的重视，国内 1975 年水利电力部科研所汇编资料中就有关于柘溪水电站和修文溢流拱坝泄洪雾化的专门报道，在 20 世纪 70 年代末、80 年代初正式开始泄洪雾化问题的研究。雾化问题被列入国家科技重点发展规划中工程水力学的七大问题之一，“七五”期间进行了二滩电站、三峡电站的泄洪雾化问题研究，“八五”期间进行了小湾电站泄洪雾化研究，取得了很多较好的成果。在此后多年的研究基础上，对于雾化现象的认识逐步深入，对于雾化的运动模式、主要雾源、影响区分级和分区有了较为明确的界定，对于雾化的相关影响因素也有了较为深入的研究。

泄洪雾化涉及复杂的气、液两相流动问题，是一个比较复杂的物理现象，影响因素较多，目前尚未有成熟的理论计算方法，对于这一问题的研究还处在用多种手段进行预报预测阶段。就目前研究状况而言，主要有物理模型试验、原型观测、数值模拟三种研究方法。

物理模型按照重力相似准则设计模型，直接模拟泄洪雾化现象，测量雾化强度和影响范围。这种方法直观，可考虑四周地形、地貌等自然条件的影响；模型试验是原型观测的延伸和补充，避免了原型观测受时间和其他条件的限制，可以进行重复的试验。其主要优点是能定量描述，但费时费力，且因两相流动的复杂性，在模型律的选择及缩尺效应影响等方面仍存在问题。

利用物理模型试验来研究泄洪雾化现象一直是科研人员探索的方向。水利部运输部国家能源局南京水利科学研究院针对小湾(陈慧玲,1998)、溪洛渡(黄国情等,2008)、向家坝(吴时强等,2008)、乌江渡(周辉等,2008)等水电站,长江勘测规划设计研究院针对水布垭(罗福海等,2009)水电站,四川大学(姚克烨等,2007a;2007b)针对某大型水利工程都建立了大比尺模型,观测了雾化降雨的产生过程,进一步测量了不同区域降雨的雨滴滴谱,对下游雨强分布范围和等级进行了预测分析,为这些具体工程的泄洪雾化防护设施的拟定提供了科学依据。

但是,由于雾化属于两相流范畴,其物理过程受到的影响因素众多。按照传统水工模型的重力相似准则分析,降雨强度 S 的比尺 S_r 与模型几何比尺 L_r 的关系应为 $S_r=L_r^{0.5}$。而大量泄洪雾化水工模型试验得到的结果与之存在较大差异。泄洪雾化模型试验的比尺效应成为泄洪雾化模型试验研究要解决的一个关键问题。有关文献根据系列模型试验、原型观测结果研究和分析了模型模拟水流雾化的可行性,并通过对比分析,建立了比较简单的模型律,即 $S_r=L_r^n$,而 n 的取值范围为 0.50~1.61,相关的部分工程原型、模型相似关系研究成果见表 1.2、表 1.3。

表 1.2　　二滩水电站原型、模型雨强资料对比及分析

试验工况	原型雨量/(mm/h)	模型雨量/(mm/h)	模型几何比尺 L_r	雨强比尺 S_r
表孔泄流	500	39.3	25	$L_r^{0.80}$
	300	12.7	25	$L_r^{0.98}$
	200	6.4	25	$L_r^{1.00}$
中孔泄流	800	248.0	25	$L_r^{0.36}$
	500	79.8	25	$L_r^{0.36}$
表、中孔对撞	1700	364.0	25	$L_r^{0.47}$
	100	20.0	25	$L_r^{0.49}$

表 1.3　　部分水电站原型、模型雨强资料对比及分析

电站名称	模型		雨强比尺 S_r
	几何比尺 L_r	韦伯数 We	
漫湾	100	—	$L_r^{1.55\sim1.64}$
乌江渡	35	500	$L_r^{1.53\sim1.64}$
东风	80	750	$L_r^{0.74}$
安康	35	660	$L_r^{0.70}$
岩滩	36	690	$L_r^{0.51}$

从表 1.2、表 1.3 中可以看出,以往的研究成果中不同工程的雨强原型、模型相似关系变化较大,且缺乏一个系列模型的试验资料,其成果在工程应用上有很大的限

制。

数值模拟方法是将雾化现象进行概化处理，再根据流体力学的理论与方法进行定量研究，由于雾化降雨以及雾流漂移过程是一个具有三维特征的水、气两相流问题，受气象因素以及地形条件的影响又十分显著，理论计算中对雾化现象进行的概化处理难免具有一定的主观性，尚有待于接受更多原型观测资料的检验或验证。

雾化水流的数值模拟是研究雾化水流的重要手段，在此方面原武汉水利电力大学（现武汉大学）所做的工作最早，其根据形态对雾化水流进行分区，对各区建立了相应的数学模型，并先后用所建立的雾化水流数学模型对三峡水电站、隔河岩水电站、漫湾水电站、小湾水电站、二滩水电站、棉花滩水电站及小浪底水利枢纽等 20 余个大型水利水电工程进行了雾化水流影响范围预测。

由泄水建筑物的鼻坎射出的高速水舌在空气中运动时，由于水和空气的相互作用，分别在水舌和空气中形成了两个边界层，并且在交界面上产生漩涡。水舌在横向和纵向不断扩散，从而形成掺气水舌。当水舌和下游水面撞击后，水舌的大部分会进入下游水垫，而其小部分在下游水垫压弹效应和水体表面张力作用下反弹起来，以水滴的形式向下游及两岸抛射出去，便形成降雨，落入河床及两岸。理论分析和原型观测资料都表明，空中水舌掺气扩散形成的雾化源不大，雾化源主要是由水舌落水附近的水滴喷溅引起的。这些水滴在重力、浮力和空气阻力作用下，以不同的初始抛射角度和初速度作抛射运动，这些溅起的水滴在一定范围内产生强烈的水舌风，水舌风又促进水滴向更远处扩散，即向下游和两岸山坡扩散。随着向下游的延伸，降雨强度逐渐减小。根据雾化水流各区域的形态特征和形成的降雨强弱，将雾化水流分为两个区域，即强暴雨区和雾流扩散区。强暴雨区的范围为水舌入水点前后的暴雨区和溅水区，雾流扩散区包括雾流降雨区和雾化区。泄洪雾化分区示意图见图 1.3。

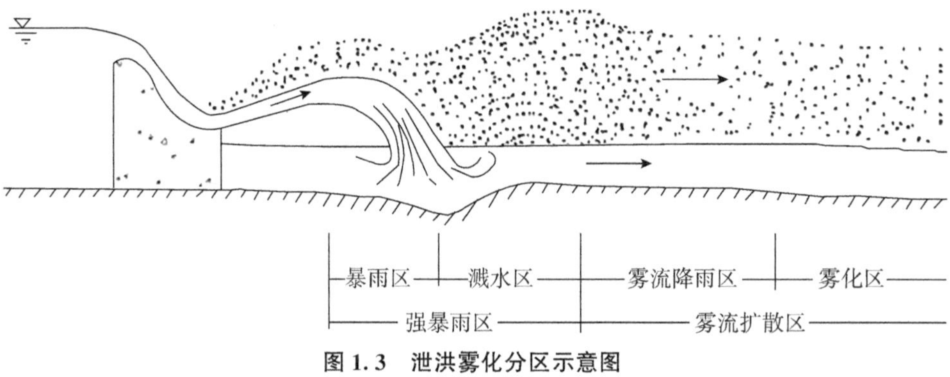

图 1.3　泄洪雾化分区示意图

1.3.1　水滴与水面的碰撞

Engle、王翔及蔡一坤曾分别对液滴与液面的过程进行了研究，综合他们的研究成果可以得到如下关系式：

（1）当水滴与水面垂直碰撞时

$$\frac{u_s}{u_R} = 0.4722 - 1.7883 {Fr_p}^{-2} \tag{1-1}$$

（2）当水滴和水面斜碰撞时

$$\frac{u_s}{u_R} = 0.5545 - 343.17 {Fr_p}^{-2} \tag{1-2}$$

$$\Theta s = 98.347o - 1.216\Theta R \tag{1-3}$$

式中：u_R——入水速度；

ΘR ——入水角；

u_s ——反射速度；

Θs ——反射角。

1.3.2 水舌的入水喷溅雾化

1986 年梁在潮对雾化运动模式进行了描述。他认为雾化按其形态可以大致分为水舌溅水区、强暴雨区、雾流降雨区和薄雾大风区。水舌的溅水范围是梁氏研究的重点，他讨论了三种不同情况下的溅水影响范围：①水块自身抛射；②考虑水舌风的影响；③考虑多种因素。在对所得的公式进行了实验验证后，求得最佳表达式为：

（1）纵向范围

$$L = \frac{u_0 \cos\gamma}{g}\left[(u - u_0 \cos\gamma)\sin\gamma + \sqrt{7.143 g u_0 \sin\gamma}\right] \tag{1-4}$$

（2）横向范围

$$D = \frac{0.77 u_0^2 \cos\gamma}{g} \tag{1-5}$$

（3）水块反弹斜抛初速度

$$u_0 = 0.775 \frac{\cos\beta}{\cos\gamma} u$$

（4）水舌风速

$$u = \frac{1}{3} u_e$$

式中：u_e——水舌入水速度；

β——水舌入水角；

r——溅水反射角。

天津大学的刘宣烈在喷溅水滴为圆球体以及喷溅水滴做反弹斜抛运动的假定下，分别研究了在重力和空气阻力作用下的喷溅运动和在水舌风作用下的喷溅运动。

(5)入水喷溅纵向长度

$$L=\frac{1}{k}\ln[1+2\sqrt{\frac{k}{g}}v_0\cos\beta g^{-1}(v_0\sqrt{\frac{\kappa}{g}}\sin\beta)] \tag{1-6}$$

(6)入水喷溅最大的横向宽度

$$B=\frac{2}{\kappa}\ln[1+2\sqrt{\frac{\kappa}{g}}v_0\cos\beta\sin\alpha tg^{-1}(v_0\sqrt{\frac{\kappa}{g}}\sin\beta)] \tag{1-7}$$

2000 年梁在潮认为在重力、浮力、空气阻力和水舌风作用下，水滴作反弹溅抛运动，假定水滴的粒径保持稳定和水滴形状为球形，得到水滴喷溅纵向长度：

$$L=\frac{u_w}{M}\arctan W-\frac{1}{\kappa_1}\ln[F(u_w-u_0\cos\gamma]\arctan W+1] \tag{1-8}$$

(7)水滴喷溅最大横向长度

$$D=\frac{2}{\kappa_1}\ln\{\frac{u_0\cos\gamma\cos\alpha\sin\alpha}{N}\arctan[(\frac{2Mu_0\sin\gamma\cos\alpha}{\kappa_2 g-\kappa_1 u_0^2\sin^2\gamma\cos^2\alpha})+1]\} \tag{1-9}$$

式中：u_o——水滴喷溅初始速度；

u_w——水舌风速；

γ——水滴反弹抛射角。

上述研究虽然从各个角度对喷溅产生机理和喷溅范围做了研究，但对于确定雾化区任意点的雨强值还存在许多困难，数学模型中的相关参数(如雾流降雨粒径分布)尚待深化研究，并且在研究挑流雾化的雾源时，将喷溅水舌边缘水滴作为刚体概化假定来推求水滴喷溅范围及降雨区雾源，同时对于复杂泄流方式、复杂的下游河谷边界条件、对雾化水流有特殊防护需求的计算精度不够。

相对而言，原型观测是获取泄洪雾化降雨数据最为直观而可靠的方法，然而由于原型观测涉及面广，泄洪条件和测量区域受限，费用高，资料的完整性差，往往无法全面了解泄洪雾化状况，也无法在短期内掌握泄洪雾化的机理，而且一般原型观测方法只能在工程建成运行后进行，不能为工程设计方案的论证提供相关的依据，同时由于水电工程的泄洪布置、地形条件和运行工况等都具有鲜明的个性特征，个别工程的原观资料难以引申预测其他工程，因此原型观测一般只作为获取反馈分析、探讨泄洪雾化机理等分析研究的基本资料的一种手段。

1.4 研究意义

泄洪雾化是一个非常复杂的水、气两相流现象，研究难度较大，目前泄洪雾化预测技术和雾雨对环境的影响等方面的研究与工程实际需求有一定的差距，缺乏完整的评价体系和系统的对策研究。以往的研究主要偏重于工程安全影响研究，但对局部区域环境影响却鲜有研究涉及，如何科学评价泄洪雾雨的环境影响以及采取合理的防护措施是目前泄洪雾化研究中面临的新课题。

本研究针对泄洪功率大、河谷狭窄、岸坡形态和地质条件复杂等特点，在以往的研究基础上，进一步开展泄洪雾化预测技术研究，全方位预测泄洪雾化各雨区以及雾区的降雨强度和雾流浓度的分布及范围，研究泄洪雾雨入渗对近坝区边坡稳定性的影响，以及不同雾雨强度和地质条件差异对雾化区边坡稳定性状的影响规律与致灾机理，分析坝区局部区域内雾雨对周边环境的影响方式、范围，研究泄洪雾雨对该区域内人类生产生活以及动植物环境的影响机制，提出泄洪雾雨环境影响评价指标体系。在上述研究成果基础上，开发泄洪雾化工程安全与环境影响综合评价技术，建立综合评价体系以及相应的灾害分级分类机制，研究增强泄洪雾化工程安全与减小泄洪雾化环境影响的方法，提出泄洪雾雨灾害不同分类和不同分级条件下的综合防护对策。本研究将大大促进泄洪雾化问题的基础研究和工程应用，技术成果将不仅丰富我国高坝泄洪安全技术，而且推进水工工程学科的发展，具有较为重要的科学价值和显著的社会效益、经济效益。

第2章　泄洪雾化降雨和雾流预测技术研究

2.1　泄洪雾化水流的运动机理及雾化分区

高坝挑流泄洪雾化是水舌在空中运动过程中紊动掺气形成不连续水体和落入下游水体时激溅反弹形成破碎水滴，向周围扩散形成降雨和雾流的现象，见图2.1。

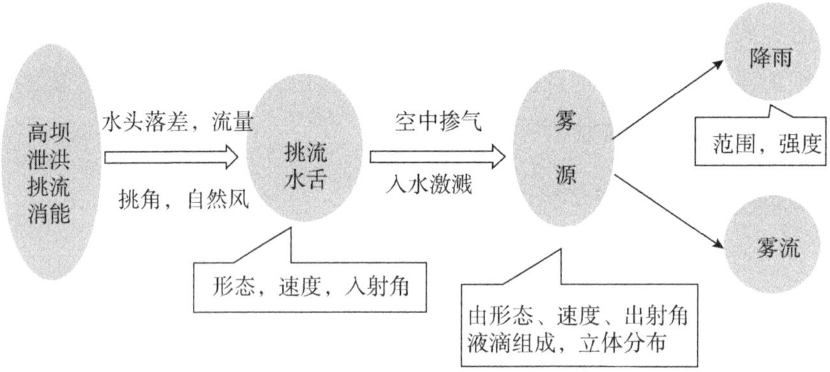

图2.1　泄洪雾化形成过程

2.1.1　挑流水舌入水喷溅的机理

挑流水舌在空中的运动特性决定了水舌撞水时的惯性，也决定了水舌的入水位置、入水角和入水线。挑流水舌入水喷溅现象可以分为撞击阶段、溅水阶段两个阶段。

(1)撞击阶段

当水舌与下游水垫刚接触时，还来不及排开水垫中的水，在水垫中产生一个短暂的高速激波。由于水中激波的作用，使水舌落水处的水面升高，发生奎水现象，且水舌落水点下游水面升高值较大，上游水面升高值较小，同时在水舌与水面接触处产生较大的撞击力。

(2)溅水阶段

当水舌和下游水面撞击后，水舌的大部分会进入下游水垫，而其小部分在下游水垫压弹效应和水体表面张力作用下反弹起来，以水滴的形式向下游及两岸抛射出去。由于水滴喷溅是随机性的，不会完全顺直水流，会与流向形成各种角度，而且初始抛射速度又各相异，因而不会有恒定的喷溅轨迹和喷溅距离，而是形成一定的喷溅范围，喷溅轮廓近似为抛物线。由上可见，喷溅运动可视为水滴的反弹溅射运动，其运动主体类似于质点的斜抛运动。

2.1.2 雾流扩散机理

雾化扩散区包括雾流降雨区和薄雾区。雾流扩散区的降雨由两部分组成：一部分是挑流水舌从抛射最高点开始的下坠过程中，在各种力的作用下，水舌的外缘部分与水舌主体发生了分离现象，这些分离的水雾受水舌风的影响向下游扩散；另一部分是在水舌风的作用下，入水喷溅区外缘的水滴向两侧和下游扩散，从而形成雾流降雨。雾流扩散区的降雨主要由后一部分构成。雾流扩散区水雾的运动可视为水雾在空气中的扩散运动，属于气液两相流的研究范畴。

雾流扩散区的水雾存在以下三种运动：

1)在水舌风和自然风的综合作用下，空气处于流动状态。空气中存在许多大小不等的雾滴，这些雾滴随空气团的流动而发生迁移现象，这种现象称为随流输送。

2)在随空气团运动过程中，雾滴由于受重力的作用产生铅垂方向的相对运动，其运动速度取决于重力和阻力。因雾滴的直径很小，一般地可以近似认为水雾在空气流中的阻力与在静止空气中的阻力相等。因而雾滴在空气流中铅垂方向的速度与其在静止空气中的沉降速度相同。

3)一般地，空气中的水雾浓度分布不均匀，当紊动空气团在两点间进行交换时，也将造成水雾的不等量交换，使一部分水雾从浓度较大的地方被挟带到浓度较小的地方，即形成水雾的紊动扩散。水雾紊动扩散的通量与其浓度梯度成正比。

2.1.3 雾化分区

根据以往研究成果表明，空中水舌掺气扩散形成的雾化源不大，雾化源主要来自水舌落水附近水的喷溅。水舌入水时，与水面间形成强烈的激溅作用，激溅起来的水团或水滴可近似地看作弹性体在重力、浮力、空气阻力作用下以不同的出射角度、速度做抛射运动，这些高速溅起的水团或水滴在一定范围内产生强烈的“水舌风”或“溅水风”，水舌风又促进水团或水滴向更远处扩散，即向下游和两岸山坡扩散。根据雾化水流各区域的形态特征和形成降雨的强弱，将雾化水流分为两个区域，即强暴雨区和雾流扩散区。强暴雨区的范围为水舌入水点前后的暴雨区和溅雨区；雾流扩散区，包括雾流降雨区和雾化区。挑流泄洪雾化降雨分区示意图见图 2.2。

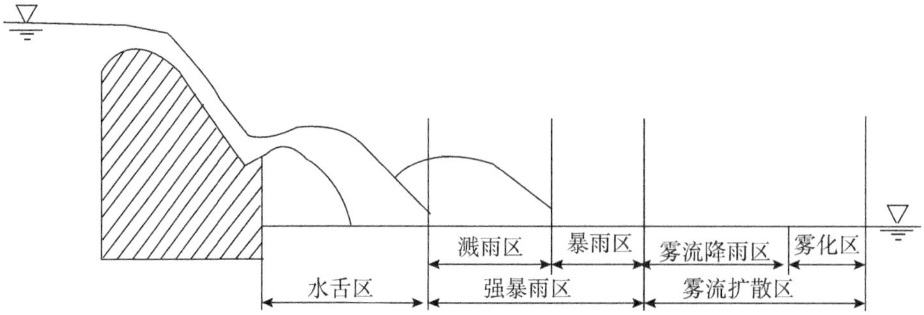

图 2.2　挑流泄洪雾化降雨分区示意图

2.1.4　雾化降雨的分级

泄洪雾化现象中"雨"的概念与自然现象中的雨有很大的差异，天然降雨一般在较大空间范围内变化小，且强度较弱，而雾化降雨则局限在泄洪区域内，且强度大，空间变化大。现有原型观测的泄洪降雨强度（简称雨强）可以达到 4000～5000mm/h，而天然降雨则小很多，气象学上有记载以来观测到的极值降雨雨强仅为 636mm/h，气象部门关于天然降雨强度的分级标准见表 2.1。

表 2.1　天然降雨强度的分级标准

等级	雨强/(mm/h)	等级	雨强/(mm/h)
小雨	0.02～0.42	暴雨	2.50～5.83
中雨	0.42～1.25	大暴雨	5.8～11.67
大雨	1.25～2.50	特大暴雨	>11.67

枢纽泄水建筑物泄洪时，雾化降雨区的雨强大多会超过天然降雨中特大暴雨的标准。泄洪过程中所产生的雾流对周围环境的影响一般是轻微的或暂时的，而泄洪过程中所产生的狂风暴雨甚至特大暴雨对周围环境则具有较大危害，根据雾化降雨的危害性，对降雨强度进行分级。

为了研究雾化的危害和防范措施，国内有多家相关单位根据原型观测资料从多个角度对泄洪雾化雨强进行了分级，有的按形态分级，有的按程度分级，还有的进行综合性分级。综合考虑了泄洪雾化对环境的影响并参照了自然降雨中的强度等级划分，将泄洪雾化雨强人为地划分成 5 个等级：Ⅰ级雾化降雨区，降雨强度$S\geqslant 600$mm/h，破坏力强，雨区内空气稀薄，能见度低，此范围不能布置电站厂房、开关站等建筑物和附属设施，边坡需护坡保护，且须禁止人员车辆通行；Ⅱ级雾化降雨区：600mm/h$>S\geqslant$

200mm/h，破坏力比Ⅰ级雾化降雨区稍低，防护要求同Ⅰ级雾化降雨区；Ⅲ级雾化降雨区：200mm/h>S≥10.0mm/h，该雨强范围大部分超过了自然特大暴雨强度下限(11.7mm/h)，相应范围的边坡仍需保护，必要时需设置相应的排水设施，对建筑物设置的限制同Ⅰ、Ⅱ级雾化降雨区，须限制人员和车辆通行；Ⅳ级雾化降雨区：10mm/h>S≥1mm/h，雨强介于自然大暴雨和大雨之间，一般不需要特殊的雾化防护措施，防护方法类同于自然降雨的防护方法，必要时需设置排水设施；Ⅴ级薄雾和淡雾区：该区域降雨量极低，S<1mm/h，但对开关站、高压线路及交通和工作与生活环境会产生一些影响。

或者降雨强度分为3个等级：①大暴雨区：雨强≥50mm/h，雾化降雨达到此标准时，会给山坡和建筑物带来巨大的灾害，可能引起山体滑坡和建筑物的毁坏，因此要对此范围内两岸山体进行防护，并避免将建筑物建在该范围内；②暴雨区：雨强≥10mm/h，此等级雾雨会对电站枢纽造成危害，对建筑物应加以防护，如果公路在此范围内，应禁止车辆通行；③毛毛雨区：雨强≥0.5mm/h，此范围内对工程危害较小，一般不会造成灾害，该范围外雾化对工程没有影响。

2.2　泄洪雾化物理模型预测方法研究

通过物理模型研究水电站泄洪雾化一直是水利工程界的研究热点和难点之一，其主要优点是能重复不同泄洪试验条件下的泄洪雾雨现象，预测泄洪雾化降雨的强度及分布。但在模型律的选择及缩尺效应影响以及测量分析等方面仍存在诸多问题，影响研究成果精度。

2.2.1　泄洪雾化粒度测量系统

模型降雨强度的测量一般使用量筒或量杯通过称重法测量大雨强，采用滴谱法测量相对较小的雨强。滴谱法采用专用染色滤纸收集雨滴样本，依据雨滴斑痕的直径与空中雨滴直径之间的率定曲线，查询雨滴真实直径，进而计算降雨强度。该方法简单直观，容易操作；缺点是所得数据基本为图形资料，数据量和分析难度大。为了减少数据处理误差，增加数据分析精度，本研究开发了雾化粒度测量系统。该测量系统主要由计算机、扫描仪、测板、滤纸、系统软件和打印设备等组成(图2.3)。

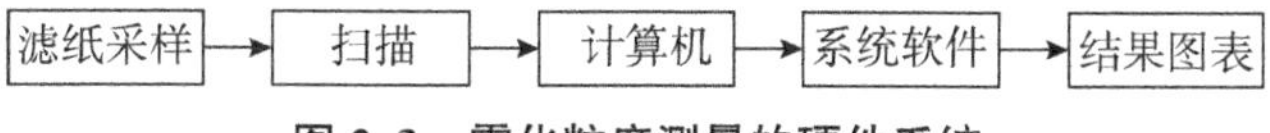

图2.3　雾化粒度测量的硬件系统

该测量系统的处理过程为：首先通过滤纸接收雨滴形成数据图像，然后经过扫描仪将纸质图像信息电子化，再利用计算机将电子图片进行图像预处理(减少图像质量所引起的误差),二值化处理(对数字化图像进行目标物与背景的分离,把颗粒独立出来),最后利用系统软件对图像进行分析,自动检测出图像中雨滴颗粒的个数、面积、粒径等重要指标,从而计算降雨强度。

2.2.1.1 测试原理

(1)图像格式转换

对一个图像颗粒测量系统来说,要求图像数据简单,方便操作。BMP 格式的图像作为 Windows 操作系统中最常用的格式,具有这样的特点。因此对采集来的图像首先要经过扫描仪转换为 BMP 格式的图像。同时鉴于雾化粒度图像检测的特殊性,最关心的图像信息就是图像的亮度,可以通过建立灰度调色板完成对 24 位真彩色图像向 256 色灰度图像的转换。

(2)灰度图像的二值化

一幅数字化的灰度图像包括对像物、背景和噪声。从数字灰度图像中提取出对像物,最常用的方法是设定某一阈值 θ,用 θ 将灰度图像的数据分成两部分,即 大于阈值 θ 的像素群和小于阈值 θ 的像素群。例如,输入灰度图像函数为 $f(x,y)$,输出二值图像 $g(x, y)$,则有:

$$g(x,y)=\begin{cases}1 & f(x,y)\geqslant\theta\\0 & f(x,y)<\theta\end{cases}$$

这种用灰度变换来研究灰度图像 $f(x,y)$的方法称为图像的二值化。二值化处理就是求取阈值 θ,从而把灰度图像 $f(x,y)$分成对像物和背景两个区域,只有黑、白两种颜色。

由上面讨论知道,二值化的阈值是把图像和背景区分开的标尺,适当的阈值就是既要尽可能地保存图像信息,又要尽可能地减少背景和噪声的干扰,这是选择阈值的原则。现在最通行的方法是采用最大方差阈值设定法,该算法先统计出图像的灰度直方图,然后把直方图在某阈值处分成两组,当被分成的两组间方差最大时,确定阈值。此方法不论图像的灰度直方图有无明显的双峰,都能获得较满意的结果。二值化后的图像,颗粒值为 0,黑色;背景值为 1,白色。

对于图像来说,背景与目标物的最大区别就是在灰度上的区别。通过把图像进行二值化处理,可以把目标物从背景里检测出来。选择不同的门限值,将会得到不同的图像二值化结果,要想获得满意的结果,必须找到一个最佳的门限阈值。对于一幅图像,根据一个门限可将其划分为目标物和背景两类,选取不同的门限值可以得到不同的类别分离性能。类别方差自动门限法就是利用类别方差作为判别依据,选取使得类间方差最大和类内方差最小的门限值作为最佳阈值。使用这种方法进行图像目标物与背景的分离，无论灰度图有无明显的双峰，都能够得到比较满意的结果，实践证明这种方法在进行二值化处理时有良好的效果，为以后的颗粒检测打下了良好的基础。

(3)颗粒图像中颗粒的提取

测定过程中最关键的问题是颗粒图像的自动分割和粒度及形态的定量测量，下面将简述本系统对这些问题的处理。

为了取得粒度的尺寸、颗粒数量，需要将颗粒从图像中提取出来。经过二值化后，图像的目标物与背景已经被很好地分开，但是仍有少量杂质的影响，我们将利用中值滤波来去除小杂质并进一步用膨胀、腐蚀等数学形态学方法来去除杂质并将颗粒中的小空洞填满。对于检测来说，关心的是每一个颗粒的形状表征与测量和平均粒径分布，因此对于分散的图像颗粒来说，很有必要对每一个颗粒进行检测，同时计算出每一个颗粒的参数指标。

颗粒在二值化图像上就是一小块连通的黑色区域，本书应用区域生长法，从颗粒图像中提取颗粒。所谓区域生长法，就是先找到某一个黑色的点，以该黑色的点作为颗粒目标对像，运用恰当形状大小的数学形态学结构单元对目标对像进行扩张变换，直至找到一个完整的颗粒为止。这里还需说明的是成像过程中，由于雾化水滴在试纸上扩散的均匀程度不同，在颗粒中间有时可能形成一个或多个亮点，二值化后，此亮点则变成 1 个洞。在进行颗粒提取前，应先将洞填充为黑色，以免计算颗粒面积时，使面积计算产生误差。等检测完颗粒块内所有像素点后，对此颗粒进行编号并计数累加个数和面积。由于可能会有小杂质影响测量精度，根据雾化水滴直径的粗略估计和尺度标准。我们计数时同时将颗粒中小于某个像素的杂质个数及面积减掉。该像素值可根据标定及实际情况选择。

增加测量的次数和测量的颗粒总数，计算平均粒径，当平均粒径趋向固定值时，就可以基本消除图像采集过程中引入的随机误差，提高测量的准确性。

(4)系统尺寸标定

对于任何一个测量工具来说，必须有一个相对的单位对所测量的对象进行标定。对于图像来说，它的基本单位就是像素，即使是测量出了图像目标物的面积大小等指标，但是因为没有一个和平常相联系紧密的单位来标定，那这个图像目标物的面积大小仍然是未知的。在这个图像颗粒检测系统中，采用的是屏幕后续检测单位标定法。所谓的屏幕后续检测单位标定法，就是通过采集的图像本身来标定像素和实际测量单位之间的转换关系。通过采集一个标准的固定大小的正方形，统计出这个正方形的像素数目，就可以计算出实际测量单位和像素所对应的转换关系。

采用图像法分析雾化粒度，不仅可以给出粒度分析所需参数，而且可以给出单个颗粒的形态参数及统计参数，进行单体分析，选择合适的条件进行颗粒过滤。所开发的雾化粒度图像检测经实测表明，使用方便，测量速度快，测量重复性好，同时可以进行打印，随时查询。该系统采用面向对象的方法开发，对其维护和进一步的扩充功能十分方便。本系统运行环境为 Windows 下，所有菜单和窗口均是 Windows 风格，界面友好，操作简单。然后利用计算机系统软件对数字化颗粒图像分割处理（即二值化处理），找出待分析的颗粒，通过快速颗粒检测算法，测定颗粒粒度及形态。

2.2.1.2　系统软件设计

（1）软件总体框图

软件系统是采用面向对像的方法开发的，用 Microsoft 公司的 Visual C＋＋6.0 编程。系统运行环境为中文 WinNT4.0/Win2000/WinXP 或 Win 95/98，要求用 PC586 以上、内存 32M 以上、硬盘有 20M 以上剩余空间的计算机。系统采用汉字按钮菜单选项，界面均为 Windows 风格，操作简便，易于学习。系统软件总体框图见图 2.4。

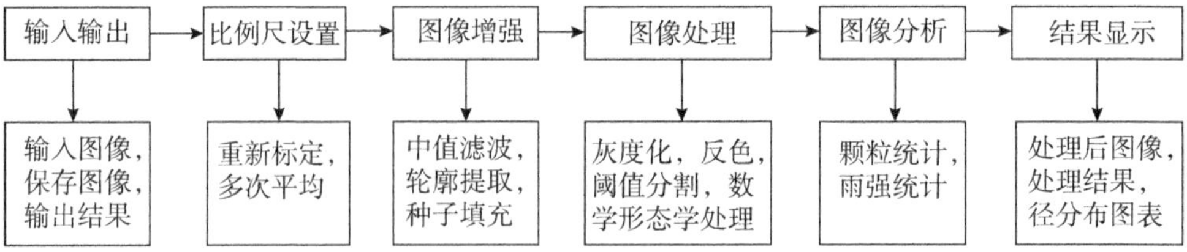

图 2.4　系统软件总体框图

（2）软件结构

以下按系统六大功能模块简要介绍系统功能的实现方法。

1）输入输出模块

输入输出模块包括打开图像、图像保存、系统最小化和退出四项功能。打开的图像可以是 256 色或 24 位的真彩色图像。

2）图像处理模块

图像处理模块包括灰度化、反色、二值化、数学形态学处理四个功能。灰度化是将 24 位真彩色黑白图像转化为 256 色黑白图像。灰度化后，成为 256 色黑白图像。反色是将颗粒变为黑色。图像经过二值化后利用数学形态学处理是用膨胀和腐蚀将图像中杂质去掉并且填满空洞，减掉杂质影响。

3）图像增强模块

图像增强模块包括中值滤波、轮廓提取、种子填充三个功能。中值滤波是去除图像中的小杂质。轮廓提取是对于大的颗粒提取其轮廓，然后使用种子填充功能将其填满。

4)图像分析模块

图像分析模块包括颗粒统计和雨强统计两个功能。颗粒统计是统计颗粒信息(包括最大面积、平均面积、最大直径、最小直径、平均直径以及粒径分布等)的同时可以对这些信息进行查询。雨强统计是利用颗粒统计信息和雨强计算公式来进行雨强分析。

5)比例尺设置模块

比例尺设置模块包括重新标定、多次平均、当前比例尺输出三项功能。重新标定是用给定的标准图像来确定本系统的比例尺；多次平均是在进行多次标定后，将多次标定值取平均值；当前比例尺提供本系统目前正使用的比例尺。

6)结果显示模块

结果显示模块包括处理结果数值显示和图形输出两项功能。数值显示颗粒信息，图形输出有直方图和图像显示两种方式。分别以列表和直方图的形式给出雾化粒径的分布情况。

我们利用数字图像分析法分析雾化水滴颗粒，不仅可以给出粒度分析所需参数，而且可以给出单个颗粒的形态参数及统计参数。本书粒度图像定量分析系统经实测表明，使用方便，测量速度快。该系统采用面向对像的方法开发，对其维护和进一步的扩充功能十分方便。

本系统运行环境为 Windows 下，所有菜单和窗口均是 Windows 风格，界面友好，操作简单方便，对使用者的要求不高。具体应用示例见图 2.5 至图 2.8。

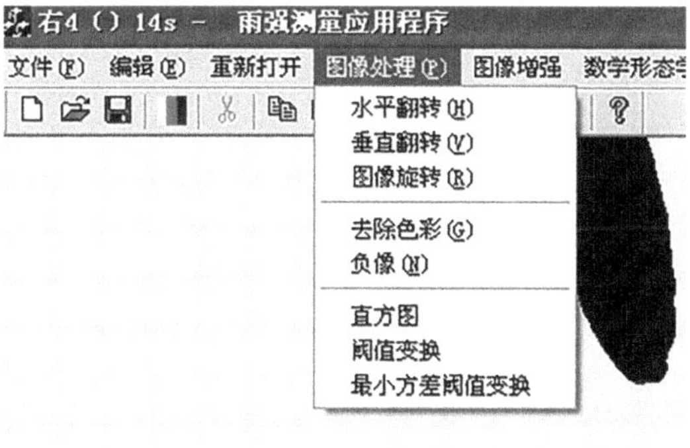

图 2.5　图形处理

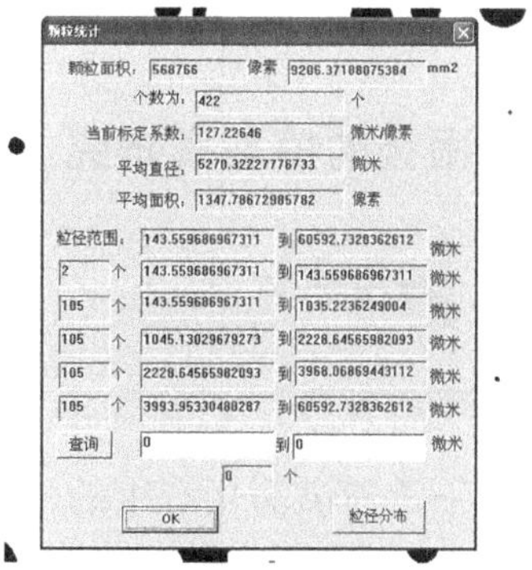

图 2.6　滴径统计

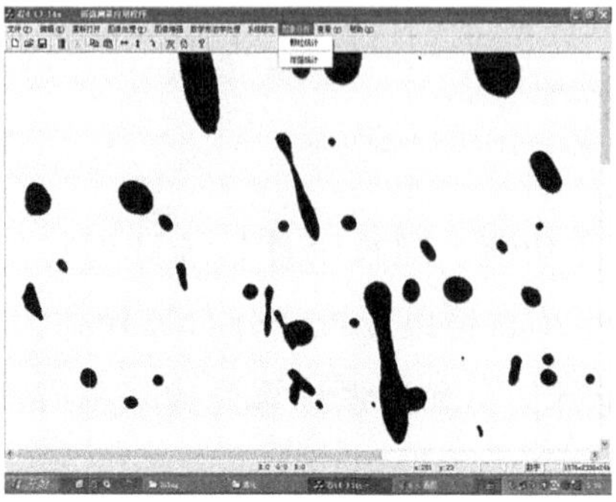

图 2.7　雨强计算

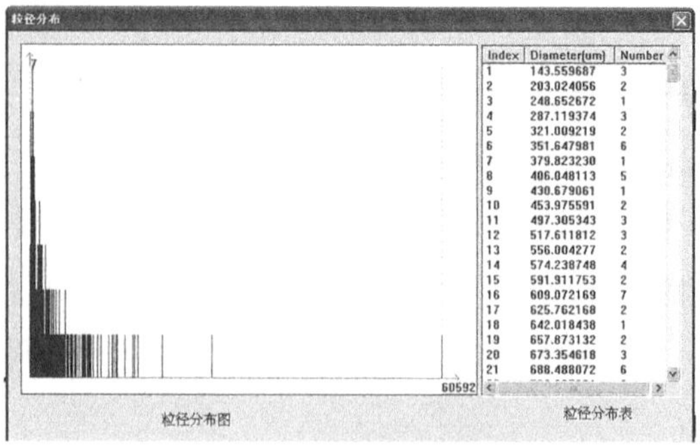

图 2.8　粒径统计分析

2.2.1.3　雾化粒径率定曲线

通过数据拟合，本研究所用的雨滴直径 d(mm)与试验滤纸上斑痕直径 D(mm)的关系式为 $d=0.216D^{0.8591}$，率定试验数据点和拟合所得关系曲线见图 2.9。

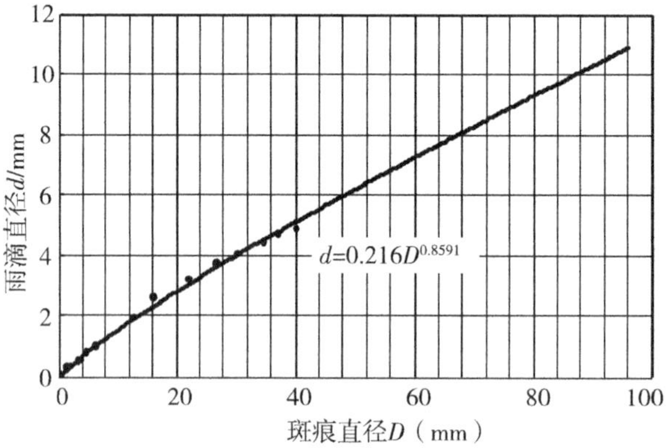

图 2.9　滴谱纸的率定曲线

2.2.2　雨强的模型率研究

2.2.2.1　模拟准则

(1)相似准则

大坝下游泄洪雾化产生的降雨雨滴在空中运动时主要受重力、空气浮力以及空气阻力作用，如果假设空中运动的水滴均近似呈球形分布，则其作用力可按以下公式描述：

重力：

$$W_G=m_w g=\frac{1}{6}\rho_w \pi d^3 g$$

空气浮力：

$$W_G = mg = \frac{1}{6}\rho_w \pi d^3 g$$

空气阻力：

$$W_f = \frac{1}{8}\rho_w C_d V^2 \pi d^2$$

式中，ρ_w 和 ρ_a ——水和空气的密度；

d——雨滴的直径(m)；

C_d ——空气阻力系数，是雷诺数的函数，其关系较为复杂，具体取值可参见已有相关实验成果。

V ——雨滴在空中运动的速度(m/s)。

根据雨滴的受力特点，计算了不同直径雨滴受力情况(图 2.10 及图 2.11)，为计算简便起见，不同直径雨滴速度均取相同值。从图 2.10、图 2.11 中可以看出，当雨滴直径较小时(如 $d \leqslant 3$mm 时)，雨滴所受空气阻力与重力之比大于 1，且该比值随着雨滴的直径增大而减小。当雨滴直径较大时(如 $d \geqslant 3$mm 时)，雨滴所受空气阻力与重力之比小于 1，且该比值随着雨滴的直径增大而减小。空气浮力与阻力和重力相比很小，其与重力的比值固定为 1∶773，即水的密度和空气密度之比。

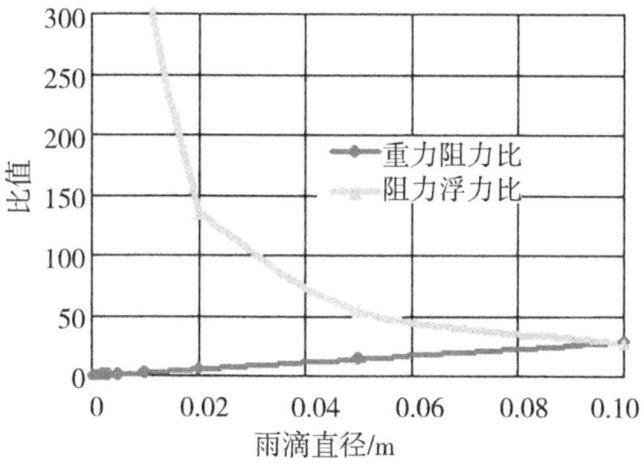

图 2.10　雨滴受力比较与雨滴直径关系

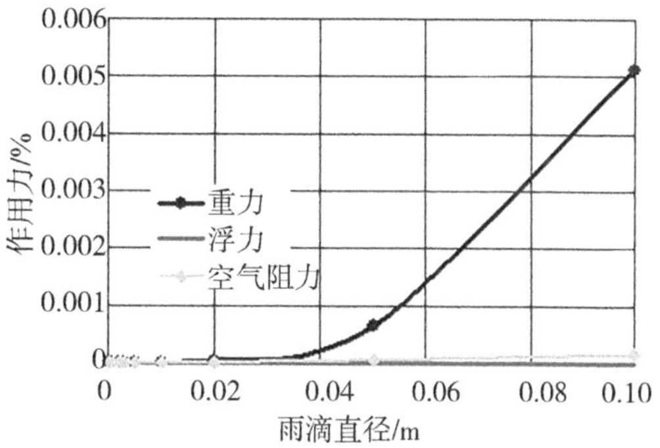

图 2.11　雨滴受力值变化与雨滴直径关系

上述研究表明，当雨滴直径增大时，重力对其运动的影响比重增大。当雨滴直径 $d=3$mm 时，雨滴所受重力与空气阻力之比等于 1，当雨滴直径 $d=10$mm 时，雨滴所受重力与空气阻力之比上升为 2.4，而当雨滴直径为 20mm 时，重力已经是空气阻力的 6 倍。相关观测成果表明，天然降雨中可观测到的最大雨滴直径为 10～20mm，而水利工程泄洪雾化产生的降雨不仅较天然降雨强度大，而且多为大块的激溅水体，其粒径绝大部分远远大于天然粒径的最大直径，因此溅水区范围的降雨雨滴所受的主要作用力仍然是重力。

水利工程产生的泄洪雾化是大坝泄洪时由于水流表面高速紊动和水舌入下游水体碰撞产生的降雨和雾流现象，因此雾化模型应在较为准确地模拟水流运动的基础上模拟雾、雨的运动。水流运动可视为连续体运动，遵循牛顿运动律，而泄洪产生的强降雨是影响水利工程的主要因素，也是工程主要的防护对象。而雾流对工程影响较小。

因此，雾化模型中水流的运动和降雨的运动可以按照重力模型相似准则模拟，其模拟方法可按一般的水工模型试验模拟方法进行设计，但通常情况下，为保证雾化降雨运动边界条件的相似，须模拟两岸地形至一定的高程，材料可选取轻型结构不透风织物。

(2)缩尺效应

由于雾化属于两相流范畴，其物理过程受到的影响因素众多。泄洪雾化模型试验的比尺效应成为泄洪雾化模型试验研究要解决的一个关键问题。

按重力相似准则分析，雾化降雨强度 S 的比尺 S_r 与模型几何比尺 Lr 的关系应为：$S_r=Lr^{0.5}$，试验结果与之存在较大差异。究其原因是模拟水体的散裂、破碎、碰撞及掺气，一般的物理模型比尺显得较小。模型不仅要满足重力相似，而且要考虑到反映水流表面张力的韦伯数 We 的相似问题。

最近几年国内许多研究机构对降雨雨强的模型律研究有了一些值得肯定的进展。

2008 年，南京水利水电科学研究院(以下简称“南科院”)采用系列比尺(1∶15∶60)的模型试验研究了向家坝水电站的泄洪雾化问题，利用类似消能工的小湾水电站泄洪雾化原型观测成果，反馈分析了雾化的模型尺度效应，得到了雾化量的相似律。试验得出的结论是：底流消能方式水电站泄洪雾化模型按照水流韦伯数 $We>500$ 的条件确定模型比尺是基本合理的，雾化影响范围遵循重力相似准则，但雾化雨强量则按照 $Lr^{1.5}$ 的关系换算。这说明泄洪雾化模型存在较明显的尺度效应。

2009 年，南科院又根据乌江渡水电站泄洪雾化的原型观测资料，进行了 1∶35∶60∶80∶100 系列比尺的模型试验研究，分析了水流 Re 和 We 数对泄洪雾化雨强的影响，给出了泄洪雾化雨强的模型试验值与原型观测结果之间的相似关系，论证了雾化降雨影响区域的几何相似。研究结果表明，当模型中水流表面韦伯数超过 500，并且水流流速不小于 6.0m/s 时，模型与原型雨强比尺与几何比尺的关系为 $Sr=Lr^{1.53}$。但是二滩等工程的原型观测结果表明，物理模型的研究成果与工程实际仍有所差别，需进一步研究。

本书通过典型工程的物理模型试验，研究泄洪雾化降雨强度的模型律，再由有关工程的模型试验成果和原型观测成果进行验证。

2.2.2.2　典型工程的物理模型泄洪雾化试验及原型观测

(1)江垭水利枢纽概况及模型设计

江垭水利枢纽位于湖南省慈利县境内澧水支流溇水中游，是澧水具有控制性作用的第一期开发工程。该枢纽由拦河大坝、引水发电系统、通航和灌溉取水等建筑物组成，具有防洪、发电、航运、灌溉和供水等综合效益(图 2.12)。电站厂房位于右岸坝头的山体内，为引水式地下电站；通航建筑物布置在左岸，采用坝上游垂直提升下游斜坡轨道式的升船机；灌溉引水洞亦布置在大坝左岸，引用流量 $4.3m^3/s$。大坝采用全断面碾压混凝土重力坝，泄水建筑物布置在河床中部，共设有 4 个泄洪表孔和 3 个泄洪中孔。泄水建筑物布置见图 2.13。江垭水利枢纽坝址为“U”形河谷，河床狭窄，岩坡陡峻，混凝土重力坝溢流前沿总长度仅 88.0m(包括两边墩总宽 6.0m)，最大坝高达 131.0m，泄洪单宽流量超过 $180m^3/s$，加上大坝泄洪采用高坎、低坎挑流及水舌空中碰撞的消能方式，该枢纽的泄洪消能及雾化问题比较突出。

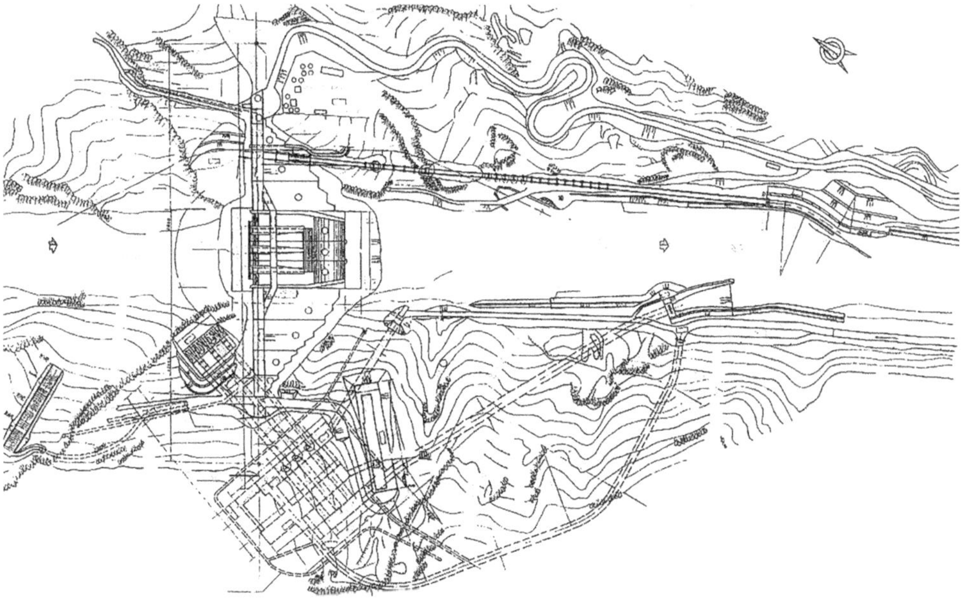

图 2.12　江垭水利枢纽平面布置

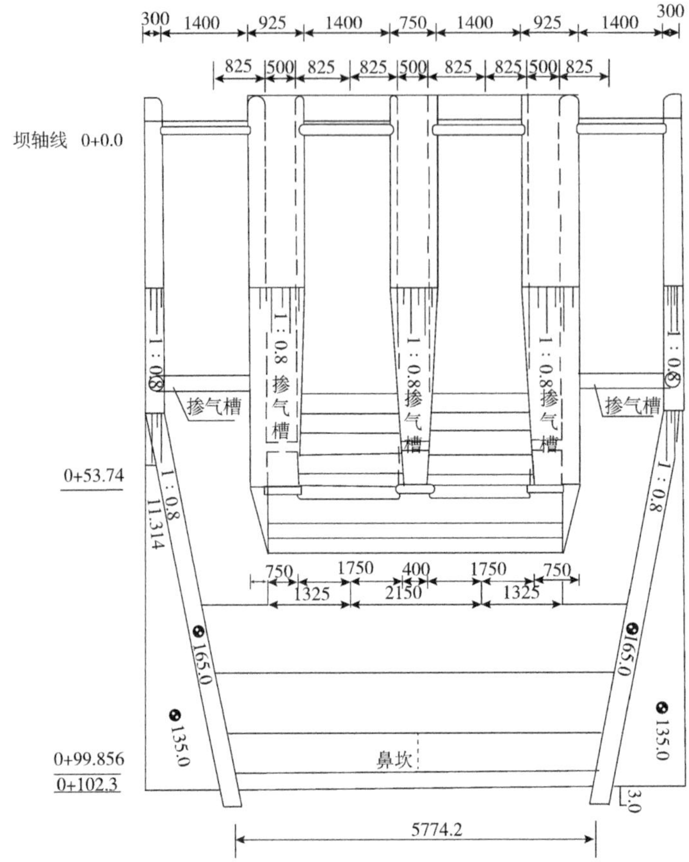

(a)平面图

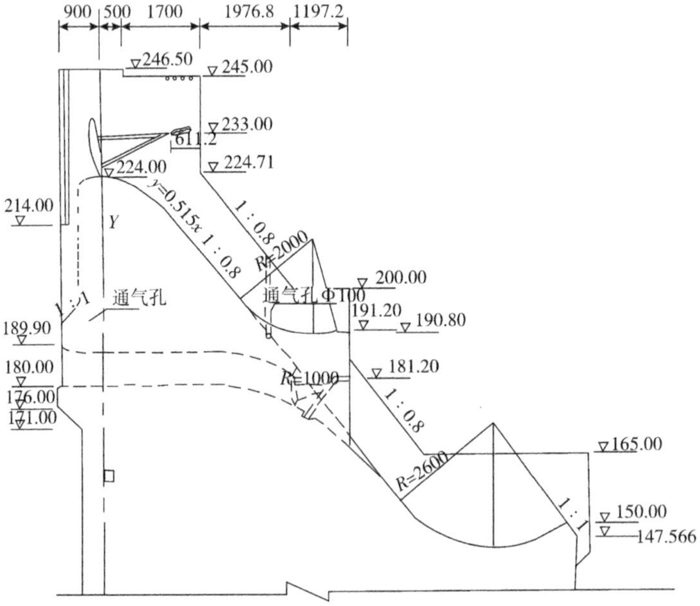

(b)溢流坝剖面图

图 2.13　江垭水利枢纽泄洪建筑物布置

江垭水利枢纽泄洪雾化整体模型按重力相似准则设计，几何比尺为 1∶80，雾化模型模拟下游地形至坝下公路桥(0＋1000m)，两岸山坡模拟至高程 220m，基本上能保证雾雨强度和范围测量的需要。为了便于施测，在模型雾化降雨影响范围内两岸勾勒出等高线。模型整体布置见图 2.14。

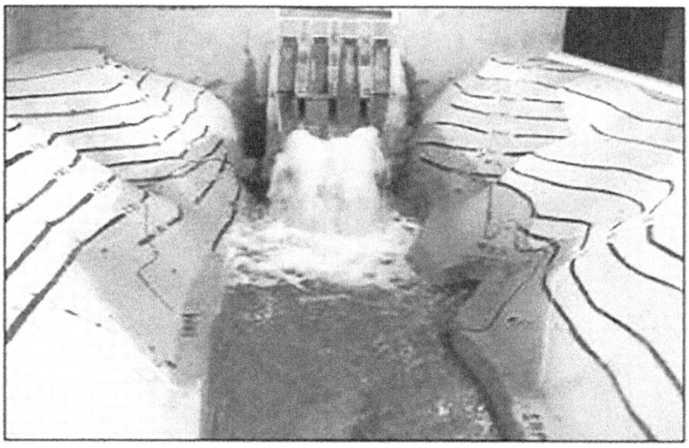

图 2.14　江垭大坝整体模型(L_r＝80)试验

该模型上共布设了 76 个泄洪雾化降雨强度测点，其中包括所有与该工程原型观测位置一致的测点 24 个，各测点布置位置见表 2.2、表 2.3。以坝轴线为 X 轴，垂直于坝轴线为 Y 轴，坝顶 A(0＋000)点为坐标零点，指向左岸、指向下游为坐标轴正向。

表 2.2　江垭水利枢纽泄洪雾化模型测点布置（左岸）

部位	测点编号	测点坐标			备注
		X/m	Y/m	H/m	
5# 冲沟下游岸坡	2#－160	245.6	212.3	160.0	—
	2#－170	256.0	212.3	170.0	—
	2#－180	267.2	212.3	180.0	—
	2#－190	280.0	212.3	190.0	—
	2#	281.9	212.3	196.1	原型测点
	2#－200	307.2	212.3	200.0	—
5# 冲沟下游坡顶	3#－160	247.2	264.5	160.0	—
	3#－170	258.4	264.5	170.0	—
	3#－180	301.6	264.5	180.0	—
	3#－190	323.2	264.5	190.0	—
	3#－200	338.8	264.5	200.0	—
	3#	347.4	264.5	209.4	原型测点

续表

部位	测点编号	测点坐标			备注
		X/m	Y/m	H/m	
5# 冲沟底	4*	237.3	165.9	148.5	原型测点
	4* —150	238.3	165.9	150.0	—
	4* —160	281.6	165.9	160.0	—
	4* —170	294.4	165.9	170.0	—
	4* —180	304.0	165.9	180.0	—
	4* —190	311.2	165.9	190.0	—
	4* —200	317.6	165.9	200.0	—
导流洞口顶上方	5*	230.6	273.9	140.2	原型测点
导流洞口下游岸坡	5*	246.8	293.7	143.2	原型测点
	5* —150	264.0	273.9	150.0	—
	5* —160	277.6	273.9	160.0	—
	5* —170	301.6	273.9	170.0	—
	5* —180	312.0	273.9	180.0	—
	5* —190	325.6	273.9	190.0	—
温泉房顶	6*	231.8	350.9	140.3	原型测点
	6* —160	244.8	350.9	160.0	—
	6* —170	256.0	350.9	170.0	—
	6* —180	271.2	350.9	180.0	—
引航道岸坡	7	236.0	592.8	131.8	原型测点
参观房上游	8	273.1	590.2	180.2	原型测点
上坝公路(坝下桥附近)	9	189.3	987.2	148.1	原型测点
上坝、施工公路叉口	10	262.6	615.3	179.0	原型测点
施工公路中段	11	250.7	496.4	150.3	原型测点

表 2.3　江垭水利枢纽泄洪雾化模型测点布置(右岸)

部位	测点编号	测点坐标			备注
		X/m	Y/m	H/m	
上坝公路	2* —150	86.4	223.1	150.0	—
	2* —160	36.0	223.1	160.0	—
	2*	60.6	223.1	169.1	原型测点
	2* —180	45.2	223.1	180.0	—
	2* —190	32.8	223.1	190.0	—

续表

部位	测点编号	测点坐标			备注
		X/m	Y/m	H/m	
上坝公路	3* —150	100.0	377.5	150.0	—
	3*	74.1	377.5	158.2	原型测点
	3* —160	82.8	377.5	160.0	—
	3* —170	63.2	377.5	170.0	—
	3* —180	50.4	377.5	180.0	—
排风洞口右侧	4*	92.7	197.2	148.4	原型测点
	4* —160	36.0	197.2	160.0	—
	4* —170	28.4	197.2	170.0	—
	4* —180	16.0	197.2	180.0	—
	4* —190	12.0	197.2	190.0	—
坝下公路	5*	108.5	381.4	140.3	原型测点
电站尾水平台	6*	109.3	462.2	147.2	原型测点
	6* —170	63.2	462.2	170.0	—
	6* —180	52.0	462.2	180.0	—
	6* —190	40.0	462.2	190.0	—
上坝公路	7* —150	83.0	300.5	150.0	—
	7* —160	53.4	300.5	160.0	—
	7* —170	43.4	300.5	170.0	—
	7* —180	31.0	300.5	180.0	—
	7* —190	18.6	300.5	190.0	—
	7* —200	2.0	300.5	200.0	—
	7*	0.0	300.5	208.7	原型测点
进厂公路(尾水渠下游)	8*	80.5	616.9	147.9	原型测点
进厂公路(坝下桥附近)	9*	62.7	956.5	144.0	原型测点
上坝公路(排风洞出口上方)	10* —150	95.6	166.5	150.0	—
	10* —160	86.4	166.5	160.0	—
	10* —170	78.4	166.5	170.0	—
	10*	66.2	166.5	180.6	原型测点
	10* —190	47.6	166.5	190.0	—
	10* —200	16.4	166.5	200.0	—

(2)江垭雾化模型雾化成果及分析

本模型试验中测量了四种运行工况情况下的大坝泄洪雾化降雨雨强分布，各试验组次的试验条件见表2.4。

表2.4 江垭雾化模型试验组次

工况	库水位/m	下泄流量/(m^3/s)	下游水位/m	闸门开启状态
1	212.63	1296	125.94	1#、2#、3#中孔开启5.0m
2	230.91	2529	136.20	1#、2#、3#中孔全开
3	230.43	3000	137.49	1#、2#、3#中孔全开，2#、3#表孔开启3.0m
4	229.65	3490	138.76	1#、2#、3#中孔全开，1#、2#、3#、4#表孔开启3.0m

1)降雨强度分布

表2.5为工况1～4模型试验中测得的各测点雾化雨强分布值，模型雨强测试成果表明：在4种泄洪工况中工况2(3个中孔全开)各测点的雨强较大。与工况1相比，工况2上游水位(即鼻坎水头)和下泄流量均有明显增大，故几乎所有测点雨强均较大；将工况2与工况3测量的结果相比，除个别测点((右)10＊－150)外，其余测点测得的降雨强度值基本都较大。根据原型观测成果分析，其主要原因应该是工况3表、中孔对撞导致水体碰撞处附近的雨强有所增加，而下游水位抬高和碰撞引起的能量损失使得其他测点雨强明显偏小。与工况3相比，工况4虽然上游水位更低，下游水位更高，但流量有所增加，故工况4的模型测点雾化降雨雨强在局部位置(如表孔、中孔对撞处)较工况3稍大，而其余测点较工况3稍小。

表2.5 江垭水利枢纽模型泄洪雾化降雨雨强分布

测点编号	工况1	工况2	工况3	工况4
	雨强/(mm/s)	雨强/(mm/s)	雨强/(mm/s)	雨强/(mm/s)
(右)2*－150	1.32	—	2.35	1.44
(右)2*－160	0.33	4.14	0.33	0.12
(右)2*	0.08	0.21	0.03	0.15
(右)3*－150	0.02	0.72	0.04	0.01
(右)3*	—	0.42	0.05	0.01
(右)4*－160	0.02	0.20	0.03	0.17
(右)4*－170	—	0.06	—	0.01
(右)4*	0.62	1.67	1.07	1.45
(右)5*	—	0.86	—	0.15
(右)7*－150	0.13	1.21	0.89	0.47

续表

测点编号	工况 1	工况 2	工况 3	工况 4
	雨强/(mm/s)	雨强/(mm/s)	雨强/(mm/s)	雨强/(mm/s)
(右)7* —160	—	0.29	0.03	0.05
(右)7* —170	—	0.28	0.04	0.10
(右)7* —180	—	0.05	—	—
(右)10* —150	0.68	2.10	6.35	1.96
(右)10* —170	0.04	0.30	0.02	0.07
(右)10*	—	0.01	—	—
(左)2* —150	—	2.71	—	—
(左)2* —160	0.31	—	0.88	0.11
(左)2* —170	0.20	—	0.12	0.04
(左)2* —180	—	0.18	—	—
(左)3* —160	0.12	0.42	0.12	0.70
(左)3* —170	0.09	0.22	0.03	0.09
(左)4* —160	—	0.02	0.01	0.0002
(左)4*	0.82	2.21	1.60	0.73
(左)5* —160	—	0.28	0.09	0.04
(左)5′* —170	—	0.12	0.02	0.01
(左)5*	0.92	2.80	7.05	2.10
(左)5′*	0.68	3.61	0.69	0.72
(左)6*	—	—	0.07	0.16

2)降雨雨滴粒径谱图分析

为更深入地了解雾化降雨的原理和过程，本书对模型各测点泄洪雾化降雨的雨滴粒径组成进行了分析。研究成果表明，几乎每一测点的雨强组成都含有两种成分：滴径较小、数量众多的雨滴和滴径较大、数量很少的雨滴。对各测点的雨强的组成进一步研究后发现，滴径较小但数量众多的雨滴出现的频率几乎占到了整个雨强组成的 95%～99%，但由于粒径较小，对测点雨强的贡献也小；滴径较大但数量很少的雨滴出现的频率很小，但由于粒径较大，对测点雨强的贡献也大。为了便于区分和说明，将第一种雨滴叫作优频雨滴，另外一种叫作优势雨滴。

图 2.15 为工况 1 中测点(右)2* —150 降雨雨滴的直径及体积组成图谱。从图 2.15 中可以清楚地看出，该测点雨滴基本由直径 1.18mm 以下的优频雨滴的直径(以下简称“优频粒径”)组成，粒径 1.18mm 以上的优势雨滴为数很少。两图比较也可以看出，该测点雨滴体积的比例关系：尽管粒径 1.18mm 以上的雨滴为数不多，但

其在雨滴体积中占有的比例却较大，即该成分的雨滴对测点处雨强的贡献也大。

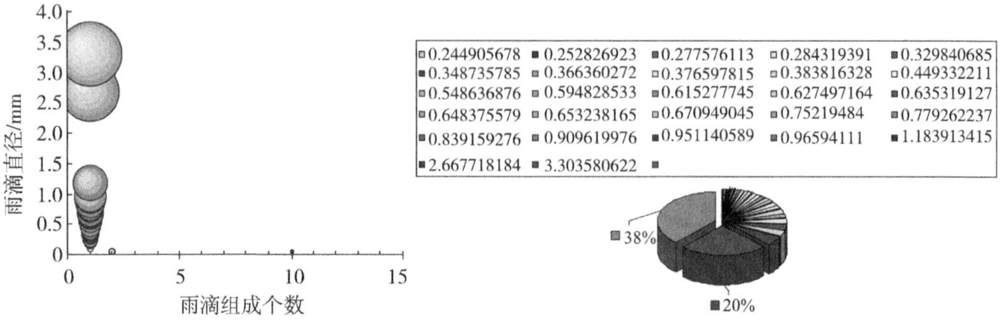

图 2.15　测点(右)2* －150 降雨雨滴的直径及体积组成谱图(工况 1)

图 2.16 为工况 4 中距离水舌入水处较远的测点(右)4* －170 降雨雨滴的直径及体积组成图谱。

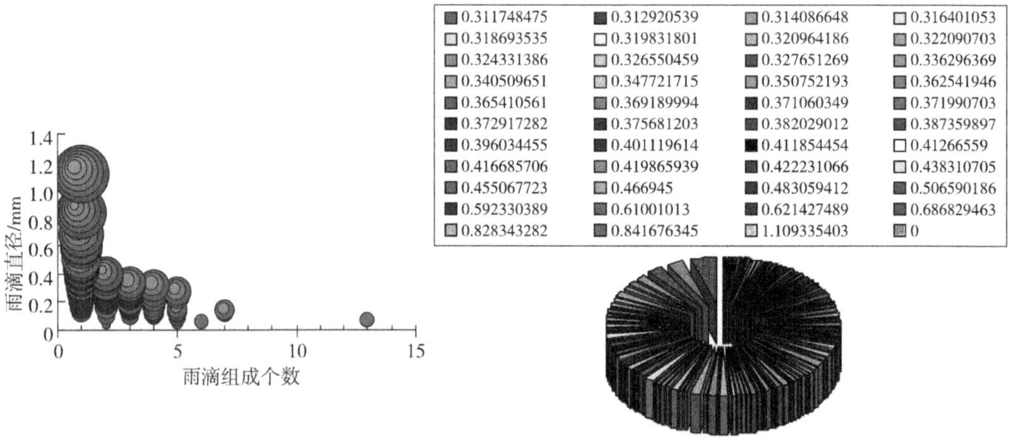

图 2.16　测点(右)4* －170 降雨雨滴的直径及体积组成谱图(工况 4)

从图 2.15、图 2.16 中可以看出来，与测点(右)2* －150 在工况 1 条件下的降雨雨滴组成不同，测点(右)4* －170 降雨雨滴的谱中没有明显的优势粒径，其组成一般为滴径较小但数量众多的优频雨滴。将该点的雨滴谱与图 2.17 所示天然降雨中的小雨(雨强约 0.02mm/h)雨滴直径和体积组成十分相似。

试验中对工况 1～4 情况下所有测点降雨的雨滴组成进行了谱分析，相关成果见表 2.6 至表 2.9。

对模型测点雨强雨滴滴谱的综合分析结果表明，模型泄洪雾化降雨影响区的雨滴组成主要包括滴径较小、数量众多的优频雨滴和滴径较大、数量很少优势雨滴两种成分，两种雨滴的组成比例共同影响测点雨强的大小。一般来说，距离挑流水舌入水处越近，优势雨滴所占的成分越大。这表明模型降雨的主要雾源形成后，产生喷溅出的水体向四周抛射形成降雨，其中比较大的雨滴受重力影响较大，落在水舌入水处附近，较小雨滴受浮力影响较大，飘浮空中，然后在重力作用下降落，形成类似自然环境下的天然降雨，其涉及的范围也相对较广。

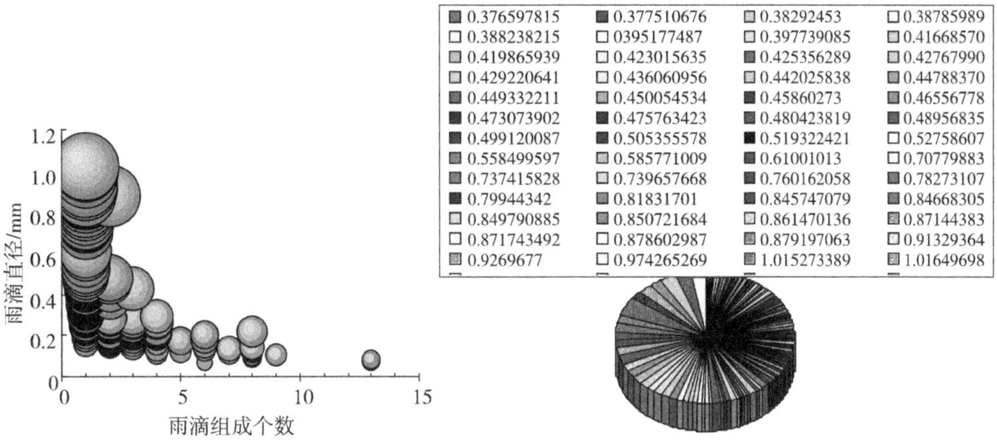

图 2.17 天然降雨雨滴的直径及体积组成谱图

表 2.6 雾化降雨优势雨滴与优频雨滴组成分布(工况 1)

测点编号	优频粒径 /mm	优势粒径 /mm	优频粒径雨强 /(mm/h)	优势粒径雨强 /(mm/h)	模型雨强 /(mm/h)
(右)2* －150	1.18	3.30	0.55	0.77	1.32
(右)2* －160	1.11	2.50	0.13	0.20	0.33
(右)2*	0.96	1.94	0.04	0.05	0.08
(右)3* －150	0.81	1.81	0.00	0.01	0.02
(右)4* －160	0.75	1.72	0.01	0.01	0.02
(右)4*	1.09	2.55	0.20	0.42	0.62
(右)7* －150	1.23	1.80	0.06	0.07	0.13
(右)10* －150	0.93	0.03	0.26	0.42	0.68
(右)10* －160	0.95	1.66	0.02	0.01	0.03
(右)10* －170	0.94	1.76	0.03	0.02	0.04
(左)2* －160	1.20	2.58	0.19	0.12	0.31
(左)2* －170	1.00	1.77	0.08	0.12	0.20
(左)3* －160	0.96	2.00	0.07	0.05	0.12
(左)3* －170	0.91	2.18	0.07	0.02	0.09
(左)4*	1.21	3.64	0.39	0.43	0.82
(左)5'*	1.92	2.45	0.38	0.30	0.68
(左)5*	1.12	3.60	0.70	0.22	0.92

表 2.7　　雾化降雨优势雨滴与优频雨滴组成分布(工况 2)

测点编号	优频粒径/mm	优势粒径/mm	优频粒径雨强/(mm/h)	优势粒径雨强/(mm/h)	模型雨强/(mm/h)
(右)2* —150	—	—	—	—	—
(右)2* —160	1.04	5.12	0.36	3.78	4.14
(右)2*	0.90	2.20	0.06	0.16	0.21
(右)2* —180	0.96	3.51	0.18	0.54	0.72
(右)3* —150	0.92	2.33	0.10	0.62	0.72
(右)3*	0.45	1.77	0.02	0.40	0.42
(右)4* —160	0.95	3.17	0.07	0.13	0.20
(右)4* —170	0.95	2.56	0.01	0.05	0.06
(右)4*	1.02	3.59	0.60	1.07	1.67
(右)5*	0.88	2.05	0.64	0.22	0.86
(右)7* —150	1.04	2.85	0.41	0.80	1.21
(右)7* —160	0.73	2.71	0.16	0.13	0.29
(右)7* —170	0.96	2.04	0.03	0.25	0.28
(右)7* —180	0.96	1.94	0.01	0.04	0.05
(右)10* —150	1.06	2.66	0.53	1.58	2.10
(右)10* —160	0.97	2.07	0.13	0.25	0.38
(右)10* —170	0.93	3.60	0.05	0.25	0.30
(右)10*	0.84	1.30	0.01	0.00	0.01
(左)2* —150	1.03	4.88	0.76	1.95	2.71
(左)2* —180	0.88	4.28	0.04	0.14	0.18
(左)3* —160	1.15	2.20	0.24	0.18	0.42
(左)3* —170	0.70	2.57	0.04	0.18	0.22
(左)4* —160	0.81	2.56	0.01	0.01	0.02
(左)4*	1.21	3.64	0.36	1.85	2.21
(左)5′* —160	0.89	3.09	0.09	0.19	0.28
(左)5* —170	0.92	2.20	0.02	0.10	0.12
(左)5*	0.98	4.54	1.26	1.54	2.80
(左)5′*	1.03	4.05	1.08	2.53	3.61
(左)6* —160	0.92	1.41	0.01	0.01	0.02
(左)6*	1.11	2.50	0.05	0.08	0.13

表 2.8　　雾化降雨优势雨滴与优频雨滴组成分布(工况 3)

测点编号	优频粒径 /mm	优势粒径 /mm	优频粒径雨强 /(mm/h)	优势粒径雨强 /(mm/h)	模型雨强 /(mm/h)
(右)2[*]−150	0.81	3.07	0.70	1.65	2.35
(右)2[*]−160	0.80	2.36	0.10	0.23	0.33
(右)2[*]	0.93	1.45	0.02	0.01	0.03
(右)3[*]−150	0.58	2.62	0.01	0.04	0.04
(右)3[*]	0.92	2.33	0.01	0.03	0.05
(右)4[*]−160	0.82	2.32	0.01	0.02	0.03
(右)4[*]	1.10	3.57	0.27	0.80	1.07
(右)7[*]−150	0.78	4.33	0.32	0.57	0.89
(右)7[*]−160	0.67	1.38	0.01	0.02	0.03
(右)7[*]−170	0.77	2.40	0.01	0.03	0.04
(右)10[*]−150	0.70	7.12	0.07	6.28	6.35
(右)10[*]−160	0.80	1.71	0.01	0.06	0.07
(右)10[*]−170	0.88	1.90	0.01	0.02	0.02
(左)2[*]−160	1.80	3.30	0.56	0.32	0.88
(左)2[*]−170	0.84	3.00	0.05	0.07	0.12
(左)3[*]−160	1.12	1.83	0.06	0.06	0.12
(左)3[*]−170	1.16	1.98	0.01	0.02	0.03
(左)4[*]−160	0.95	2.27	0.01	0.01	0.01
(左)4[*]	0.98	2.81	0.24	1.36	1.60
(左)5′[*]−160	1.00	1.99	0.04	0.05	0.09
(左)5′[*]−170	0.91	1.73	0.01	0.01	0.02
(左)5[*]	0.91	6.92	0.82	6.23	7.05
(左)5′[*]	0.81	3.34	0.27	0.42	0.69
(左)6[*]−160	—	2.00	0.00	0.02	0.02
(左)6[*]	1.04	2.10	0.07	0.01	0.07
(左)6[*]	0.97	2.50	0.04	0.11	0.15

表 2.9　　雾化降雨优势雨滴与优频雨滴组成分布(工况 4)

测点编号	优频粒径 /mm	优势粒径 /mm	优频粒径雨强 /(mm/h)	优势粒径雨强 /(mm/h)	模型雨强 /(mm/h)
(右)2[*]−150	0.89	3.39	0.479663	0.960	1.439663
(右)2[*]−160	0.68	2.07	0.021439	0.098	0.119439

续表

测点编号	优频粒径/mm	优势粒径/mm	优频粒径雨强/(mm/h)	优势粒径雨强/(mm/h)	模型雨强/(mm/h)
(右)2*	0.75	3.34	0.082000	0.0680	0.150000
(右)3* −150	0.76	1.70	0.004076	0.0078	0.011876
(右)3*	0.89	1.56	0.002859	0.0030	0.005859
(右)4* −160	0.94	1.13	0.034082	0.1360	0.170082
(右)4* −170	1.01	—	0.005868	—	0.005868
(右)4*	0.95	2.86	0.522635	0.9280	1.450635
(右)5*	1.04	1.82	0.136569	0.0150	0.151569
(右)7* −150	0.99	3.72	0.092130	0.3800	0.472130
(右)7* −160	0.98	2.80	0.015804	0.0330	0.048804
(右)7* −170	0.30	4.61	0.005438	0.0920	0.097438
(右)10* −150	0.60	6.58	0.164075	1.8000	1.964075
(右)10* −160	0.99	3.25	0.036014	0.1343	0.170314
(右)10* −170	0.87	4.04	0.005097	0.0690	0.074097
(左)2* −160	0.94	1.22	0.095006	0.0150	0.110006
(左)2* −170	0.55	2.34	0.008700	0.0330	0.041700
(左)3* −160	0.71	4.14	0.082458	0.6200	0.702458
(左)3* −170	0.89	2.52	0.015219	0.0750	0.090219
(左)4* −160	0.16	1.30	0.000000	0.0018	0.001822
(左)4*	1.01	3.38	0.440000	0.2900	0.730000
(左)5′* −160	1.00	1.42	0.030414	0.01100	0.041414
(左)5′* −170	0.95	1.58	0.002726	0.0100	0.012726
(左)5*	1.03	2.81	1.052204	1.0500	2.102204
(左)5′*	0.95	3.00	0.180562	0.5400	0.720562
(左)6* −160	0.96	1.82	0.003095	0.0180	0.021095
(左)6*	0.75	2.05	0.056914	0.1000	0.156914

(3)江垭水电站原型观测试验

利用江垭水利枢纽原型泄洪，多时段全方位地观测了其泄洪雾雨强度及分布，为泄洪雾化降雨和雾流复合预测技术研究提供最直接可靠的泄洪雾雨数据。

1)观测方法

①中孔及表孔水面线。

借助边墙和闸墩的水尺直接目测，以水面波动的平均值作为记录值。

②水舌空中轨迹。

根据模型试验成果预先布设 10 个水准观测点，借助经纬仪观测计算水面若干特征点的空中位置，然后通过分析处理得出水舌的空中轨迹。

③雾化降雨强度。

用自记式雨量计和自制电测雨量筒两种方式测量。自记式雨量计采用天津气象海洋仪器厂生产的 DSJ2 型虹吸式雨量计，主要用于 240mm/h 以下的降雨强度测量；自制电测雨量筒主要用于观测降雨强度较大且人员不便到达或较危险的区域，用压力变送器通过电缆远距离测量雨量筒中的水深变化，再计算降雨强度，其可测最大降雨强度可达 2000mm/h 以上。

2)观测条件

观测工况见表 2.10。

表 2.10　　　　观测工况

工况序号	时间	库水位/m	下泄流量/(m^3/s)	下游水位/m	闸门开启状态
1	2001.6.20 11:00～13:00	212.71	145	124.24	2# 中孔开启 2.0m
2	2001.6.20 14:30～16:30	212.76	400	124.64	2# 中孔开启 4.5m
3	2001.6.20 16:30～18:30	212.67	790	125.70	1#、3# 中孔开启 2.0m， 2# 中孔开启 5.0m
4	2001.6.20 18:30～20:30	212.63	1200	125.94	1#、2#、3# 中孔开启 5.0m
5	2002.5.10 10:45～11:51	230.91	2500	136.20	1#、2#、3# 中孔全开
6	2002.5.10 16:08～17:24	230.43	3040	137.49	1#、2#、3# 中孔全开， 2#、3# 表孔开启 3.0m
7	2002.5.11 10:01～11:21	229.65	3580	138.76	1#、2#、3# 中孔全开， 1#、2#、3#、4# 表孔开启 3.0m

3)测点布置

各观测点布置见表 2.11。

表 2.11　　　　雾雨测点坐标

部位	测点编号	测点坐标		
		X	Y	H
$5^{\#}$冲沟顶	(左)1	345.8	125.5	225.0
$5^{\#}$冲沟下游岸坡	(左)2^{*}	281.9	212.3	196.1
$5^{\#}$冲沟下游坡顶	(左)3^{*}	347.4	264.5	209.4
$5^{\#}$冲沟底	(左)4^{*}	237.3	165.9	148.5
导流洞口顶上方	(左)5^{*}	230.6	273.9	140.2
导流洞口下游岸坡	(左)$5'^{*}$	246.8	293.7	143.2
温泉房顶	(左)6^{*}	231.8	350.9	140.3
引航道岸坡	(左)7	236.0	592.8	131.8
参观房上游	(左)8	273.1	590.2	180.2
左岸上坝公路(坝下桥附近)	(左)9	189.3	987.2	148.1
左岸上坝、施工公路叉口	(左)10	262.6	615.3	179.0
左岸施工公路中段	(左)11	250.7	496.4	150.3
开关站	(右)1	5.5	137.7	229.9
右岸上坝公路	(右)2^{*}	60.6	223.1	169.1
	(右)3^{*}	74.1	377.5	158.2
排风洞口右侧	(右)4^{*}	92.7	197.2	148.4
坝下公路	(右)5^{*}	108.5	381.4	140.3
电站尾水平台	(右)6^{*}	109.3	462.2	147.2
右岸上坝公路	(右)7^{*}	0.0	300.5	208.7
进厂公路(尾水渠下游)	(右)8	80.5	616.9	147.9
进厂公路(坝下桥附近)	(右)9	62.7	956.5	144.0
右岸上坝公路(排风洞出口上方)	(右)10	66.2	166.5	180.6
坝顶	上 0	168.2	21.30	245.2
坝下桥	下 0	127.9	1021.0	144.1

注:以坝轴线为 X 轴,垂直于坝轴线为 Y 轴,坝顶 $A(0+000)$ 点为坐标零点,指向左岸、指向下游为坐标轴正向,带 * 号者为自制大雨量筒,其余为自记式雨量计。

4)坝下挑流水舌轨迹及其溅落范围

江垭大坝 3 中孔和 $1^{\#}$、$4^{\#}$ 表孔水流均由低鼻坎挑向下游,而 $2^{\#}$、$3^{\#}$ 表孔水流则由高鼻坎挑向下游。对低鼻坎而言,在水舌挑离鼻坎前,由于坝面水流横向扩散和相互碰撞,一部分水体向上升腾,以较大挑角抛向坝下,另一部分水体以接近反弧末端的挑角抛向下游,故出坎水舌较为紊乱和分散。高鼻坎挑射水舌在与低坎挑射水舌碰撞前,其水舌上缘比较光滑(坝面升腾的水股的碰撞对其轨迹影响很小),基本呈抛物线状。高、低坎水舌碰撞后，水舌表面紊乱。原型水舌外缘的纵向轨迹，是以 2# 中孔中心剖面与水舌的交线来确定的，取上下波动的平均值为观测值；水舌横向扩散宽度主要以主体水舌溅落宽度为基本值，以溅落频率较高的分散水股位置进行修正。

水舌外缘挑距、水舌最高点高程和水舌最大宽度等参数见表 2.12。

表 2.12　　水舌参数

观测工况	1	2	3	4	5	6	7
水舌外缘挑距/m	115.0	120.1	118.4	117.0	130.2	125.0	128.0
水舌最高点高程/m	161.5	160.6	164.8	166.8	171.7	193.5/170.2	193.2/171.6
水舌最大宽度/m	97.2	117.6	87.6	86.4	94.8	105.6	99.6
水舌碰撞交角/°	—	—	—	—	—	51	54

注："/"上方为高坎水舌最高点高程，"/ "下方为高低坎水舌碰撞后的水舌最高点高程。

5)泄洪雾化分布及降雨强度

泄洪雾化主要是指泄洪过程中在坝下一定范围内形成的非自然降雨和雾流现象。江垭大坝坝高、泄量大，枢纽泄洪采取高低坎挑流碰撞消能，中孔和边表孔还在坝面上设置了掺气减蚀设施，且低坎反弧段两侧导墙向内收缩。这些都使得消能效果较为理想，但随之而来的泄洪雾化问题也较为突出。

①泄洪雾化的雾区分布范围。

泄洪雾化除产生降雨外，还会形成随坝后风速场扩散飘逸的雾流。从总体上看，江垭大坝泄洪雾化浓雾区，主要分布在水舌溅落区两侧岸坡及下游河床上空，大坝泄量愈大，空中水雾浓度越高。在雾浓度空间分布上，从低空到高空，雾浓度逐渐减小；从水舌溅落区开始，由近至远或由两岸坡脚到两岸上坝公路，雾浓度沿程衰减。

在大坝 7 种泄洪观测工况下，浓雾最高升腾高程约为 230m，最大扩散宽度约 250m，最远飘移距离距坝轴线约 600m。浓雾主要分布在两岸上坝公路之间的岸坡及河面上空，而薄雾区的分布则要宽广一些，也更高一些。薄雾最大升腾高程约 280m，最宽约 500m，最远距坝轴线约 1000m。

在 7 种泄洪工况下，左岸上坝公路均在薄雾或淡雾区范围，基本不影响交通。右岸上坝公路在 6# 冲沟下游 50～100m 范围，处在浓雾区，能见度较低，影响正常交通，开关站及其附近区域基本为无雾区。

②泄洪雾化的降雨强度。

泄洪过程中所产生的雾流对周围环境的影响一般是轻微的或暂时的，而泄洪过程中所产生的狂风暴雨甚至特大暴雨对周围环境则具有较大危害，根据雾化降雨的危害性，可将降雨强度分为 5 个等级：Ⅰ级雾化降雨区。降雨强度 $S \geqslant 600$mm/h，破坏力强，雨区内空气稀薄，能见度低，此范围不能布置电站厂房、开关站等建筑物和附属设施，边坡需护坡保护，且须禁止人员车辆通行。Ⅱ级雾化降雨区。600mm/h＞S≥200mm/h，破坏力比Ⅰ区稍低，防护要求同Ⅰ。Ⅲ级雾化降雨区。200mm/h＞S≥10.0mm/h，该雨强范围大部分超过了自然特大暴雨强度下限（11.7mm/h），相应范围的边坡仍需保护，必要时需设置相应排水设施，对建筑物设置的限制同Ⅰ、Ⅱ级雾化降雨区，须限制人员和车辆通行。Ⅳ级雾化降雨区。10mm/h＞S≥1mm/h，雨强介于自然大暴雨和大雨之间，一般不需要特殊的雾化防护措施，防护方法类同于自然降雨的防护方法，必要时需设置排水设施。Ⅴ级薄雾和淡雾区。该区域降雨量极低，S＜1mm/h，但对开关站、高压线路及交通和工作与生活环境会产生一些影响。

为监测江垭大坝泄洪雾化降雨影响范围和程度，在原型坝区下游两岸布设了22个雨量测点，在坝顶和坝下桥面各布设1个雨量测点，共计24个测点。各观测工况的测点雨强见表2.13。

从观测结果可以看出，在7种泄洪工况下，坝顶、右岸开关站、左岸5#冲沟顶（拌合楼平台）、坝下桥等处的降雨量基本为零；Ⅲ级以上降雨强度（S≥10mm/s）分布于距坝轴线约600m以内的左、右岸坡或公路（右岸），1mm/h以下的降雨最远可延伸至距坝轴线1000m外的坝下桥附近。

在Ⅰ～Ⅱ级降雨区，暴雨倾盆、狂风大作，飞砂走石、浓雾密布。左岸温泉房在第七工况下整体倾斜，上了地脚螺丝的钢制雨量筒（左6#）被风雨卷走。右岸5#钢制雨量筒，在第七工况下亦被风雨连根拔出卷入河中。处于Ⅱ级雨强区的导流洞出口下游山坡的风化岩段出现坍塌。处于Ⅲ级雨强区的右岸6#冲沟附近的土坡出现坍塌。

表2.13　　雾化降雨强度　　（单位：mm/h）

测点号	测点位置	工况1	工况2	工况3	工况4	工况5	工况6	工况7
（左）1	5号冲沟顶	0	0	0	0	0	0	0
（左）2*	5#冲沟下游岸坡	/	/	/	/	54.0	0.5	0.3
（左）3*	5#冲沟下游坡顶	/	/	/	/	0.3	0	0
（左）4*	5号冲沟底	227.6	1150.0	905.0	1030.0	480.0	560.0	751.5
（左）5*	导流洞口顶上方	92.0	844.6	1336.0	2226.0	/	/	/
（左）5′*	导流洞口下游岸坡	80.0	173.7	347.4	578.9	/	/	/
（左）6*	温泉房顶	35.6	270.3	539.5	899.0	1433.6	2314.7	测点被冲毁
（左）7	引航道岸坡	1.6	5.3	4.0	2.5	/	/	/
（左）8	参观房上游	0.1	1.5	0.4	0.6	4.0	1.3	5.4

续表

测点号	测点位置	工况 1	工况 2	工况 3	工况 4	工况 5	工况 6	工况 7
(左)9	上坝公路下(坝下桥附近)	0	0	0	0	0	0.1	0.2
(左)10	上坝、施工公路叉口	/	/	/	/	/	/	2.2
(左)11	左岸施工公路中段	/	/	/	/	/	/	3.3
(右)1	开关站	0	0	0	0	0	0	0
(右)2#	上坝公路(6# 冲沟附近)	4.5	10.0	19.9	33.1	90.0	60.0	81.8
(右)3#	上坝公路	3.3	7.5	14.9	24.8	32.0	53.3	129.7
(右)4#	排风洞口右侧	47.2	106.1	212.5	354.1	396.0	460.0	407.3
(右)5#	坝下公路	28.9	64.9	129.9	216.3	928.0	1066.7	测点被冲毁
(右)6#	电站尾水平台	2.6	5.9	11.8	19.7	64.0	106.7	138.4
(右)7#	上坝公路(第二层)	/	/	/	/	8.0	0	0.1
(右)8	进厂公路(电站尾水渠下游)	0	1.1	1.8	1.9	2.1	2.7	7.5
(右)9	进厂公路(坝下桥附近)	0	0	0	0	0.1	0.2	0.4
(右)10	上坝公路(排风洞出口上方)	/	/	/	/	5.7	2.0	67.3
上 0	坝顶	0	0	0	0	0	0	0
下 0	坝下桥	0	0	0	0	0	0	0.1

注:(左)4# 测点在工况 1～4 时的位置较工况 5～7 向下游移动 5m。

在工况 1～4 条件下,泄洪雾雨对地下电厂的交通影响较小,从坝下桥至电厂交通洞口的进厂公路上雨强沿程递增,电厂交通洞口附近最大降雨强度约为 10mm/h,相当于气象学中的大暴雨及其以下强度降雨,车辆可以通行;在工况 5～7 条件下,电厂交通洞口附近雨强升至 11mm/h 以上,属于特大暴雨,车辆在此处通行较困难。

泄洪雾雨对上坝公路交通的影响:右岸上坝公路的最下一层(高程 148～185m),在工况 1～4 条件下,雨强范围 3.3～33.1mm/h,属Ⅳ～Ⅲ级降雨,能见度较低,水舌风明显,但汽车尚能通行;在工况 5～7 条件下,雨强范围 32.0～129.7mm/h,能见度极低,风雨推力极大,汽车通行非常困难和危险;右岸上坝公路第二层雨强很低,7# 测点最大雨强仅 8mm/h,汽车可以通行。左岸上坝公路大部分路段基本无降雨,最大降雨出现在参观房附近局部路段。在工况 7,此处雨强仅 7.5mm/h,不影响车辆通行。

根据雨强及雾区范围的观测结果可见:①雾化降雨的强度和范围随大坝泄量增加而明显增大。②雨强的分布受水舌落水位置影响较大,最大雨强区分布在水舌入水区前后,说明水舌落水处产生的喷溅雾化是泄洪雾化的主要雾化源。③地形地貌对雾化的影响也是明显的,雾雨随水舌风飘移,当遇阻碍,则易形成降雨或爬高。江垭大坝下游某些局部岸坡较陡，降雨强度相对较大。④高、低坎水舌碰撞使近河岸坡的雨强明显增强，但沿山坡爬升的雾雨却因此而受到抑制，使雾雨范围缩小。

2.2.2.3 模型率的初步研究分析

根据江垭水利枢纽原型、模型相同或相近位置处典型测点的泄洪雾化降雨强度结果，对比计算模型律 n（表 2.14），绘制原型、模型雾雨降雨强度对比散点图（图 2.18），初步分析研究泄洪雾化降雨强度的模型律。

表 2.14　原型、模型雾雨降雨强度对比

测点编号	试验工况	模型雨强 S_m/(mm/h)	原型雨强 S/(mm/h)	换算指数 n $n=\log_{80}(S/S_m)$
(右)2#	1	0.082	33.10	1.37
(右)4#	1	0.620	354.10	1.45
(左)4#	1	0.820	1030.00	1.63
(左)5′#	1	0.680	578.90	1.54
(左)5#	1	0.920	2226.00	1.78
(左)2#	2	0.210	54.00	1.27
(左)6#	2	0.130	1433.60	2.12
(右)3#	2	0.420	32.00	0.99
(右)4#	2	1.670	396.00	1.25
(右)5#	2	0.860	928.00	1.59
(右)10#	2	0.008	5.70	1.50
(左)4#	2	2.210	480.00	1.23
(左)6#	3	0.150	2314.70	2.20
(右)2#	3	0.035	60.00	1.70
(右)3#	3	0.046	53.30	1.61
(右)4#	3	1.070	460.00	1.38
(左)4#	3	1.600	560.00	1.34
(右)6#	3	0.072	106.70	1.67
(右)2#	4	0.087	81.80	1.56
(右)3#	4	0.006	129.70	2.28
(右)4#	4	1.450	407.30	1.29
(左)4#	4	0.705	751.50	1.59
—	—	—	—	$\bar{n}=1.56$

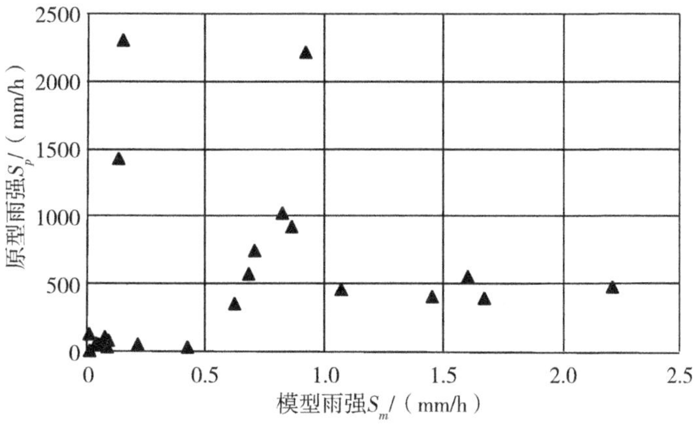

图 2.18　原型、模型雾雨降雨强度对比散点

国内的许多研究机构做了大量的研究，积累了许多的研究经验和成果，比较直观和比较通用的做法是：直接利用原型、模型对比资料，找出适合两者之间的模型律，即找出一个合适的指数参数 n，使得原型雨强 S_p 和模型雨强 S_m 以及模型几何比尺 L_r 三者满足等式 $S_p=S_m\times L_r{}^n$。从表 2.10 中发现，江垭水利枢纽泄洪雾化原型实测雨强 S 和模型雨强 S_m 之间的关系较为混乱，无法找到一个确定的 n 满足大多数的对应关系。从表中的指数 n 栏可以清楚地看到，要想在原型雨强 S_p 和模型雨强 S_m 找到满足等式 $S_p=S_m\times L_r{}^n$ 的合适的 n 值，其变化范围太大（0.99～2.28），这样的模型律将因指数 n 的弹性太大而让人无所适从，也就失去了模型律的意义，对此，长江科学院对不同频谱的雨强进行分类，分别研究其雨强模型律。

结合前述对模型雨强的谱分析研究成果，由于雨强的两大组成部分优势雨滴和优频雨滴的主要影响因素不尽相同：优势雨滴主要受自身的重力和水舌风的影响，而优频雨滴的影响因素较为复杂，一般受重力和空气浮力以及水舌风的共同作用。故优势雨滴和优频雨滴应满足不同的模型律，而雨强的模型律应为两者的线形组合，并通过大量的原型、模型试验数据对比，拟合出下面的公式：

$$s_p=s_{mf}\times L_r{}^{1.63\sim1.65}+s_{mg}\times L_r{}^{1.0\sim1.2}$$

式中：s_p ——模型引申雨强，mm/h；

s_{mf} ——模型测点优频雨强，mm/h；

s_{mg} ——模型测点优势雨强，mm/h；

L_r ——模型几何比尺。

将按上述公式引申的模型引申雨强 S_p 与原型实测雨强 S 点绘于图 2.19。从图 2.19 中可以看出，大多数模型引申雨强 S_p 与原型实测雨强 S 的关系点集中在直线 $S_p=S$ 附近，表明上述优势雨滴和优频雨滴满足不同模型律的设想是合理的。

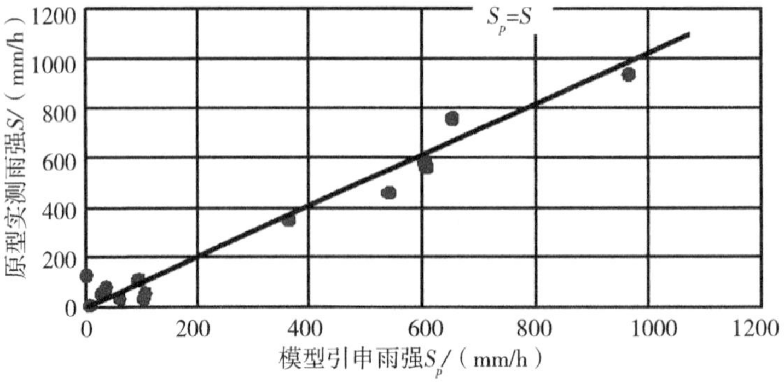

图 2.19　原型实测雨强与模型引申雨强对比散点

2.2.2.4　雾化降雨强度的模型律深入研究

为了对雾化降雨雨强模型律作进一步深入研究，通过 1：40：50：60 江垭系列比尺的物理模型，着重对相似关系做进一步研究，以期完善雾化降雨强度的模型律。

(1)抛洒雨强及模型律研究

系列比尺的模型试验观测表明，原型 0+120m 范围内，两岸岸坡降雨基本为水舌空中抛洒降雨，且雨强类型均为优频雨强，为研究系列比尺之间的模型相似关系，先假定各比尺模型雨强与原型雨强之间存在简单的比尺指数关系，$s_{原型}=s_{模型}\times L_r^w$。由于原型雨强唯一，则各比尺模型雨强之间需满足以下方程(表 2.15)：

$$\begin{aligned}&s_{40}\times 40^{\alpha}=s_{50}\times 50^{\beta}=s_{60}\times 60^{\gamma}\\&\alpha=\beta=\gamma\end{aligned}\qquad(2\text{-}1)$$

式中：S_{40}、S_{50} 和 S_{60}——下标相应比尺模型测得的抛洒雨强(mm/h)，解上述方程即可得到该指数关系，各测点计算成果汇总于图 2.20。

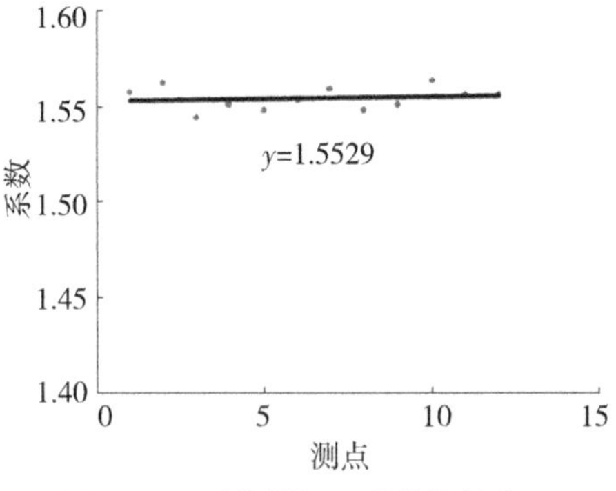

图 2.20　测点抛洒雨强的指数关系

从图 2.20 中可以看出，该指数关系有较好的稳定性，基本围绕均值 1.553 上下波动，本阶段可认为该雨区模型律为：$S_P=S_m\times L_r{}^{1.553}$。

(2)溅水区雨强及模型律研究

系列比尺的模型试验观测表明，两岸岸坡降雨基本为水舌入水后激溅形成的降雨，且雨强成分中含有优势和优频雨强两种成分(表2.16)。同上，为研究系列比尺之间的模型雨强相似关系，先假定各比尺模型雨强与原型雨强之间存在简单的比尺指数关系，对于该区雨强，由于含有两种降雨成分，可将相似关系假设为 $L_r^{\omega 1}+L_r^{\omega 2}$。由于原型雨强唯一，则各比尺模型雨强之间需满足以下方程：

$$\chi_{40}\times 40^{\alpha 1}+y_{40}\times 40^{\alpha 2}=\chi_{50}\times 50^{\beta 1}+y_{50}\times 50^{\beta 2}=\chi_{60}\times 60^{\gamma 1}+y_{60}\times 60^{\gamma 2}$$

$$\alpha_1=\beta_1=\gamma_1$$

$$\alpha_2=\beta_2=\gamma_2 \tag{2-2}$$

式中：$\{x_{40}、y_{40}\}$、$\{x_{50}、y_{50}\}$和$\{x_{60}、y_{60}\}$——下标相应比尺模型测得的优势和优频雨强(mm/h)。

解上述方程即可得到该指数关系，各测点计算成果汇总于图2.21。

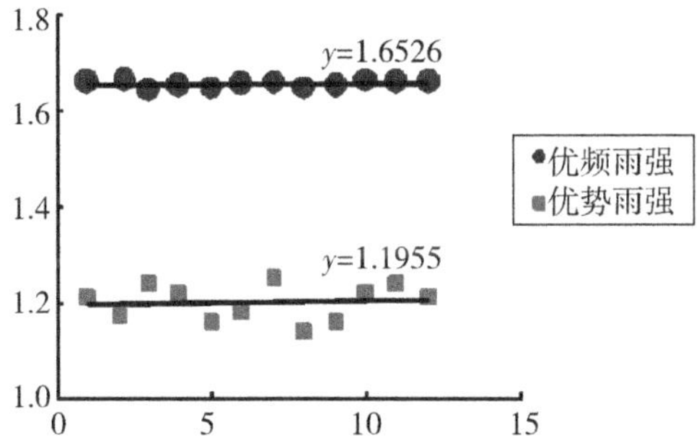

图2.21 测点优频与优势雨强的指数关系

从图2.21中可以看出，测点的 ω_1 和 ω_2 指数关系有较好的稳定性，基本围绕各自的均值上下波动，本阶段可认为该雨区模型律为：

$$s_p=s_f\times L_r^{1.653}+s_g\times L_r^{1.196}$$

式中：s_f ——模型测点优频雨强，mm/h；

s_g ——模型测点优势雨强，mm/h。

(3)雾流降雨区雨强及模型律研究

系列比尺的模型试验观测表明，原型0+320～400m范围内，两岸岸坡降雨基本为雾流降雨，且雨强类型均为优频雨强，同抛洒雨强的研究方法，各比尺模型雨强之间需满足以下方程(表2.17)：

$$s_{40}\times 40^{\alpha}=s_{50}\times 50^{\beta}=s_{60}\times 60^{\gamma}$$

$$\alpha=\beta=\gamma \tag{2-3}$$

表 2.15　　系列比尺模型不同测点抛洒雨区及模型律

模型比尺		测点编号											
		1	2	3	4	5	6	7	8	9	10	11	12
1∶40	模型雨强	3.08	4.46	3.95	2.41	2.13	3.25	3.12	4.37	3.87	2.36	2.09	3.19
1∶50	模型雨强	2.18	3.14	2.82	1.72	1.51	2.29	2.24	3.08	2.76	1.69	1.48	2.24
1∶60	模型雨强	1.65	2.36	2.10	1.33	1.13	1.73	1.69	2.31	2.06	1.30	1.11	1.70
换算雨强		911	1423	1215	756	645	1002	950	1395	1191	741	632	982
系数		1.5582	1.5628	1.5446	1.5510	1.5480	1.5537	1.5600	1.5480	1.5510	1.5638	1.5570	1.5570

表 2.16　　系列比尺模型不同测点溅水雨区及模型律

模型比尺		测点编号											
		1	2	3	4	5	6	7	8	9	10	11	12
1∶40	模型雨强	3.73	5.40	4.78	2.92	2.58	3.93	3.78	5.29	4.68	2.86	2.53	3.86
1∶50	模型雨强	2.64	3.80	3.41	2.08	1.83	2.77	2.71	3.73	3.34	2.04	1.79	2.71
1∶60	模型雨强	2.00	2.86	2.54	1.61	1.37	2.09	2.04	2.80	2.49	1.57	1.34	2.06
换算优频雨强		342	534	456	284	242	376	356	523	447	278	237	368
换算优势雨强		794	1240	1059	659	562	873	828	1215	1038	646	551	856
优频雨强系数		1.6527	1.6535	1.6518	1.6525	1.6523	1.6531	1.6533	1.6525	1.6529	1.6531	1.6529	1.6528
优势雨强系数		1.1985	1.1920	1.2031	1.1988	1.1829	1.1931	1.2271	1.1701	1.1794	1.1994	1.2054	1.1966

表 2.17 系列比尺模型不同测点雾流降雨区及模型律

模型比尺		测点编号											
		1	2	3	4	5	6	7	8	9	10	11	12
1∶40	模型雨强	3.39	4.91	4.35	2.65	2.34	3.58	3.43	4.81	4.26	2.60	2.30	3.51
1∶50	模型雨强	2.40	3.45	3.10	1.89	1.66	2.52	2.46	3.39	3.04	1.86	1.63	2.46
1∶60	模型雨强	1.82	2.60	2.31	1.46	1.24	1.90	1.86	2.54	2.27	1.43	1.22	1.87
换算雨强		1002	1565	1337	832	710	1102	1045	1535	1310	815	695	1080
系数		1.6374	1.6431	1.6308	1.6351	1.6342	1.6363	1.6366	1.6345	1.6354	1.6376	1.6366	1.6368

解上述方程即可得到该指数关系，各测点计算成果汇总于图 2.22。

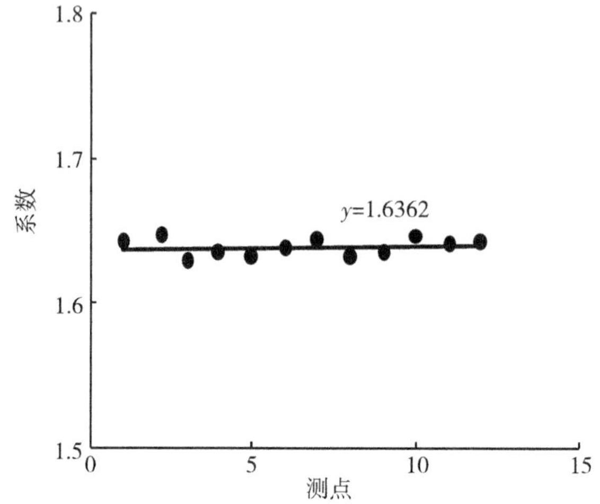

图 2.22　测点雾流降雨雨强的指数关系

从图 2.22 中可以看出，该指数关系有较好的稳定性，基本围绕均值上下波动，本阶段可认为该雨区模型律为：$S_P = S_m \times L_r^{1.636}$。

(4)模型律试验研究成果

泄洪雾化引起的下游降雨原则上可以分为三个区：抛洒降雨区、溅水降雨区、雾流降雨区。

抛洒降雨区雨强模型律为：

$$S_P = S_m \times L_r^{1.553}$$

溅水降雨区雨强模型律为：

$$s_p = s_f \times L_r^{1.653} + s_g \times L_r^{1.196}$$

雾流降雨区雨强模型律为：

$$S_P = S_m \times L_r^{1.636}$$

该研究得到了溅水降雨区雨强模型律 $s_p = s_f \times L_r^{1.653} + s_g \times L_r^{1.196}$，与上一章节模型律研究成果 $s_p = s_f \times L_r^{1.63\sim1.65} + s_g \times L_r^{1.0\sim1.2}$ 相比，本系列比尺模型试验结果的优势和优频雨强模型律相似关系的指数均基本在上一章所得结果的指数范围内，且较为接近指数的上限，再次证明泄洪雾化时大坝下游的强降雨区（即溅水区）的雨强为两大部分组成，各部分的模型雨强与原型降雨之间满足不同的相似关系。

其次是本章在江垭雾化模型的研究成果的基础上，提出了将大坝下游的雨区划分为三个区，沿坝址下游方向依次为抛洒降雨区、溅水降雨区和雾流降雨区，并根据比尺模型雨强的分析成果给出了抛洒降雨区和雾流降雨区的模型律，进一步细化了雾化雨强模型律的研究成果。

综合上述的研究成果来看，泄洪雾化产生的降雨和雾流现象中，降雨特别是由溅水引起的降雨是影响工程安全的主要因素，也是在现阶段研究条件下的主要研究对象。在通过物理模型模拟原型的泄洪雾化现象时，其研究重点应放在激溅水体的模拟上。该部分水体的主要作用力为重力，在受到实验室条件的限制下，可以采用较小比尺的物理模型进行研究，其模型律可参考本书研究成果。

2.2.2.5　模型率成果的验证

为进一步验证上节有关泄洪雾化模型率成果的合理性，进行了水布垭水电站 1∶50 整体模型试验和原型观测。

(1)水布垭工程概况及雾化模型设计

水布垭水电站是清江梯级开发的龙头工程，位于湖北省巴东县境内，上距恩施市 117km，下距隔河岩水利枢纽 92km。水库正常蓄水位 400m，相应库容 43.12 亿 m^3，装机容量 1600MW，工程的主要任务以发电、防洪为主并兼顾其他。工程为一等大(1)型水利水电工程，永久主要建筑物级别为 1 级，次要建筑物级别为 3 级。主体建筑物由混凝土面板堆石坝、左岸溢洪道、右岸地下电站和放空洞等组成。混凝土面板堆石坝最大坝高 233m，为目前世界上最高的面板坝。水布垭水电站布置见图 2.23。

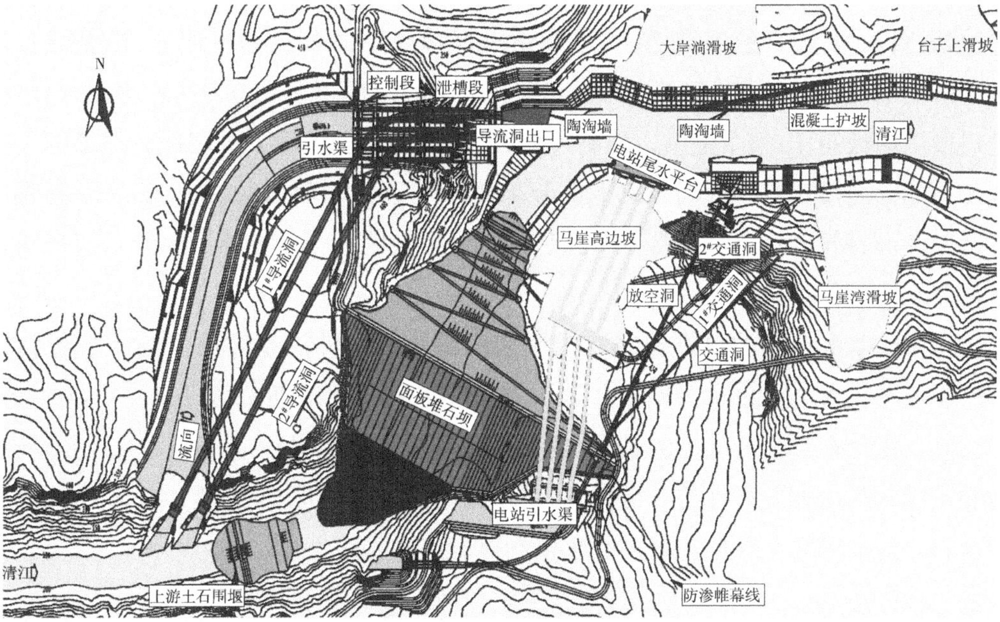

图 2.23　水布垭水电站布置

挡水建筑物为混凝土面板堆石坝，泄水建筑物宜采用岸边溢洪道方案，经对左、右岸多种溢洪道布置方案比较，确定溢洪道布置在左岸较为宽缓的台地上。溢洪道泄洪布置研究了表孔和泄洪洞联合泄洪、表孔与深孔联合泄洪和全表孔泄洪 3 种方案，推荐全表孔泄洪方案。溢洪道消能型式共研究了一级消能(分区陡槽接连续式挑坎、台阶式陡槽接差动式挑坎、分区陡槽接平齐式窄缝挑坎、分区陡槽接阶梯式出口窄缝挑坎)和二级消能(一级平底消力池接一级挑流、一级逆坡消力池接一级挑流)等多种方案，推荐采用分区陡槽接阶梯式出口窄缝挑坎的布置方案。下游消能区防护方案经对混凝土水垫塘方案和护岸不护底的防淘墙方案综合比较，推荐防淘墙方案。

河岸式溢洪道布置在左岸，由引水渠、控制段、泄槽段(含挑流鼻坎)和下游防冲段组成。溢洪道按千年一遇设计，洪峰流量为 20200m^3/s，调节下泄流量为 16300m^3/s；按万年一遇校核，洪峰流量为 24400m^3/s，调节下泄流量为 18320m^3/s。溢洪道引水渠底高程 350.0m，底宽 90.0m，轴线长 890.32m。控制段坝顶高程 407.0m，设 5 个孔口尺寸为 14.0m×21.8m 的表孔，堰顶高程 378.2m。泄槽段分为五区，即每个表孔各成一区，挑流鼻坎采用阶梯式窄缝出口。下游消能区防护采用护岸不护底的防淘墙方案，即在消能区两岸设置钢筋混凝土连续墙，防淘墙面积近 3 万 m^2，最大墙深 40m，墙厚 3～4m。

水布垭水电站泄洪雾化模型根据重力相似准则设计，模型几何比尺为 1∶50，模型溢洪道鼻坎处水流流速为 5.7～6.5m/s，其韦伯数为 520～590，同时满足泄洪雾化水流表面张力相似以及水舌掺气相似的要求。水布垭枢纽泄洪雾化物理模型制模范围包括：引水渠进口段、溢洪道、大坝下游坡面以及下游河道两岸地形，模型总长约 45.0m(原体 2250.0m)，模型高度近 5.0m(两岸地形模拟至 410.0m 高程)。引水渠进口段用钢板制作；整个溢洪道的制模材料为有机玻璃；大坝下游坡面和河道两岸地形分两部分制模，235.0m 高程以下部分采用水泥砂浆制作，230.0～410.0m 高程的两岸岸坡，根据断面形状采用台阶近似模拟，台阶高度 0.4m(原体 20.0m)，表面制作材料为不透风纤维织物。

水布垭水利枢纽的泄洪建筑物为岸边溢洪道。设计洪水时溢洪道下泄流量为 16300.0m^3/s，相应的单宽流量为 203.75$m^3/(s\cdot m)$，汛期最大上下游水位差达 180.0m，最大泄洪功率 30665MW。溢洪道泄洪消能具有水头高、流量大、泄洪功率大和消能区河床地质条件差等特点，并且采用窄缝挑流消能形式，泄洪过程中大坝下游必将产生泄洪雾化现象。泄洪雾化模型试验组次见表 2.18。

表 2.18　泄洪雾化模型试验组次

试验组次	洪水频率 P/%	上游水位 /m	下游水位 /m	泄流量 /(m^3/s)	闸门开启运行方式	备注
1	0.01	404.00	232.60	18280.0	五孔全开、敞泄	枢纽校核
2	0.1	402.20	229.40	16300.0	五孔全开、敞泄	枢纽设计

续表

试验组次	洪水频率 P/%	上游水位 /m	下游水位 /m	泄流量 /(m^3/s)	闸门开启运行方式	备注
3	0.2	400.81	226.80	14810.0	五孔全开、敞泄	消能防冲校核
4	1.0	397.86	222.00	11940.0	五孔全开、敞泄	消能防冲设计
5	5.0	397.00	220.00	10800.0	五孔全开、敞泄	
6	20	397.00	215.50	8040.0	五孔均匀开启、控泄	
7	20	397.00	210.40	5000.0	五孔均匀开启、控泄	常遇洪水
8	20	397.00	210.40	5000.0	中间三孔孔均匀开启、控泄	常遇洪水

(2)雾化模型试验成果、原型观测成果及对比

1)溢洪道泄洪雾化的形成

溢洪道泄槽分为 5 个区，每个溢流表孔各成一区，挑流鼻坎采用窄缝消能，出口鼻坎为阶梯式布置型式。溢洪道模型试验时泄洪雾化见图 2.24。雾化形成过程和雨雾来源概述如下：

图 2.24　溢洪道模型试验时泄洪雾化

溢洪道泄洪时，水流在反弧段急剧收缩，水面产生突变，两侧表面水流因收缩而碰撞，部分水体裂散、掺气、破碎成水滴；出坎挑射水流受窄缝的影响，水舌沿纵向扩散、拉开呈片状，受水流内部紊乱和周围空气阻力的影响，挑流水舌表面产生波纹并掺气、裂散，掺气水舌呈现乳白色絮状，喷涌而下，部分水体失稳、脱离水流主体，破裂成水滴。

各孔挑射水流因在空中运动过程中沿横向摆动、扩散，致使相邻两孔挑流水舌侧面相互碰撞，水体散落、破裂成水滴。

掺气高速水流落入下游河道，与河道内水体剧烈碰撞、掺混，水雾喷溅而出，飞溅

出的大量水体散落、破裂成水滴。

在上述挑流水舌掺气裂散、相互碰撞以及水舌入水喷溅过程中产生大量水滴，其中大粒径水滴在射流入水点周围区域降落，形成降雨；小粒径水滴飘浮在空中成为雾滴，雾滴受到坝后风速场的影响，不断扩散、飘逸形成雾流。

2)溢洪道泄洪雾化测试成果

各泄洪工况条件下，分别观测了下游河道两岸边坡上的雾化降雨分布。模型试验结果表明：水布垭枢纽泄洪雾化的主要特点是降雨强度大、影响范围广和两岸的雾化分布不对称。

①雾化降雨强度大。

溢洪道泄洪时，挑射水流入水喷溅影响区（溅水区）内的降雨强度很大，试验观测到雾化雨强大部分处在 1000～4000mm/h 量级，溅水影响区集中在水舌入水点前后且高程较低的范围内。河道两岸受挑流水舌入水喷溅和水舌裂散抛洒的区域存在差别，河道左岸：桩号 0+300.0m 到桩号 0+850.0m 之间、280.0m 高程以下的范围；河道右岸：桩号 0+500.0m 到桩号 0+950.0m 之间、310.0m 高程以下的范围。

②雾化降雨范围广。

雾化降雨：顺流方向最远达到桩号 1+350.0m，最大高程达 440.0m（右岸）。

河道左岸：在相同的测点（桩号 1+150.0m，高程 250.0m）处，泄洪频率分别为 0.01%、0.1%、0.2%、1%和 5%条件下测得的雾化雨强依次为 14.3mm/h、6.8mm/h、3.7mm/h、7.2mm/h 和 5.2mm/h，均超过天然条件暴雨以上强度。

河道右岸：在相同的测点（桩号 1+150.0m，高程 250.0m）处，泄洪频率分别为 0.01%、0.2%、1%和 5%条件下测得的雾化雨强依次为 93.8mm/h、17.9mm/h、6.4mm/h 和 4.4mm/h。0.1%条件下测得的雾化雨强为 23.9mm/h（高程 270.0m），亦超过天然条件暴雨以上强度。

③溢洪道出口挑流鼻坎布置形式及下游河道地形对雾化的影响。

受挑流鼻坎布置形式和下游河道地形的影响，泄洪雾化在两岸的分布不对称，右岸的雾化强度及其影响范围大于左岸的雾化强度及其影响范围。

溢洪道挑流鼻坎为窄缝鼻坎，鼻坎出口在平面和高程方向均采用阶梯式布置，造成雾流的出流方向偏向右岸，直接冲向马崖高陡边坡。同时，相邻两孔挑流水舌侧面相互碰撞，增大了雾源量。

在桩号 0+450.0m 到 0+700.0m 范围，马崖高陡边坡凸向河道中心，雾流沿右岸高边坡爬升达 460.0m 高程。大坝坝脚附近区域存在回旋雾流场，电站出线厂和控制管理楼以及大坝下游面（高程 330.0m 以下部分）均处在雾化影响区内。

根据雾化试验测试成果，分析雾化降雨在枢纽下游河道两岸边坡上的分布，可以得到边坡上各级雾化降雨的最大影响范围，结果见表 2.19 和表 2.20。在万年一遇的条件下，溢洪道泄洪雾化降雨的影响最大；随着泄洪频率增大，泄流量和水头降低，雾化降雨的影响逐渐减小；常遇洪水条件下，溢洪道中间三孔均匀开启泄洪时，雾化降雨的影响最小。

表 2.19　　各级雾化降雨最大影响区域(左岸)

洪水频率 $P/\%$	降雨强度≥600mm/h		降雨强度≥200mm/h		降雨强度≥10mm/h	
	纵向范围（起点—终点）桩号/m	最大高程/m	纵向范围（起点—终点）桩号/m	最大高程/m	纵向范围（起点—终点）桩号/m	最大高程/m
0.01	0+300.0～0+505.0	276.0	0+290.0～0+550.0	296.0	0+280.0～1+200.0	316.0
0.1	0+300.0～0+483.0	283.0	0+290.0～0+567.0	294.0	0+280.0～1+100.0	317.0
0.2	0+300.0～0+789.0	267.0	0+290.0～0+818.0	276.0	0+280.0～1+200.0	313.0
1.0	0+350.0～0+803.0	266.0	0+310.0～0+825.0	272.0	0+290.0～1+142.0	291.0
5.0	0+346.0～0+780.0	259.0	0+311.0～0+826.0	269.0	0+300.0～1+100.0	290.0
20	0+511.0～0+571.0	242.0	0+466.0～0+709.0	251.0	0+330.0～0+932.0	290.0
常遇洪水五孔控泄	0+523.0～0+584.0	246.0	0+472.0～0+622.0	256.0	0+350.0～1+000.0	290.0
常遇洪水三孔控泄	/	/	/	/	0+357.0～0+920.0	273.0

表 2.20　　各级雾化降雨最大影响区域(右岸)

洪水频率 $P/\%$	降雨强度≥600mm/h		降雨强度≥200mm/h		降雨强度≥10mm/h	
	纵向范围（起点—终点）桩号/m	最大高程/m	纵向范围（起点—终点）桩号/m	最大高程/m	纵向范围（起点～终点）桩号/m	最大高程/m
0.01	0+487.0～0+804.0	326.0	0+428.0～0+983.0	337.0	0+250.0～1+246.0	419.0
0.1	0+473.0～0+816.0	317.0	0+381.0～0+902.0	334.0	0+330.0～1+240.0	413.0
0.2	0+489.0～0+793.0	297.0	0+426.0～0+836.0	325.0	0+350.0～1+179.0	417.0
1.0	0+485.0～0+604.0	297.0	0+454.0～0+764.0	321.0	0+348.0～1+050.0	396.0
5.0	0+475.0～0+407.0	294.0	0+453.0～0+736.0	321.0	0+350.0～1+016.0	362.0
20	0+491.0～0+594.0	278.0	0+476.0～0+713.0	282.0	0+350.0～1+025.0	324.0
常遇洪水五孔控泄	/	/	0+500.0～0+736.0	293.0	0+375.0～1+000.0	320.0
常遇洪水三孔控泄	/	/	0+484.0～0+650.0	263.0	0+453.0～0+889.0	310.0

3)原型观测成果及对比

为监测水布垭溢洪道泄洪雾化降雨影响范围和程度，在原型坝区下游两岸原计划布设30个雨量测点，但受现场安装条件限制，在泄洪前仅完成了15个雨量测点的安装调试。在三孔均匀控泄工况下，各测点降雨强度见表2.21。

在Ⅰ～Ⅱ级降雨区，暴雨倾盆、狂风大作、飞沙走石、浓雾密布。左岸大岩淌滑坡体上多个临时搭建房屋严重损毁，不少树木成光枝甚至被连根拔起；布置在左岸高程230m公路上的22#雨量测点(桩号0+550m)的钢制雨量计被暴风雨拔起卷走不见踪影。右岸电站尾水平台上的门式启闭机上的电器房轻质钢制墙体基本被整体剥离；马崖高边坡护坡表面多处被剥落，露出岩体，部分石块散落在电站尾水平台上；一处摄像头固定钢管柱(直径约20cm)折断；用地脚螺栓固定于尾水平台上游侧并进行了加固的10#和11#雨量测点的钢制雨量计也被暴风雨连根拔起，完全损坏。5#和9#雨量计实测雨强均超过1000mm/h，但由于此两测点均布置于马崖高边坡下，泄洪雾化形成了马崖高边坡瀑布群，部分瀑布水流可能落入雨量计中，因此此处实测雨强结果可能偏大。下游交通桥处于Ⅴ级薄雾和淡雾区，雨量较小，能见度较好，交通未受到影响。

水布垭水电站溢洪道3孔控泄以及3号孔单独敞泄条件下，将下游泄洪雾化影响区域范围和降雨强度分布的模型值根据长江科学院的模型律公式进行换算，并将换算结果与其原型观测相应测点雨强成果对比分析，见表2.21。

表2.21　雾化降雨强度

测点编号	测点部位	桩号/m	高程/m	雨强/(mm/h)				备注
				三孔均匀控泄($e=7.0$m)		3#孔单独敞泄		
				原型	模型	原型	模型	
2#	坝脚230m马道	0+370	230	248	230	60	50	—
5#	右岸	0+400	230	1178	1095	468	450	—
6#		0+400	270	617	610	120	105	—
6′#		0+450	270	956	900	326	320	—
8#	变电站	—	—	60	69	6	5	—
9#	右岸	0+500	230	1468	1500	636	619	—
10#		0+550	230	—	—	—	—	损坏
11#		0+620	230	—	—	—	—	损坏
12#		0+690	230	948	900	364	375	—

续表

测点编号	测点部位	桩号/m	高程/m	雨强/(mm/h)				备注
				三孔均匀控泄(e=7.0m)		3[#]孔单独敞泄		
				原型	模型	原型	模型	
22[#]	左岸	0+550	230	—	—	—	—	损坏
24[#]		0+550	270	852	865	286	290	—
25[#]		0+785	230	564	600	138	151	—
26[#]		0+785	250	486	495	112	115	—
27[#]		0+785	270	314	320	86	90	—
28[#]		0+950	230	166	178	56	55	—

由表 2.21 可知，水布垭模型测试雨强换算结果与原型观测资料吻合，准确反映了原型泄洪雾化分布。证明了泄洪雾化雨强模型律公式切实可行且精度较好。

2.2.2.6 构皮滩雾化研究成果

(1)构皮滩水电站概况及模型设计

构皮滩水电站位于贵州省余庆县境内，乌江干流中游河段上。泄洪建筑物按 500 年一遇洪水设计($Q=23720m^3/s$)，按 5000 年一遇洪水校核($Q=28902m^3/s$)；消能建筑物按 100 年一遇洪水设计($Q=21359m^3/s$)。电站属Ⅰ等工程。大坝、泄洪建筑物、电站厂房等主要建筑物为 1 级建筑物，次要建筑物为 3 级建筑物。构皮滩水电站的枢纽建筑物由混凝土双曲拱坝、左岸泄洪洞、通航建筑物、右岸地下式电站厂房等组成。枢纽平面布置及测点布置见图 2.25。

构皮滩拱坝最大坝高 232.5m，坝顶高程 640.5m。枢纽完建后采用拱坝坝身泄洪和泄洪洞泄洪，坝下设置水垫塘消能，水垫塘尾部设置二道坝。坝身共设 6 个表孔和 7 个中孔，并设置 2 个放空底孔。表孔堰顶高程 617.00m，采用跌流消能；中孔孔底高程 543～550m，出口采用挑流消能。泄洪洞位于大坝左岸，采用有压进水口接明流隧洞型式，进口底高程 550.0m，出口采用挑流消能型式。

根据初步的水库调度计算分析，构皮滩工程每年泄洪的概率都较大。大坝设计、校核泄洪量分别达 $23720m^3/s$ 和 $28902m^3/s$，泄洪功率分别达 33000MW 和 42200MW 左右，上下游最大水头差近 190m。在如此巨大的泄洪流量和泄洪落差下，大坝下游必将产生泄洪雾化。加之为了消能防冲的需要，泄水建筑物采用了水舌空中扩散、碰撞然后挑跌入水垫塘的消能方式，使得泄洪雾化现象进一步加剧。工程坝址处为“V”形对称峡谷，不利于雾化水雾的扩散。泄洪消能区地形地质条件较为复杂，水垫塘下游两岸边坡为软岩地层，泄洪雾化降雨入渗引发的地下水位抬高对软岩

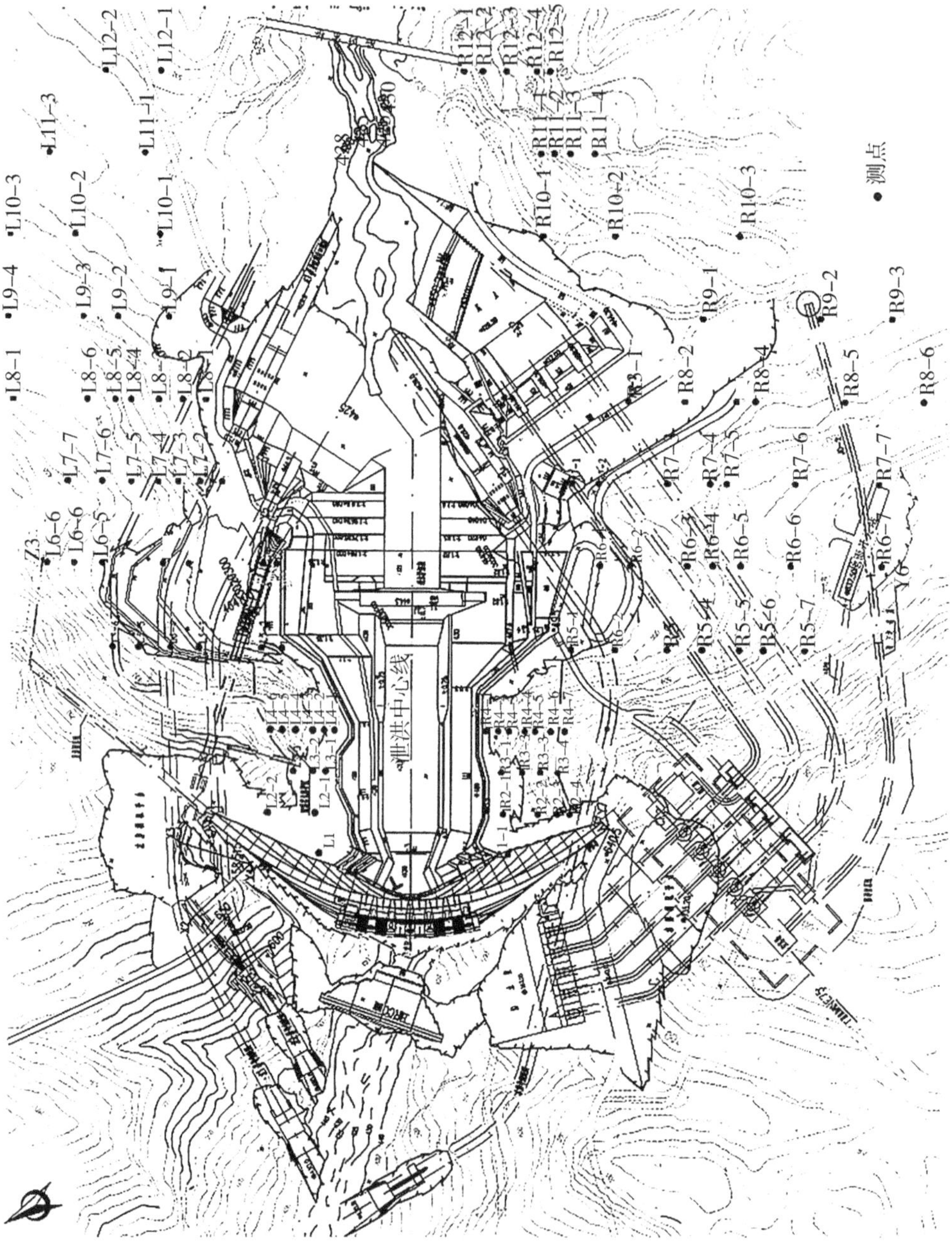

图2.25　构皮滩水电站枢纽平面布置及测点布置

边坡的稳定可能造成一定影响。乌江流域夏季偏南风较为盛行，与泄洪中心线方向基本一致，虽对泄洪雾化的降雨影响较小，但对泄洪雾流影响较大，其雾流的范围有扩大的趋势。

构皮滩水电站泄洪雾化模型根据重力相似准则设计，模型几何比尺为 1∶55。根据泄洪雾化影响区域模拟的需要，该模型上游地形模拟至高程 640m，下游地形高度至高程 645m，长度至下游约 1.5km 处。模型地形按设计单位提供的地形图采用等高线法制作。高程 500m 以下地形等高线间距 5m，局部位置予以加密，地形用水泥砂浆抹面。高程 500～645m 的两岸山体地形等高线间距 20m，采用不透风纤维织物制作。表孔、中孔、底孔及泄洪洞等泄水建筑物采用有机玻璃制作。模型整体布局见图 2.26。

图 2.26　构皮滩泄洪雾化模型

为了观测构皮滩水利枢纽的泄洪雾化影响范围和雨强分布情况，试验沿泄洪中心线共布置 12 个垂直于该中心线的测量断面，每个断面从 500～645m 高程平均每 20m 高差布置一个雨强测点。此外，为了观测泄洪雾化对工程安全和枢纽正常运行的影响程度，在水垫塘尾部软岩区、上坝公路、开关站、交通洞进口等可能受到雾化影响的区域也布置了雨强和风速测点。拱坝下游两岸山坡共布置泄洪雾化雨强和风速测量点共 110 个。

试验组次共有 8 组（表 2.22），基本涵盖枢纽所遭遇的各种频率的洪水，泄洪流量 3944～23720m^3/s，包括泄洪建筑物（表孔、中孔及泄洪洞）不同的运用组合。

表 2.22　构皮滩泄洪雾化模型试验组次

组次	洪水频率 p(%)	库水位 /m	泄洪方式	闸门开度	表孔泄量 /(m³/s)	中孔泄量 /(m³/s)	泄洪洞泄量 /(m³/s)	总流量 /(m³/s)	下游水位/m
1	0.2	632.89	表孔＋中孔＋泄洪洞＋电站	敞 泄	9324	10394	2952	23720	482.35
2	1.0	630.49	表孔＋中孔＋泄洪洞＋电站	敞 泄	7177	10228	2904	21359	479.08
3	5	630.00	表孔＋中孔＋电站	表控其余敞泄	5656	10194	0	16900	472.38
4	—	638.36	表孔	敞泄	15080	0	0	15080	469.45
5	20	630.00	表孔＋1 中孔＋泄洪洞＋电站	敞 泄	6761	1456	2894	12035	464.56
6	20	630.00	6 中孔＋泄洪洞＋电站	敞泄	0	8738	2894	12035	464.56
7	—	630.49	表孔＋电站	敞 泄	7177	0	0	8227	457.42
8	—	630.00	泄洪洞＋电站	敞 泄	0	0	2894	3944	446.95

(2)构皮滩工程泄洪雾化试验成果

1)降雨强度分布

从工程布置上及泄洪方式来看,构皮滩工程坝身表孔与中孔利用出口贴角以及边墙扩散等工程手段,尽量使泄洪水舌在空间上充分扩散,并使得表孔水舌和中孔水舌相互碰撞消能,然后再挑跌入下游水垫塘,通过水垫进一步消刹水舌能量。结合其工程布置和消能方式,从挑流泄洪雾化的形成机理看,构皮滩工程泄洪雾化主要有两个源项,即表、中孔水舌在空中运动自掺气及碰撞所形成的雾化以及表孔、中孔水舌入水激溅所引起的雾化。

表孔、中孔水舌在空中运行时,由于与周围大气的接触与摩擦,水舌表面形成紊流边界层,从而加剧水舌内水流的紊动强度,当紊动强度达到一定程度时,水分子或水滴溢出而形成雾化。模型观测到的现象为水舌表面粗糙接近破碎,外缘呈乳白色,部分水体失稳、脱离水流主体,碎裂成水滴。表孔或中孔水舌相互碰撞,水体散落,碎裂成水滴,向四周抛洒形成降雨。

表孔、中孔水舌入水激溅引起雾化的机理则较为复杂,可能同时存在多种雾化机制。首先由于入水时能量的传递,增加了入水区域及其周围水体的紊动强度,使水分子或水滴溢出而形成雾化；当入水速度较大时，可产生类似固体对撞时的水体反弹而造成雾化；另外，高速水舌在水面下的继续运动，将加大水垫区域内的紊动尺度，引起水体的膨胀，当这种影响波及水面时也将形成雾化。模型观测到的现象为掺气高速水流射入下游水垫塘，与水体激烈碰撞、掺混，水舌入水处激荡出大量水体，并伴随较为强烈的水舌风，大量水雾升腾并以较快速度向下游扩散。

试验对构皮滩工程上述 8 个试验组次的泄洪雾化降雨强度（以下简称“雨强”）分布情况进行了测量。构皮滩设计洪水工况（组次 2）泄洪雾化雨强分析成果见表 2.23。

表 2.23　构皮滩大坝下游两岸边坡雾化雨强分布（$Q=23720m^3/s$，试验组次 2）

位置	高程/m	桩号/m								
		0+50	0+100	0+150	0+200	0+300	0+400	0+500	0+600	0+700
左岸	580		17.1 11.4	19.5 12.6	11.3 7.2					
	560		24.5 15.3	52.1 36.5	16.1 10.5	13.5 8.7	9.8 6.2			
	540		122.2 21.6	196.4 61.3	125.1 9.5	96.7 11.2	59.0 5.1			
	520		223.0 168.7	417.3 385.6	262.1 238.6	210.0 154.5	124.1 98.2	46.6 34.6		
	500	2173.5 3974.4	1817.0 3726.0	1612.4 3153.0	4866.0 7480.1	223.1 167.5	157.2 137.4	80.4 67.0	67.3 50.6	20.5 18.20
右岸	500	2126.3 3751.2	1801.2 3612.3	2178.6 4492.0	4217.0 6246.6	202.1 38.4	126.3 16.1	61.2 13.6	40.9 8.7	19.6 6.1
	520		264.4 228.4	228.1 190.2	271.0 202.0	125.1 77.5	97.8 80.2	50.3	37.6	
	540		10.7 8.6	10.1 7.3	25.3 17.2	20.9 14.2	17.5 13.6			
	560				6.9 4.2					

注：表中斜体数字为参考文献公式计算成果，正体数字为本院公式计算成果。

构皮滩水电站泄洪雾化雨强成果采用本项目公式换算，各工况下雨强换算成果见图 2.27 至图 2.34。

从两岸雨强分布图中可以看出，构皮滩工程泄洪雾化雨强分布受岸坡地形影响较大，强降雨区主要集中在水垫塘内(0+300m桩号以内)。出水垫塘后，由于岸坡突然宽缓，岸坡雨强减小明显。模型试验成果表明：构皮滩工程泄洪雾化雨强分布的主要特点是局部雨强大、雨强变化快、两岸雨强分布不对称以及泄洪方式影响降雨分布。

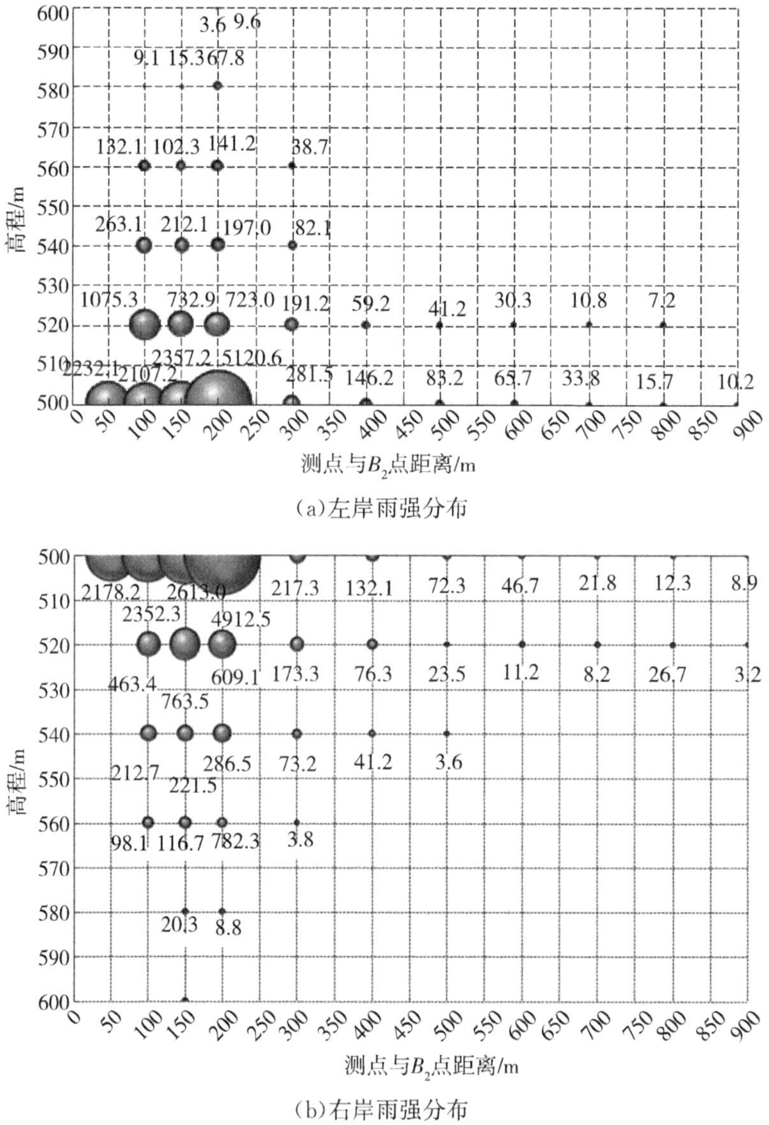

图 2.27　下游泄洪雾化降雨雨强分布(P=0.2%，Q=23720m^3/s，组次 1)

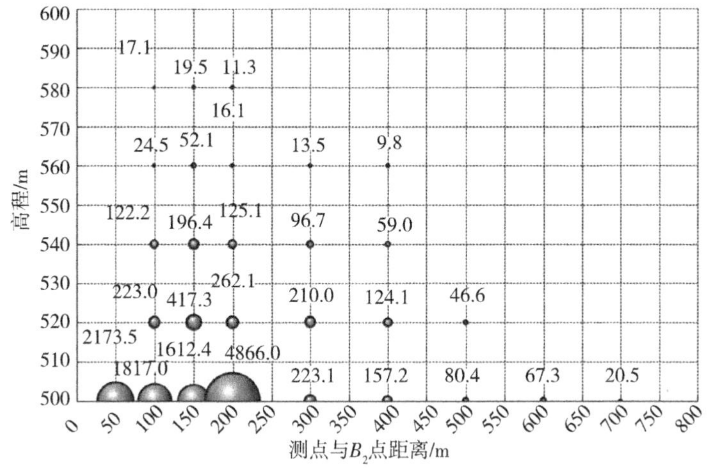

(a)左岸雨强分布

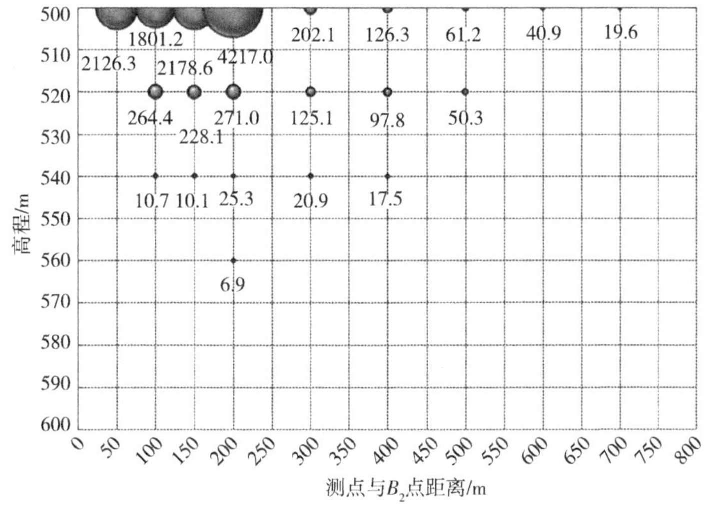

(b)右岸雨强分布

图 2.28　下游泄洪雾化降雨雨强分布($P=1.0\%$,$Q=21359m^3/s$,组次 2)

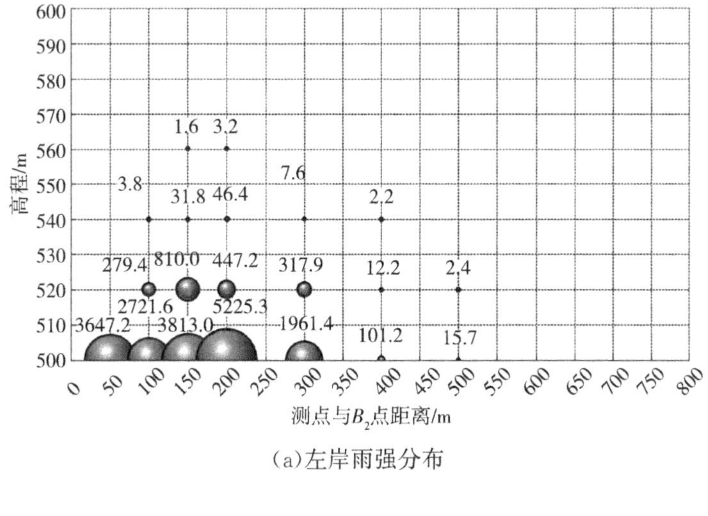

(a)左岸雨强分布

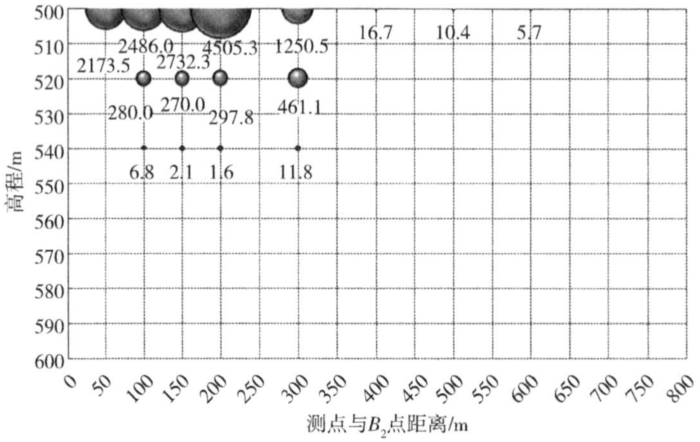

(b)右岸雨强分布

图 2.29　下游泄洪雾化降雨雨强分布($P=5\%$,$Q=16900m^3/s$,,组次 3)

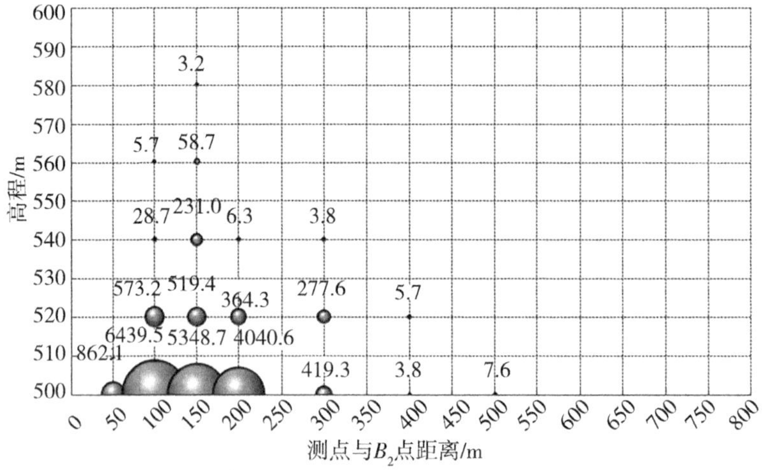

(a)左岸雨强分布

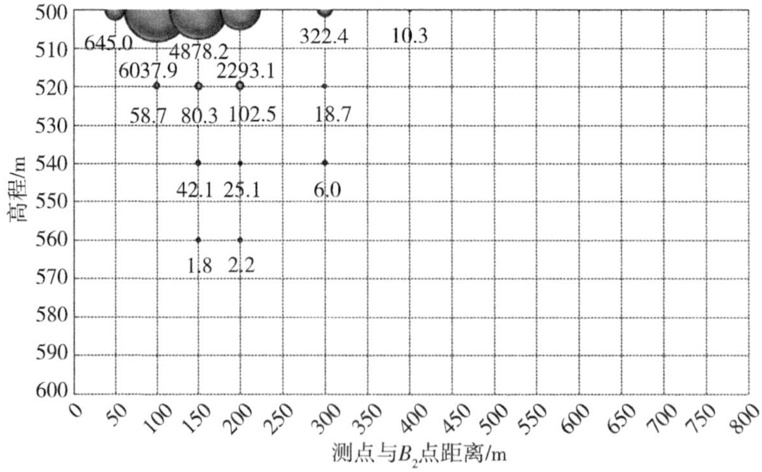

(b)右岸雨强分布

图 2.30　下游泄洪雾化降雨雨强分布(表孔敞泄,$Q=15080m^3/s$,,组次 4)

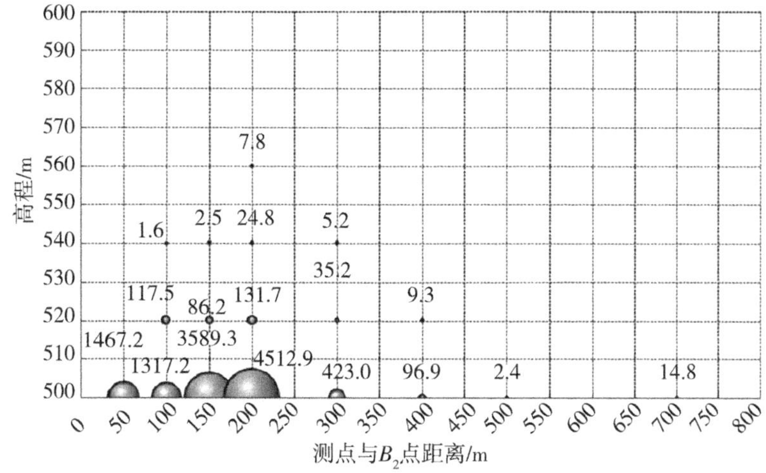

(a)左岸雨强分布

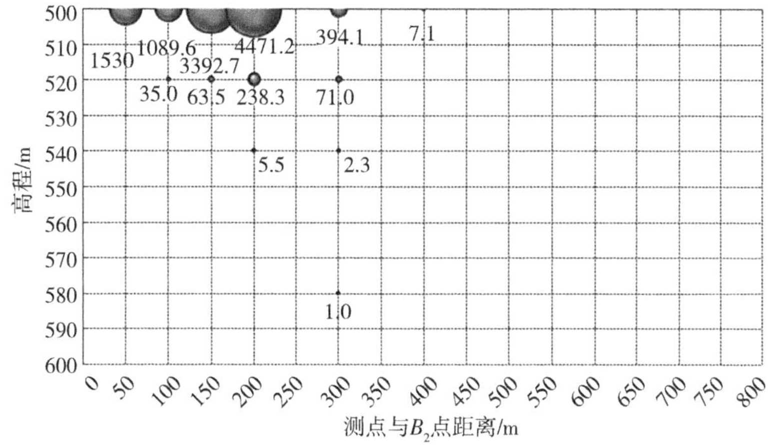

(b)右岸雨强分布

图 2.31　下游泄洪雾化降雨雨强分布(P=20%,Q=12035m^3/s,6 表孔+1 中孔+泄洪洞敞泄,组次 5)

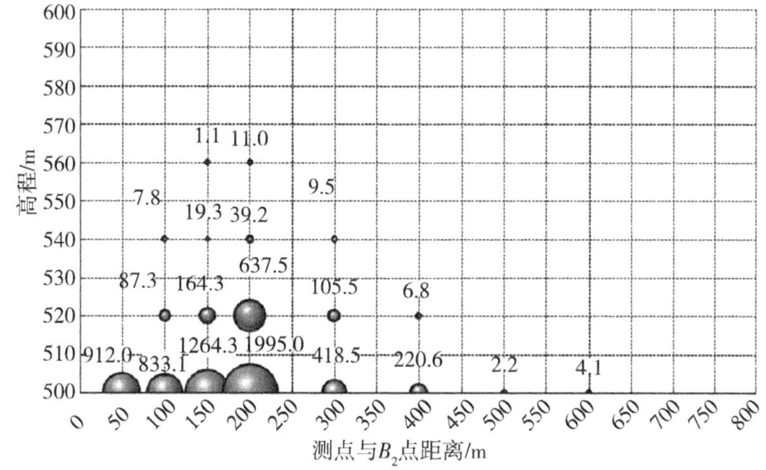

(a)左岸雨强分布

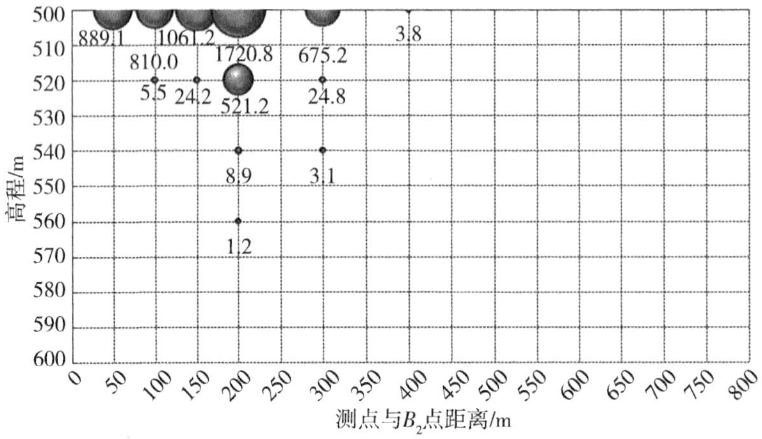

(b)右岸雨强分布

图 2.32　下游泄洪雾化降雨雨强分布(6 中孔＋泄洪洞敞泄,$Q=12035m^3/s$,组次 6)

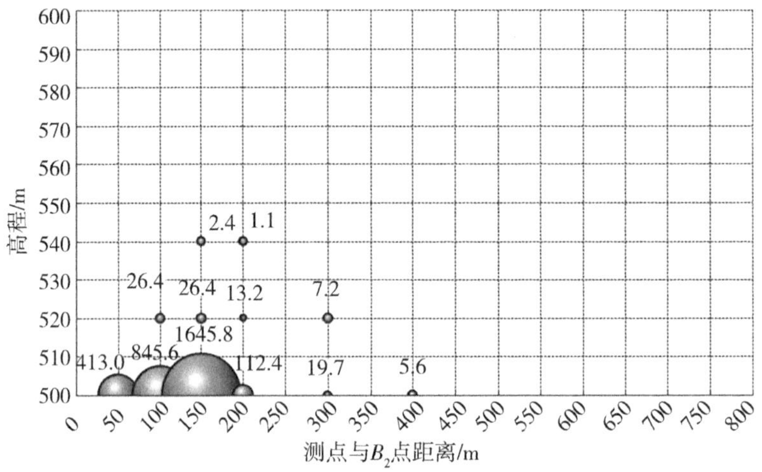

(a)左岸雨强分布

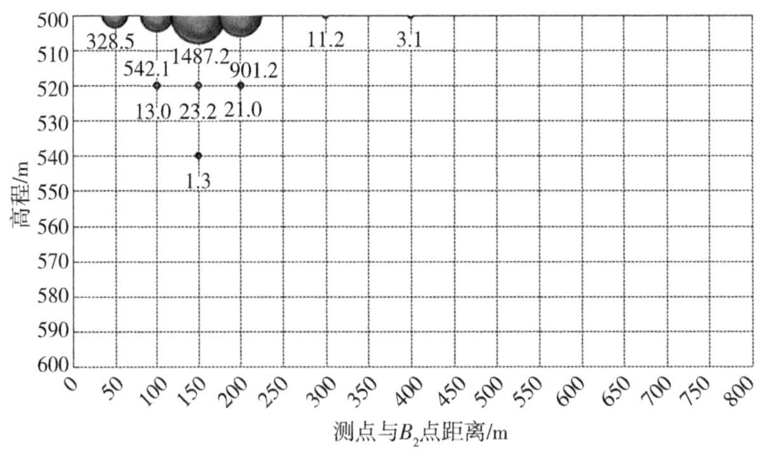

(b)右岸雨强分布

图 2.33　下游泄洪雾化降雨雨强分布(表孔敞泄,$Q=8227m^3/s$,组次 7)

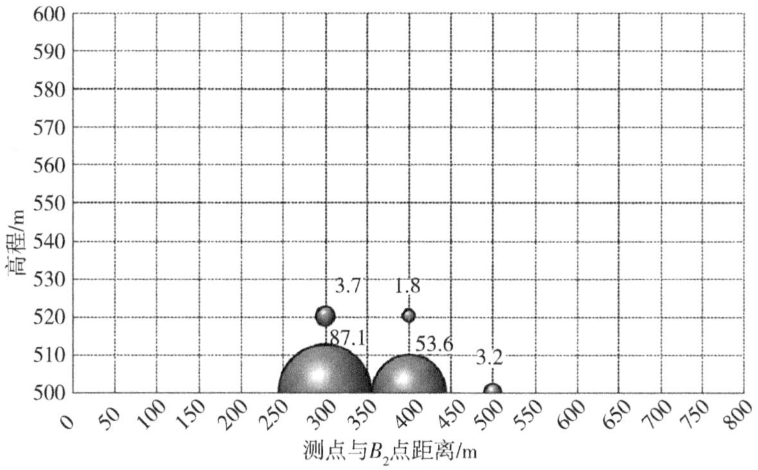

(a)左岸雨强分布

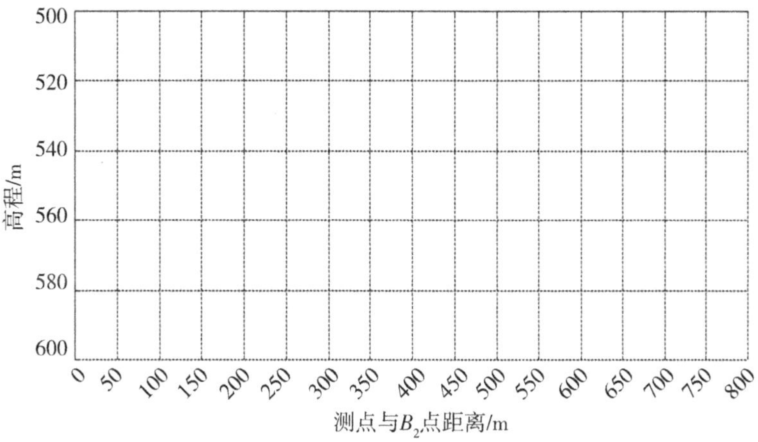

(b)右岸雨强分布

图 2.34 下游泄洪雾化降雨雨强分布(泄洪洞单泄,$Q=3944m^3/s$,组次 8)

①局部雨强大。

各级工况下,水垫塘处于水舌入水区,且两岸岸坡陡立,不利于雾雨扩散,水垫塘两岸岸坡雨强均较大,500m 高程、0+300m 桩号范围内雨强最大,量级基本均在 1000mm/h 以上,最大值达 6439.5mm/h 出现在表孔单独敞泄工况(组次 4)。

②雨强变化快。

各级工况下,雨强在水垫塘首部及中部范围内沿高程方向变化较快,在水垫塘尾部沿水流方向变化快。

在水垫塘首部及中部范围(0+200m 以前),高程 520m 处雨强比同桩号 500m 高程处要小 1/2~3/4,其主要原因是水垫塘内水深较大(50~70m),水舌入水后大水滴激溅反弹高度有限,同时 500m 高程处河谷狭窄,紧邻水垫塘,该处雨强的部分贡献来自水舌碰撞、水翅抛洒引起的降雨,因此导致高程 520m 处雨强与同桩号 500m 高程处相差较大。高程 520m 以上，两岸坡面的雨强随着高程的升高而减小，在设计洪水工况下(组次 2)测得 600m 高程雨强已经小于 10mm/h。

在水垫塘尾部范围(0+200m～0+300m)，高程 500m 及 520m 处的雨强沿水流方向急剧减少，仍以设计洪水工况为例，500m 高程线左岸岸坡雨强在 0+200m 处高达 4866.0mm/h，而在 0+250m 处仅为 223.1mm/h，降低了约 95%，其他工况降低程度也在 70%～95%。导致雨强变化如此之快的原因主要是河谷地形的变化，构皮滩工程水垫塘大部分位于峡谷出口段，河谷地形 500m 左右高程、0+200m 处山谷宽约 190m，而同一高程 0+300m 处河谷宽陡增至约 380m，地形的突扩导致坝后风速场在突然扩大的两岸岸坡附近形成弱风或无风区，使得雾化降雨雨滴的横向运动受到限制，岸坡雨强变小。

③两岸雨强分布不对称

构皮滩工程坝址下游左岸岸坡较为陡峭，而右岸岸坡在 0+250m 后则相对舒缓，较利于雾雨的扩散。受此影响，在各级工况下，左岸岸坡雨强一般均较右岸高出 10%～20%，且雾雨相对爬升的高度较高。

④泄洪方式影响降雨分布。

试验还对不同泄洪方式的雾化降雨程度进行了初步对比分析，组次 5、组次 6 泄洪流量和上下游水位均相同，仅在泄洪方式上存在差异，组次 5 基本采用表孔泄洪，而组次 6 则全部采用中孔泄洪。雨强的测试成果表明，500m 高程线上，组次 5 测点雨强较组次 6 相同位置测点雨强大，但 520m 高程线上，情况却基本相反。其主要原因是水舌运行轨迹、入水角度及反射角度的差别。组次 5 的水舌入水角度较大(水舌与水平面夹角)，水流反弹主要集中在入水处，因此 500m 高程线以下雾雨量较大，且分布密集，而组次 6 水舌挑距远且入水角度较小，因而雾雨量在 500m 高程线以下相对较小，且分布较为均匀。

两组试验工况雾化降雨范围基本相当，但相比之下，组次 5 测点雨强的极值大、变化快，是雾化防护相对不利工况，因此，从减小雾化降雨影响的角度看，在其他运行条件和环境相同的前提下，选取组次 6 的工况泄洪较组次 5 更有利于两岸山体的稳定。

2) 雨强等值线成果

根据雨强的分级标准和各测点的雨强值，插值计算了两岸岸坡雨强分布特征等值线(10mm/h、50mm/h、200mm/h、600mm/h、2000mm/h、4000mm/h)。设计流量下的平面雨强分布见图 2.35。

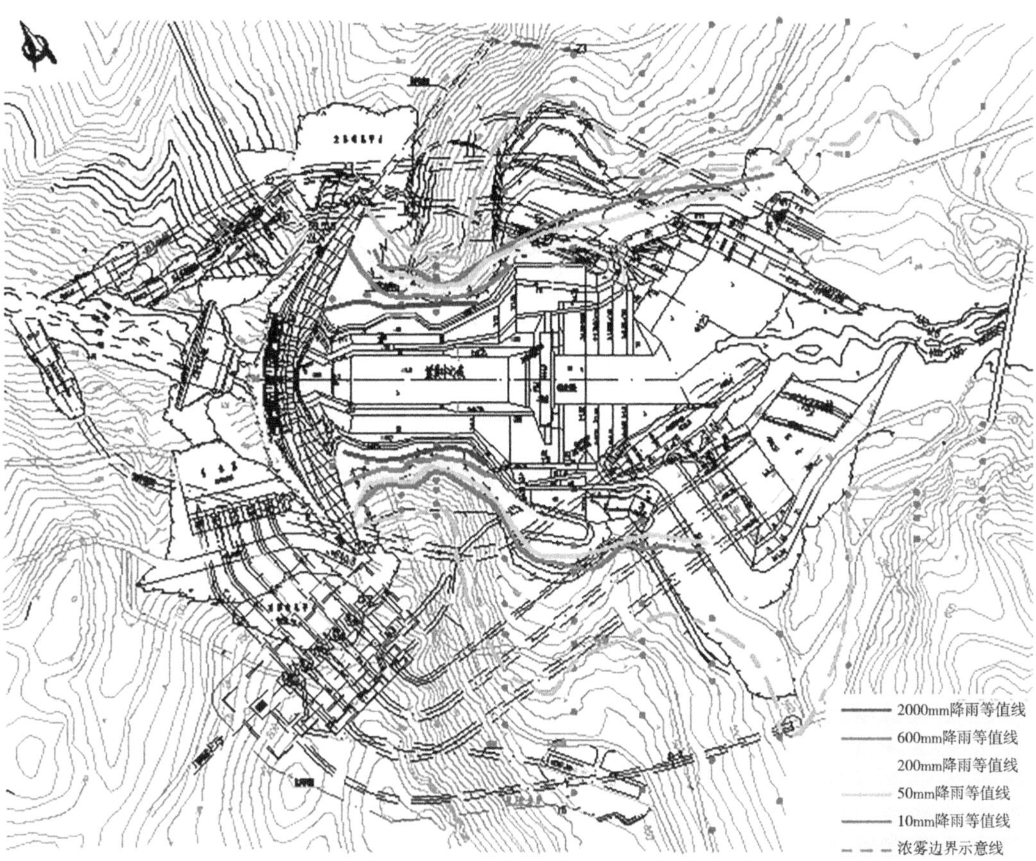

图 2.35　构皮滩大坝泄洪雾化降雨分布示意图($P=1\%$)

3)雾流升腾及扩散影响范围

泄洪雾化除产生降雨外，还会形成扩散飘逸的雾流，一般可分为浓雾、淡雾和薄雾。从众多工程泄洪雾化原型观测和实际运行情况看，雨比雾对工程的影响要大，而雾的运动规律比雨复杂。原型观测能够测量雨区、雾区范围，而物理模型试验受到缩尺效应的影响，雾流现象(特别是淡雾和薄雾现象)在模型中难以产生，模型试验一般不能对雾流及其影响范围进行准确模拟。

对于浓雾的预测，由于浓雾总是伴生于雾化降雨区，在无其他的实测资料的情况下，本次试验中在雨强分布等值线图的基础上进一步插值计算降雨区 0mm/h 降雨等值线，并取外边线为其影响范围外包络线，计算成果见图 2.36。

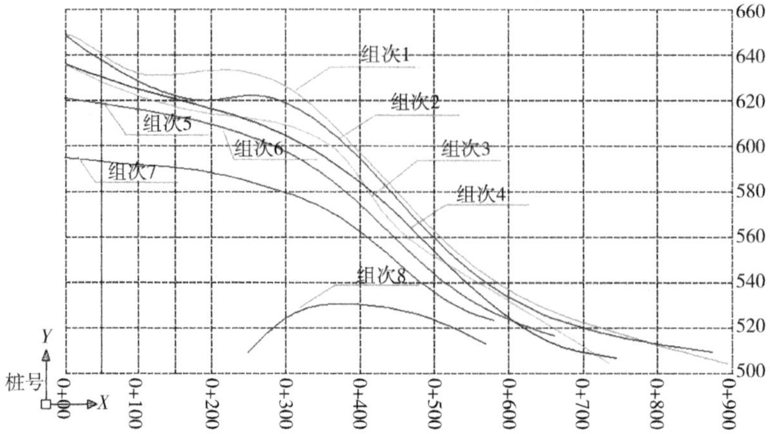

图 2.36　不同试验工况下浓雾外包络线

4)原型观测成果

构皮滩工程泄洪流量大、泄洪落差大,由图 2.37 可见水舌激溅降雨区处山谷狭窄,不利于雾雨扩散,雾化范围及升腾高度与模型试验成果一致。因时间紧,未进行更详尽的雾雨资料观测。

(a)　(b)

(c)

图 2.37　构皮滩水电站泄洪雾化

2.3 泄洪雾化模型缩尺理论研究

如第 3.2 节所述，在江垭水利枢纽泄洪雾化模型试验研究工作中，我们发现雾化降雨主要由滴径较小、数量众多的优频雨滴和滴径较大、数量很少的优势雨滴这两种不同类型的雨滴组成。这两种雨滴不单粒径大小、出现频率不同，其受力特性也有本质的区别，因此各自遵循的模型律也有很大的区别。基于江垭大坝泄洪雾化的原模型降雨强度观测资料，给出了新的雨强换算公式。为了对雾化降雨分布模型律作进一步深入研究，本章在以往的研究基础上，通过系列比尺的物理模型来进一步探索雾化降雨强度的空间分布特点和规律，着重对相似关系做进一步研究，以期完善雾化降雨强度的模型律。

2.3.1 概述

由于雾化属于两相流范畴，其物理过程受到的影响因素众多。泄洪雾化模型试验的比尺效应成为泄洪雾化模型试验研究要解决的一个关键问题。在大批针对具体水利工程的泄洪雾化模型试验的基础上，最近几年对雾化模型影响范围和降雨雨强的模型律研究有了一些值得肯定的进展。

2008 年，南科院采用系列比尺(1∶15∶60)的模型试验研究了向家坝水电站的泄洪雾化问题，利用类似消能工的湾塘水电站泄洪雾化原型观测成果，反馈分析了雾化的模型尺度效应，得到了雾化量的相似律。试验得出的结论是：底流消能方式水电站泄洪雾化模型按照水流韦伯数 $We>500$ 的条件确定模型比尺是合理的，雾化影响范围遵循重力相似准则，但雾化雨强量则按照 $Lr^{1.5}$ 的关系换算。这说明泄洪雾化模型试验存在较明显的尺度效应，需要进一步利用原观资料或系列模型试验加以研究。

2009 年，南科院又根据乌江渡水电站泄洪雾化的原型观测资料，进行了 1∶35∶60∶80∶100 系列比尺的模型试验研究，分析了水流 Re 和 We 数对泄洪雾化雨强的影响，给出了泄洪雾化雨强的模型试验值与原型观测结果之间的相似关系，论证了雾化降雨影响区域的几何相似。研究结果表明，当模型中水流表面 We 超过 500，并且水流流速不小于 6.0m/s 时，模型与原型雨强比尺与几何比尺的关系为 $Sr=Lr^{1.53}$。该系列模型试验的研究成果较大推动了泄洪雾化物理模型的研究，也在一些工程中得到了实际应用。但是二滩等工程的原型观测结果表明，物理模型的研究成果与工程实际仍有所差别，需要进行进一步研究。

2.3.2 模型设计和测量方法

采用 1∶40∶50∶60 的系列比尺概化物理模型进行试验研究。该系列概化模型是在充分调查原型泄洪雾化资料的基础上，选取典型泄洪洞和溢洪道(挑流鼻坎形式为二元挑坎)的体型参数和该泄水建筑运行时的流量、上下游水位、水流出坎流速等加以概化而设计的。泄水建筑物设计成一个等底坡泄槽加二元挑坎的型式，泄水流量以及出坎流速基本与原型调查对象一致，下游岸坡设计为人工开挖渠道边坡。以所设计的概化泄水建筑物为原型，根据试验精度要求和场地条件等综合因素，选定系列模型比尺分别为 1∶40、1∶50、1∶60，所有测点均一一对应。试验中分别测量了每个模型的雾化降雨强度，进行谱图分析，进一步研究降雨分布规律和雨强模型律。

试验中主要采用滴谱法测量系列比尺模型中不同试验条件下泄水建筑物泄洪导致的下游岸坡不同位置的降雨强度，采用雾化粒度分析软件分析各测点的雨滴组成，推算雨强成分组成。

由于本阶段尚缺乏更多完备的泄洪雾化原型观测资料，且受到试验场地的限制，本章节的雨强模型律研究没有继续采用原模型对比的技术路线，而是通过系列比尺之间的雨强关系来论证和优化已有的雨强模型律公式。具体的实现过程为：

①由于 3 个模型比尺出口水流流速为 4.3～5.3，流速梯度约为 0.5m/s，因此假设水舌散裂和碰撞产生的雨强换算到原型时遵循基本相同的模型律。

②测量各比尺模型相同原型工况的降雨强度；

③通过各比尺模型与原型的比尺关系，在假定的前提条件下，得到相应的原型雨强及模型律指数。

④计算各比尺模型所有相同测点的原型雨强及模型律指数，校验假定的合理性，并用于指导今后的模型试验。

⑤通过得到的模型律成果分析已有的江垭雾化模型降雨强度模型律成果，对前述的模型律研究成果进行论证和优化。

2.3.4 试验工况

根据各大型水利枢纽泄洪运行情况，结合试验场地以及流量等因素，本试验拟定了 3 种试验工况(表 2.24)。在不同试验工况条件下，分别进行了 1∶40，1∶50，和 1∶60 的系列比尺模型试验，测量了不同比尺模型的泄洪雾化降雨强度分布情况。

表 2.24　　系列比尺模型试验工况

组次	流量/(m^3/s)	出口流速/(m/s)	上游水位/m	下游水位/m
1	820	34	90	12
2	635	26	75	12
3	519	21	60	12

2.3.5　主要研究成果

2.3.5.1　水舌挑距

试验首先对各个比尺模型试验工况下挑流水舌的挑距进行了观测，不同比尺的模型中水舌挑距测量成果见表 2.25。

表 2.25　挑流水舌挑距

模型比尺	试验组次	上游水位/m	模型挑距/m	换算原型挑距/m
1∶40	1	90	4.7～5.2	188～212
	2	75	4.0～4.5	160～180
	3	60	3.5～3.8	140～155
1∶50	1	90	3.6～4.2	188～210
	2	75	3.2～3.6	160～180
	3	60	2.8～3.0	140～152
1∶60	1	90	3.2～3.5	192～210
	2	75	2.7～3.0	162～180
	3	60	2.3～2.5	140～150

观测成果表明，不相同试验工况下同比尺模型的水舌挑距测量结果换算成原型成果基本一致，误差在 3%以内。即在本试验条件范围内，水舌挑距的缩尺效应对后续的雨强研究基本不存在影响。

2.3.5.2　泄洪雾化特性

（1）降雨强度分布

系列比尺模型水流流态和降雨分布的观测成果表明，水流入水后激溅形成的降雨仍然是泄洪雾化的主要来源，强降雨区也集中分布在水舌入水区前后，在强降雨区前后模型雨强相对较小。工况 1 试验条件下，各比尺模型试验中测得的典型测点模型雨强值见图 2.38。

从图 2.38 中可以看出，不同比尺的模型中测得的泄洪雾化降雨强度分布规律一致，数值也存在一定的比例关系。

（2）降雨雨滴粒径分布

综合以往的原型观测成果以及模型研究成果，可将高坝挑流泄洪雾化引起的下游降雨在空间上沿水流运动方向上分为三个大的降雨区，即抛洒降雨区、溅水降雨区和雾流降雨区。本次试验中对不同区域测点的雾化降雨雨滴的滴谱进行了分析，得到了图 2.39 所示的三种典型的滴谱特征。

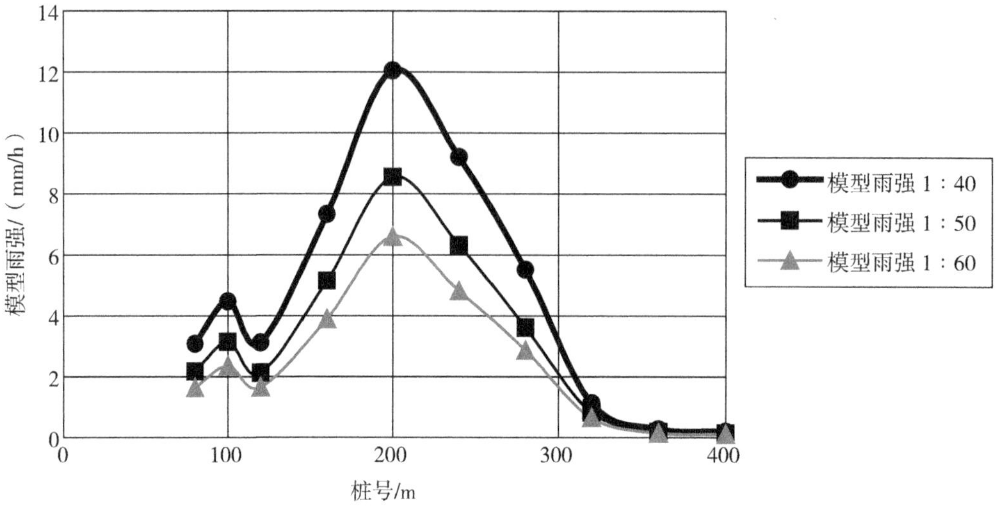

图 2.38　模型雨强沿岸坡分布(工况 1)

图 2.39　不同雨区雾化降雨雨滴形态特点

雨滴滴谱的研究成果表明，雨滴粒径特点反映了其空间运动形式以及受力的区别。水舌入水区附近的溅水降雨区的雨滴谱特点是雨滴直径大、斑痕形状狭长，表明雨滴在落地前仍有较大的动能和切向流速。水舌落水区下游的雾流降雨区雨滴直径急剧减小，呈现粒径较小且雨滴的斑痕形状十分接近圆形的特点，表明该区域雨滴切向流速很小。而在水舌落水区上游的抛洒降雨区的降雨雨滴特点是雨滴的斑痕形状基本接近圆形但粒径较大，与该区域主要是高速水流掺气紊动以及水滴失稳形成的抛洒降雨有关。

(3)雨滴空中受力研究

从上面小节可以看出，不同雾化影响区域形成的降雨方式不同，导致各区域的雾化降雨雨滴组成有很大的区别。考虑到雨滴换算律与其受力情况直接相关，为了进一步研究从物理角度分析泄洪雾化雨强的模型换算规律，本小节专门针对不同大小的雨滴受力特性进行分析研究。

众所周知，雨滴在空中运动时主要受重力、空气浮力以及空气阻力作用。假设空中运动的水滴均近似呈球形分布，则三种作用力可按以下公式计算：

1)重力

$$W_G = m_w g = \frac{1}{6}\rho_w \pi d^3 g$$

2)空气浮力

$$W_A = m_a g = \frac{1}{6}\rho_a \pi d^3 g$$

3)空气阻力

$$W_f = \frac{1}{8}\rho_w C_d V^2 \pi d^2$$

式中，ρ_w 和 ρ_a——水和空气的密度；

d——雨滴的直径(m)；

V——雨滴在空中运动的速度(m/s)；

C_d——空气阻力系数。

根据雨滴的受力特点，计算了不同直径雨滴在空气中以相同速度运动时的受力情况，计算结果见图 2.40 及图 2.41。从图 2.40、图 2.41 中可以看出，当雨滴直径较小时(如 $d \leqslant 3$mm 时)，雨滴所受空气阻力与重力之比大于 1，且该比值随着雨滴的直径增大而减小。当雨滴直径较大时(如 $d \geqslant 3$mm 时)，雨滴所受空气阻力与重力之比小于 1，且该比值随着雨滴的直径增大而减小。而空气浮力与阻力和重力相比很小，其与重力的比值固定为 1∶773，即水的密度和空气密度之比。

上述雨滴受力分析表明，当雨滴直径很小时，雨滴在空中运动时所受的主要作用力为空气阻力，随着雨滴直径的增大，重力的作用成分开始增加，当雨滴直径到达 3mm 时，重力即与阻力基本相等，之后重力的影响继续增大，当雨滴直径为 20mm 时，重力的影响已经 6 倍于空气阻力。

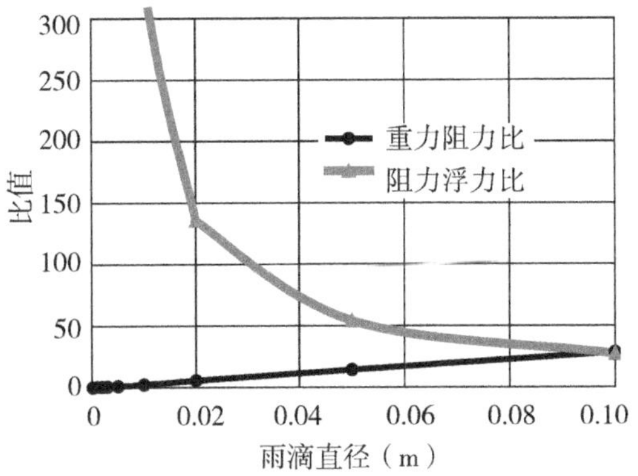

图 2.40　雨滴受力比较与雨滴直径关系

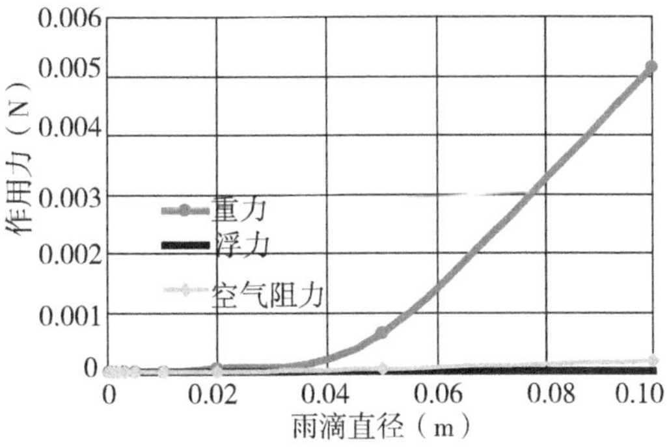

图 2.41　雨滴受力值变化与雨滴直径关系

应该指出的是，该受力分析是建立在诸多假设之上的。首先是假定雨滴在空中的形状为球形，而实际的观测表明，实际雨滴在空中降落时，并非完全保持球形。在雨滴直径大于 1.5mm 时，由于下落速度较大，空气阻力增加，使其保持球形的内聚力相对减弱，雨滴的形状随着雨滴体积的增加变化很大。因而形状阻力增加，导致雨滴阻力系数与球体不同。其次是假设雾化雨滴为实体的水珠，但是根据现有原观资料，在水舌溅落区前后水舌与下游水体激溅形成降雨多为掺气水体。但是，以上假设与实际情况的差异不大，其中对于天然雨滴的降落速度研究中也常常作出这些假设。其研究成果表明，这些基本假设是合理的。考虑该假设对雨滴受力的影响较小，对于雨滴的空中受力情况不会带来质的影响，可以作为模型律研究时的参考依据。

2.4 泄洪雾化形成机理探索研究

2.4.1 概况

随着我国西部水电开发的发展，越来越多"高水头、大流量"的大型水利枢纽建设于狭窄河谷中。为解决这些水利工程的消能防冲问题，设计和科研人员开发采用了一批新型的消能型式，如大差动挑坎、宽尾墩、窄缝式挑坎、挑流水股碰撞等。事实表明，这些消能形式均能达到较好的消能效果，但可能造成更严重的泄洪雾化问题。已有工程运行实例表明，泄洪雾化引起的降雨强度远远超过自然降雨中特大暴雨的雨强值，对水利枢纽的正常运行、交通安全、周围环境甚至下游岸坡的稳定性均可能造成较大危害，应对其危险加以重视并在工程规划设计过程中加以考虑，进行专门的防护设计。

通过原型观测、模型试验和数值模拟等研究手段，研究人员对泄洪雾化造成下游岸坡的雨强等级划分、降雨和雾化影响范围等进行了研究，在此基础上对拟建工程的泄洪雾化情况进行预测分析，并提出了不同的工程防护方案和措施。为了提高泄洪雾化影响范围和降雨强度的预测精度，以便在设计规划中进行相关防护等级划分并制定防护设计方案，有必要对泄洪雾化的产生机理进行研究。

现在公认泄洪雾化主要由水舌空中扩散掺气和落水激溅产生，其中落水激溅又是主要来源。由于原型观测环境恶劣，针对泄洪水舌落入水体产生激溅，然后扩散形成降雨雾化的过程观测难以实现，而物理模型试验的比尺效应以及观测手段的难度也抑制了相关研究的进展，当前对泄洪雾化形成过程的研究以数值模拟为主。学者们首先建立数学模型针对雾源水舌挑射、落水、反弹的过程进行了模拟研究。刘宣烈等研究了空中水舌的运动特性和掺气扩散过程，初步得到了水舌断面含水浓度的沿程变化规律。梁再潮给出了水舌运动轨迹、掺气浓度沿程变化、溅水区域、雾流源量等参数的计算公式。然后，通过拟定不同的雾源空间分布条件，张华等建立了水滴随机碰溅的数学模型，对挑流和底流消能泄洪雾化的地面降雨强度分布进行了数值模拟预测。柳海涛在前人基础上对水舌入水喷溅的随机计算理论进行了研究与改进，开发了对溅水区进行时空离散，可反映水舌入水形态与喷溅过程对溅水分布影响的随机数学模型。此外，武汉大学、天津大学、长江科学院等单位的科研人员采用神经网络和模糊综合评判等模型，给定雾源随机分布函数，对泄洪雾化的降雨分布和影响范围进行了预测。

数学模拟计算需要大量准确可靠的观测数据作为基础输入和结果验证。武汉大学刘士和教授课题组利用水泵产生的高速水流与水面碰撞形成雾源，对雾化水流的降雨雨滴粒径和强度进行了试验观测，结合数值计算结果，对雾化水流溅抛雨滴进行了专门研究。至今为止，相关研究仍不多见，针对泄洪雾化雾源区域的研究工作尤其有待深入补充。

本章节采用概化物理模型试验，专门针对挑流水舌落入下游水体激溅产生雾源形成雾化的过程进行观测，以加深对泄洪雾化形成机理的理解。同时对水舌落水区域附近的雾化源降雨强度进行测量分析，给出了落水区四周雨强的分布规律，供泄洪雾化的复合模拟技术的开发提供进一步参考依据。

2.4.2　模型设计和测量方法

2.4.2.1　模型概况

本章对泄洪雾化形成机理的相关研究在挑流水舌落水过程的概化模型上进行。图 2.42 和图 2.43 展示了整个模型的布置。如图 2.42、图 2.43 所示，该模型主要包括上游水库、泄水建筑物和下游水池三部分。其中，泄水建筑物采用有机玻璃制作，体型依据某水利工程表孔方案设计。整个模型规模约为 20m×3m×6m（长×宽×高），其中泄水建筑物规模为 2.3m×0.3m×1.7m（长×宽×高），安装高程为 2.9～4.6m。上游水库由高水箱模拟，下游水池规模为 8m×2.6m×1.6m（长×宽×高），水池下游设量水堰测量过流流量。

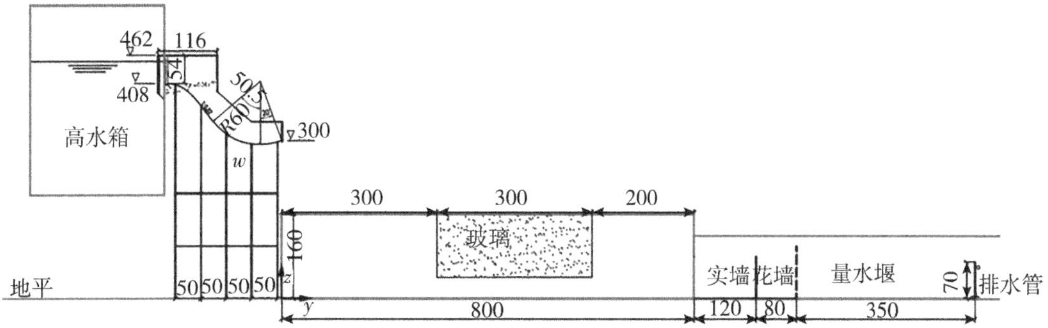

(a)剖面图

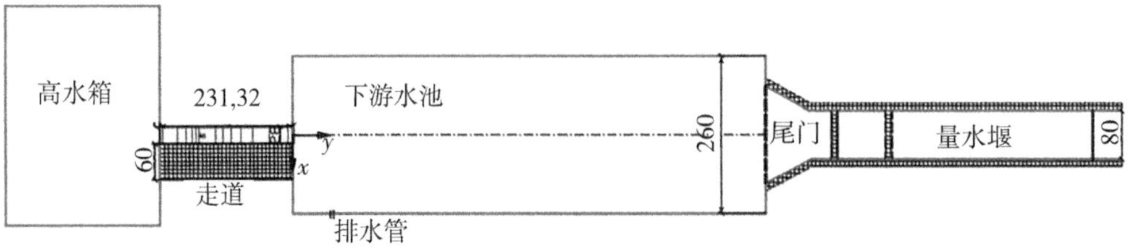

(b)平面图

图 2.42　泄洪雾化概化模型布置示意图(尺寸单位:cm)

图 2.43　泄洪雾化概化模型

如图 2.42 所示,该概化模型坐标系统以建筑物出口中点在地平平面的投影为原点,以水舌主流方向为 y 方向,水平面内垂直 y 方向为 x 方向,重力方向为 z 方向,各坐标轴正向如图 2.42 所示。

2.4.2.2　测量方法

模型上下游水位通过测压管测量,流量采用量水堰测量。本章试验主要关注点之一是水舌落水激溅产生泄洪雾化的运动过程。为了观测水舌落水区附近的流态,试验中采用两台高速摄影设备记录水舌落水过程的正面和侧面形态。如图 2.44 和图 2.45 所示,试验中采用强光源从水舌侧上方照明,两台高速摄影分别布置在水池侧边和下游斜上方,拍摄频率均为 200 帧/s。

本章节研究的另一个重点是泄洪雾化雾源的空间强度分布。值得一提的是,本试验测量区域与以往科研工作者对各水利工程泄洪雾化降雨试验中的测量区域有本质区别。以往工作主要是为了预测水利工程泄洪引起的降雨和雾化对岸坡及周围环境的影响程度,因此其测试区域主要为工程下游左右两岸的岸坡,离水舌落水点有一定距离。本章试验则主要关注水舌落水产生的雾化源区降雨强度分布,测量区域集中在水舌落点周围的水面上。该区域的降雨强度远远大于以往试验中下游岸坡的降雨强度。本试验中利用称重法测量了不同水流条件下，下游水池水面以上 10cm 左右平面内 x[−1.3m, 1.3m]，y[1m,7m]范围内的雾化源区雨强分布。在水舌落水区下游临近位置，由于水舌下潜导致下游水体表面隆起和水体激溅破裂，该区域的测量平面比其他位置稍偏高 10cm 左右(图 2.46)。

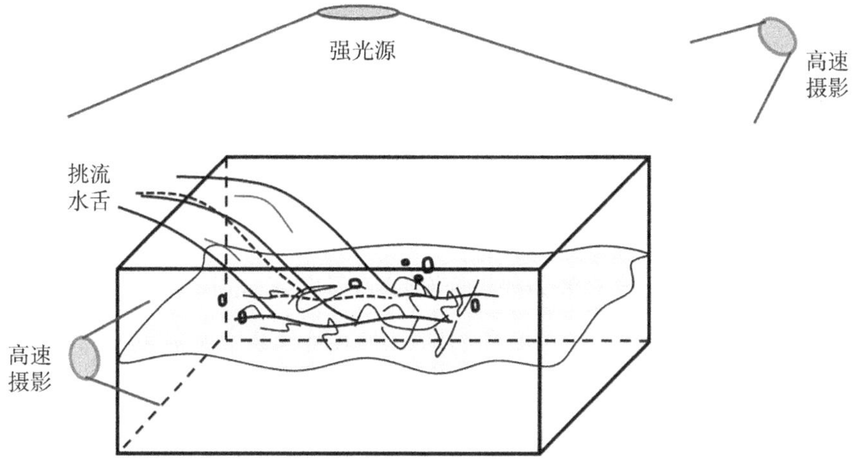

图 2.44　泄洪雾化试验高速摄影布置

图 2.45　侧边高速摄影观测

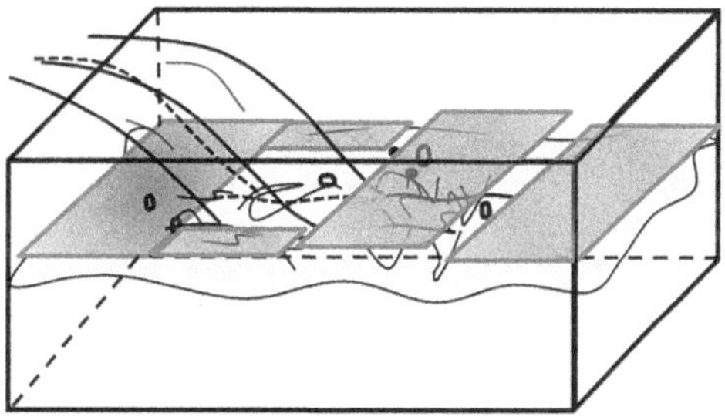

图 2.46　雾源区降雨强度测量平面示意图

水舌入水抛洒和溅起的雨滴采用自制雨量器测排接收。自制雨量器侧排及其测量过程见图 2.47。该雨量器测排由直线布置的 23 个自制雨量筒和支撑框架构成，相邻量筒的中心间距为 100mm。雨量筒由 PVC 管和有机玻璃精加工而成，内直径 D 为 37mm、皮重 40g 左右，经测试所有雨量筒在试验全程不漏水。支撑框架两端安装有高度可调节的支撑滑块，可按照要求调节雨量筒测排的摆放高程。该装置设有测量排盖板，盖板关闭时可保证所用雨量筒不接收雨滴，盖板打开时所有雨量筒都处于敞开状态。整个雨量接收过程采用秒表计时，测量时段随接收点降雨强度而变化，一般在 40～300s 范围内。接收雨滴前后的雨量筒重量采用图 2.48 所示的高精度电子天平(精度0.1mg)称重,测量时保证雨量筒外表面干净无水。

图2.47 自制雨量器测排及其测量过程

图2.48 高精度电子天平

本实验中各测点降雨强度的计算公式如下:

$$q(x,y)=\frac{w_t(x,y)-w_i(x,y)}{3600\rho ST}$$

式中:$q(x,y)$——坐标(x,y)处的泄洪雾化降雨强度(mm/h);

$w_i(x,y)$和$w_t(x,y)$——接取降雨前后雨量筒及其中所盛水体的总重量(g);

ρ——水的密度,$\rho=10^{-3}$g/mm^3;

S——雨量筒的有效接水面积(mm^2),$S=\pi D^2/4$;

T——雨量筒盛水时间(s)。

2.4.2.3 试验工况

为了考察上下游水位、水头差、流量等水力要素对泄洪雾化形成过程和泄洪雾化雾源分布的影响,本章试验共观测了9种工况下挑流水舌的落水过程。各试验组次对应的水力条件见表2.26。

表2.26 各试验组次对应的水力条件

试验组次	水头 H/m	流量 Q/(L/s)	出口平均流速 V/(m/s)	水头落差 dH/m
1	0.183	41.13	3.67	2.05
2	0.244	64.52	3.73	2.05
3	0.307	92.57	3.98	2.05
4	0.370	121.44	4.28	2.05
5	0.427	156.38	5.08	2.05
6	0.472	180.43	5.37	2.05
7	0.244	64.52	3.73	2.20
8	0.244	64.52	3.73	1.95
9	0.244	64.52	3.73	1.70

表2.26中水头表示泄水表孔堰上水头的高度,与流量和出口流速变化相对应;

水头落差定义为建筑物出口与下游水池中水面的高差，对应水舌落入水体的流速。试验中测量了表 2.26 所示的不同流量条件下，水舌落入下游水体的过程中在沿程及落水点四周形成的抛洒和激溅雾源的情况，测量分析结果见下节。

2.4.3　主要研究成果

如图 2.1 所示，高坝泄洪雾化形成过程是挑流水舌在空中运动过程中紊动掺气形成不连续水体、落入下游水体时激溅反弹形成破碎水滴，从而形成雾源，雾源再向周围扩散形成降雨和雾流。其中雾源的形成是泄洪雾化的一个关键过程，且由于其研究难度大，现阶段仍极少见针对雾源的研究成果报道。本节将从泄洪雾化源的形成过程、雾化源区的雨强分布等方面对试验研究成果进行阐述。

2.4.3.1　泄洪雾化源形成过程

公认泄洪雾化有两个雾源：一个是水舌在空中运动过程中紊动掺气产生的抛洒雾源，另一个是水舌与下游水体碰撞反弹产生的激溅雾源，其中激溅雾源又为主要组成部分。本章试验中用高速摄影从落水区侧面和后上方拍摄了水舌落入下游水体的具体过程，下面以流量 $Q=64.5\mathrm{L/s}$，水头差 $dH=2.05\mathrm{m}$ 的典型工况为例，分析挑流水舌落入下游水体形成泄洪雾化源的运动过程。在该水力条件下，试验观测得到挑流水舌外缘挑距约为 3.8m，内缘挑距约为 3.1m，水舌落水横向范围约 0.7m。根据连续拍摄的高速摄影图片分析得到，挑流水舌落入下游水池，脉动水舌下潜过程中导致水体表面周期性地形成壅水、破裂、消落。相应该区域泄洪雾化源的空间分布也呈现周期性的变化。落水区壅水散裂形成雾化源的过程侧视图见图 2.49，落水区水面壅水形成和消落的过程示意图见图 2.50，落水区壅水散裂形成雾化源的过程后视图见图 2.51。

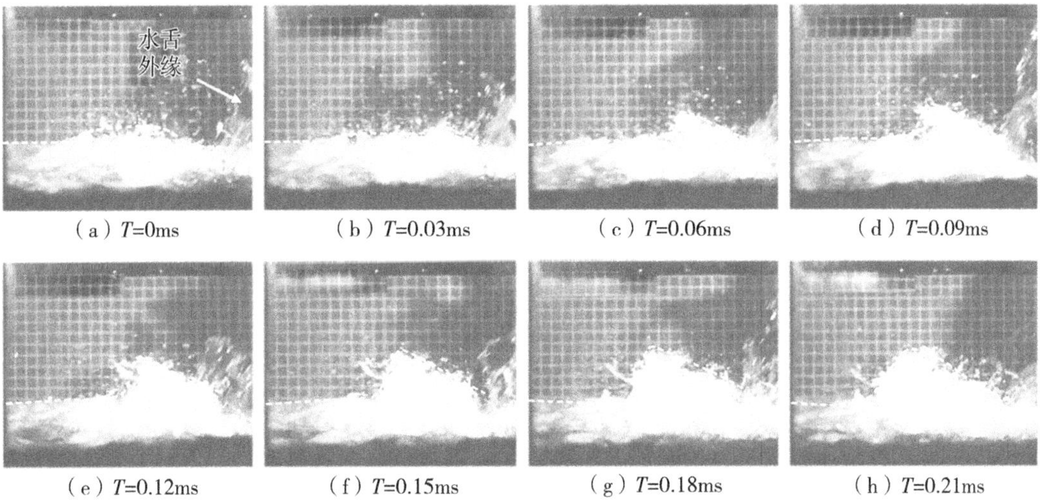

(a) T=0ms　(b) T=0.03ms　(c) T=0.06ms　(d) T=0.09ms

(e) T=0.12ms　(f) T=0.15ms　(g) T=0.18ms　(h) T=0.21ms

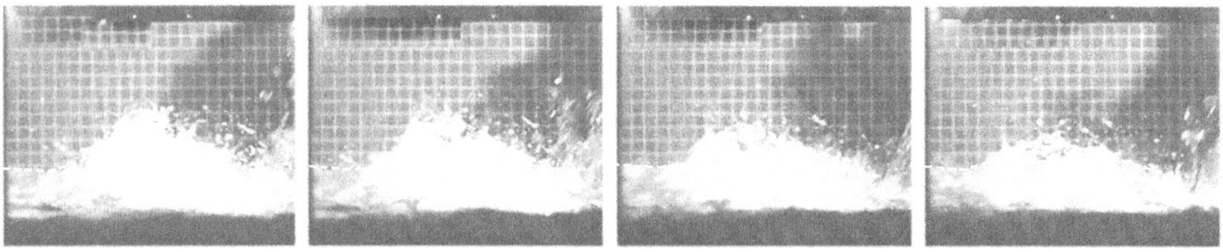

（i）T=0.24ms　（j）T=0.27ms　（k）T=0.30ms　（l）T=0.33ms

图 2.49　落水区壅水散裂形成雾化源的过程侧视图（Q＝64.5L/s，dH＝2.05m）

（a）水面线　（b）水面线

图 2.50　落水区水面壅水形成(a)和消落(b)的过程示意图

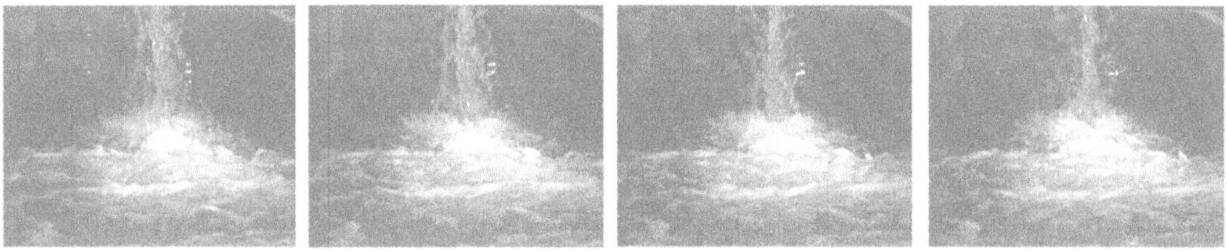

（a）T=0ms　（b）T=0.03ms　（c）T=0.06ms　（d）T=0.09ms

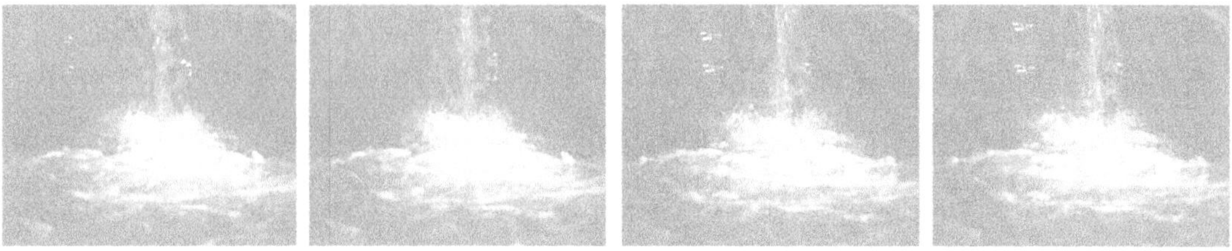

（a）T=0.12ms　（b）T=0.15ms　（c）T=0.18ms　（d）T=0.21ms

（a）T=0.24ms　（b）T=0.27ms　（c）T=0.30ms　（d）T=0.33ms

图 2.51　落水区壅水散裂形成雾化源的过程后视图（Q＝64.5L/s，dH＝2.05m）

分析得到，本试验工况条件下落水区形成壅水—消落产生雾源的脉动周期为0.25～0.35s。从图2.51中可以看出，在前半周期中水舌落水点处的主体水面前沿向斜前方向上隆起，后沿上升幅度相对较缓；到达最高点形成壅水之后，壅水的主体水面前沿基本在原位置下降，后沿水面向斜前方向下消落。整个过程在落水区域形成雾源的空间分布特性随壅水进程而变化。总体来说，在壅水的形成过程中水面散裂水体形成的雾源更为明显。在壅水形成过程中，雾源雨滴向上激溅，纵向范围较大，平面范围相对较小；在壅水消落工程中，雾源雨滴向下滴落，平面分布范围更大。

2.4.3.2　落水区整体特性

图 2.52 为不同流量条件下，水舌空中形态和落水区附近流态的平面和侧拍照片。表 2.27 统计了不同试验工况下挑流水舌落水区范围的特征参数。

表 2.27　不同试验工况下挑流水舌落水区范围的特征参数

试验组次	流量 $Q/(\mathrm{L/s})$	水头落差 $\mathrm{d}H/\mathrm{m}$	水舌外缘挑距 L_w/m	水舌内缘挑距 L_n/m	入水宽度 W/m
1	41.13	2.05	3.70	3.05	0.6
2	64.52	2.05	3.80	3.10	0.7
3	92.57	2.05	3.95	3.25	0.8
4	121.44	2.05	4.00	3.30	0.9
5	156.38	2.05	4.15	3.40	1.1
6	180.43	2.05	4.25	3.50	1.3
7	64.52	2.20	3.85	3.20	0.7
8	64.52	1.95	3.65	2.90	0.7
9	64.52	1.70	3.55	2.80	0.7

从图 2.52、表 2.27 中可以看出，随着流量和水头落差的增大，挑流水舌所携带的能量增大，其水舌紊乱程度以及与下游水体的撞击激烈程度也增大，因此诱发的泄洪雾化源区的降雨强度更大。从表 2.27 中可以看出，在试验条件范围内，流量和水头落差越大，挑流水舌的内外缘挑距越大。落水区长度和宽度随着流量的增大有所增加，落水区长度随着水头差增大稍有增长，但是落水区宽度随着水头差的变化幅度不明显。

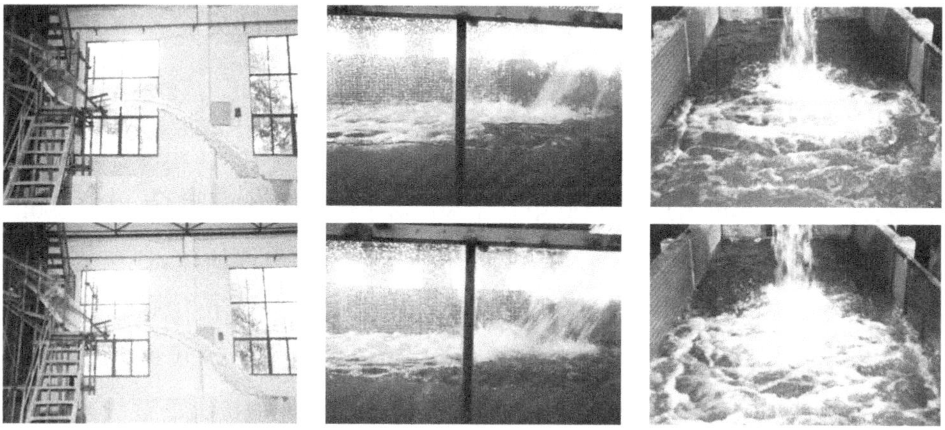

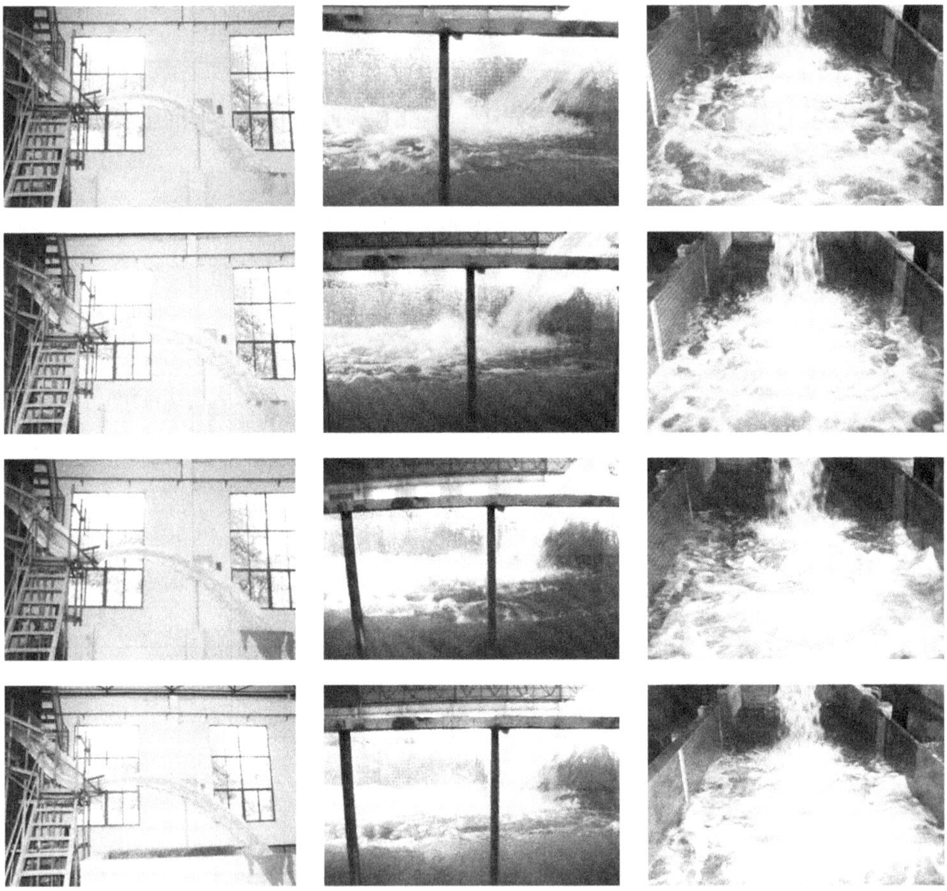

图 2.52　水舌空中形态和落水区流态(从上到下依次为组次 1～6 的照片)

2.4.3.3　雾源区降雨强度分布

下面以典型工况(流量 Q=64.5L/s,水头差 dH=2.05m)为例,分析挑流水舌落水过程中在不同区域形成的泄洪雾化源的降雨强度分布情况。在该水力条件下,试验观测得到挑流水舌外缘挑距约为 3.8m,内缘挑距约为 3.1m,水舌落水横向范围约 0.7m。根据测量结果计算得到落水区域降雨强度分布见图 2.53,图中颜色表征雨强的大小等级。

从图 2.53 中可以看出,泄洪雾化源雨强等值线基本呈以落水点为中心的椭圆形分布。降雨强度明显高于以往在两岸边坡测得的降雨强度(以往模型试验测得最大雨强一般为 10～20mm/h)。本试验中紧靠水舌落水区两侧及上游可能出现 500mm/h 以上的超大雨强,这可能是部分水舌散列水体直接落入雨量筒所致,存在一定的随机性;500mm/h 以下的雨强分布范围重复性较好。本试验条件下,100～500mm/h 的雨强主要发生在纵向 2.5～4.6m、上游横向±0.9m、下游横向±0.6m 的范围内,是雾源的主要激溅区域;以此为中心,雨强随着区域逐渐向外围扩大而逐级减小。落水区周围各区域降雨强度分布规律详述如下：

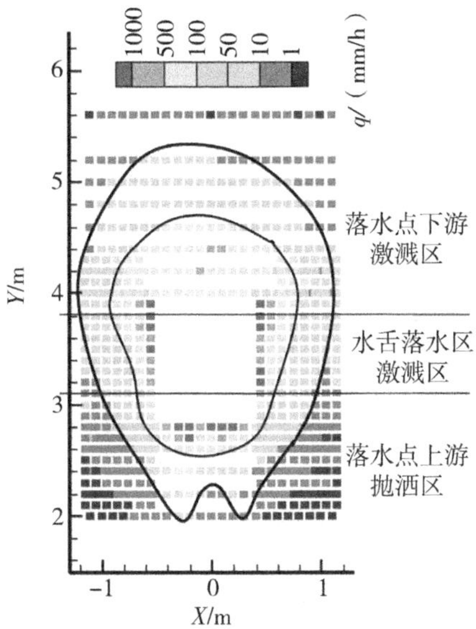

图 2.53 落水区附近降雨强度分布($Q=64.5$L/s，$dH=2.05$m)

(1)水舌落水点上游

试验观察结果表明，落水区上游主要由空中水舌水体紊动散裂在水舌两侧范围形成抛洒雾源。从垂直流向的降雨分布可以看出，本组试验中水舌刚从泄水建筑物射出时水体周围紊动不大，少见水滴滴落。随着水舌在空中行进，与周围空气发生相互作用，水体表面发生掺气裂散，逐渐产生分离液滴抛洒落入下面水池中，形成抛洒雾源。

图 2.54 显示了落水区上游各位置测得的降雨强度，从图中可以看出，在水舌落水点的上游每个测量断面形成 2 个降雨强度的峰值。虽然抛洒的雨滴颗粒粒径大，但其数量较少，在水舌落水区上游 0.5m 断面处形成的雨强极值大小为 300mm/h 左右。离落水区越远，抛洒雨强急剧减少。

依据试验数据曲线拟定落水区上游抛洒雾源区的降雨强度空间分布函数为：

$$q_{up}(x,y)=k_1(y)\cdot\left[e^{-k_2(y)\cdot\left|x-\frac{B}{2}\right|}+e^{-k_2(y)\cdot\left|x+\frac{B}{2}\right|}\right],\ y<L_n \tag{2-4}$$

式中：B——鼻坎宽度，$B=0.28$m；

L_n——水舌内缘挑距，$L_n=3.1$m；

$k_1(y)$——与最大抛洒量有关，随着 y 增大，$k_1(y)$增大，表明越靠近落水区抛洒雾源越大；

$k_2(y)$——与抛洒雾源沿 x 方向的变化程度有关，随着 y 增大，$k_2(y)$逐渐减小，表明抛洒范围扩大。

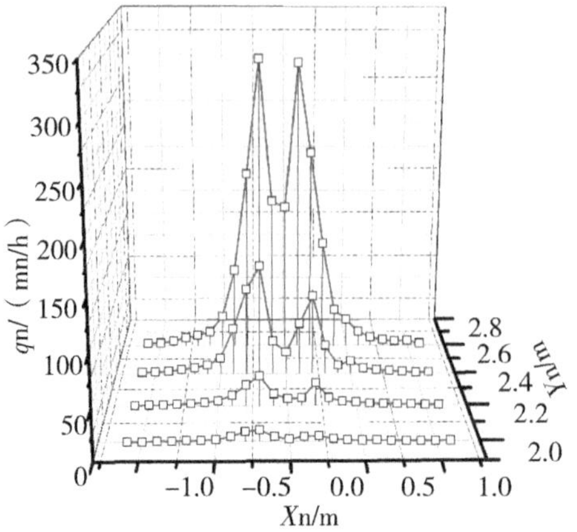

图 2.54　落水区上游降雨强度分布试验结果

下面以 $y=2.6$m 为例，说明该区域雨强空间分布函数各参数的拟合过程。该断面内特定测点有降雨强度的测量数据如下：

当 $x=0$ 时，$q_{up}(x,y)=k_1\cdot[e^{k_2\cdot0.14}+ev^{k_2\cdot0.14}]=2k_1e^{k_2\cdot0.14}=152.4$；

当 $x=0.2$ 时，$q_{up}(x,y)=307.1$；

当 $x=0.14$ 时，$q_{up}(x,y)=k_1\cdot[1+e^{k_2\cdot0.28}]=500$。

联立上述三等式得：

$$\frac{2e^{k_2\cdot0.14}}{1+(e^{k_2\cdot0.14})^2}=\frac{152.4}{307.1}=0.30$$

$$e^{k_2\cdot0.14}=0.16$$

最终计算得：

$$k_2=-13.27;k_1=488.10$$

同理得不同断面对应的拟合参数见表 2.28。

表 2.28　落水区上游不同断面降雨强度空间分布公式参数拟合结果

y/m	$y-3.1$/m	k_1	k_2
2.6	−0.5	488.10	13.27
2.4	−0.7	234.44	21.57
2.2	−0.9	64.82	21.01
2.0	−1.1	29.96	23.51

考虑到距离水舌落水点无穷远的地方，抛洒雨强应该为零，即 $y=-\infty$时，有 $k_1=0$，$k_2=\infty$，据此推测 k_1、k_2 随测量断面位置 y 的变化公式形式并拟合得：

$$k_1(y)=6088.47e^{5.05(y-3.1)}$$

$$k_2(y)=8.51e^{-0.93(y-3.1)}$$

按照拟合得到的公式,计算得到落水区上游降雨强度的分布见图 2.55。

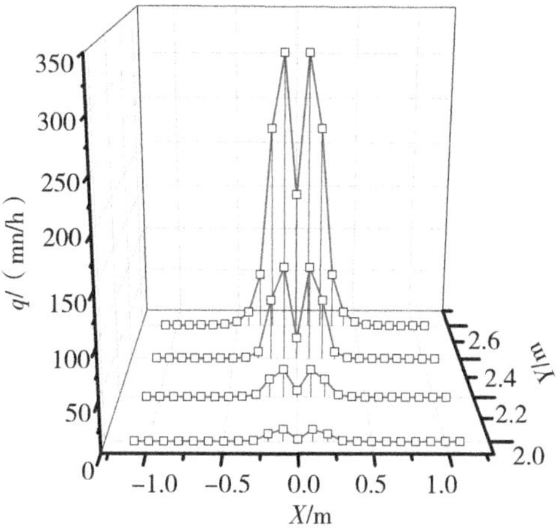

图 2.55 落水区上游降雨强度分布拟合结果

(2)水舌落水点下游

图 2.56 显示的是落水区下游的降雨强度分布情况。该区域的降雨主要是水舌落入水体激溅反弹产生的,雨滴颗粒粒径小,密度高,在水舌下游 1m 范围内降雨强度极值较大。本书试验结果与参考文献(范敏等,2011;刘士和等,2013)中得到的落水区下游降雨强度沿纵向和横向的变化规律基本一致,只是本实验中雨强沿纵向没有先增大的过程。对比结果表明,文献中所述试验测量时量筒全部置于水池之外,量筒开口与池内水面在同一水平面上,其测量的降雨为水舌激溅后越过水池壁被量筒接收到的降雨。而本实验测量量筒全部置于水池中水面以上约 10cm 平面内,测量的是水舌激溅反弹到该平面的降雨。量筒测量平面高度及测量范围的差别导致了结果的不同。

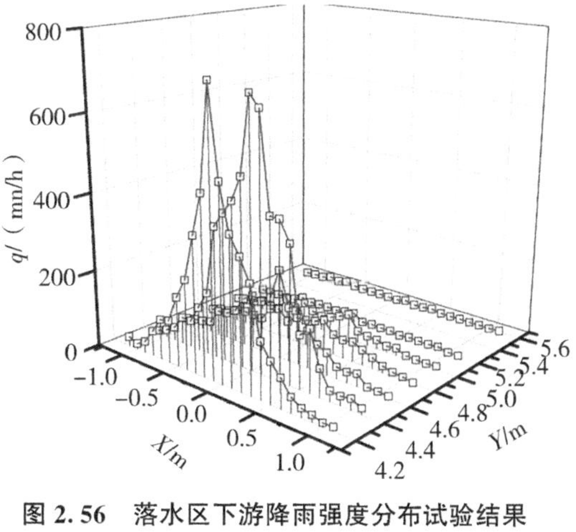

图 2.56 落水区下游降雨强度分布试验结果

从图 2.56 中可以看出，落水点下游的雨强在水舌中心线两侧呈对称分布。试验测得水舌外缘落水点下游 0.5m 左右断面形成的最大雨强为 600mm/h 左右。随着测量点逐渐远离落水区域，雾源逐渐减少，降雨强度逐渐降低。根据试验数据，落水区下游的降雨强度空间分布函数可表达为：

$$q_{\text{down}}(x,y)=k_1(y)e^{k_2(y)\cdot|x|},\ y>L_n$$

通过 $x=0$m 和 $x=0.5$m 的断面雨强最大值可确定 k_1 和 k_2 的值得：

当 $x=0$ 时

$$q_{\text{down}}(x,y)=k_1$$

当 $x=0.5$ 时

$$q_{\text{down}}(x,y)=k_1\cdot e^{k_2\cdot 0.5}$$

最终计算的不同断面的数值(表 2.29)：

表 2.29　落水区下游不同断面降雨强度空间分布公式参数拟合结果

y/m	$y-L_w/m$	k_1	k_2
5.60	1.8	5.20	1.46
5.20	1.4	22.60	1.63
5.00	1.2	66.00	1.71
4.80	1.0	98.00	1.87
4.60	0.8	228.00	2.31
4.40	0.6	677.00	2.91
4.20	0.4	715.00	3.26

同样，考虑到距离水舌落水点无穷远的地方，抛洒雨强应该为零，即 $y=\infty$时，有 $k_1=0$，$k_2=\infty$时，据此推测 k_1、k_2 随测量断面位置 y 的变化公式形式并拟合得：

$$k_1=2242.21e^{-2.86}(y-3.8)$$

$$k_2=4.60e^{-2.86}(y-3.8)$$

按照拟合得到的公式，计算得到落水区下游区域降雨强度的分布见图 2.57。

(3)水舌落水点两侧

图 2.58 显示的是落水区两侧的降雨强度分布情况。该区域的雾化源同时有水舌裂散产生的抛洒雾源和水舌落入水体激溅反弹产生的激溅雾源。试验测量结果显示，水舌落水区两侧 0.3m 范围内雨强极值较大。

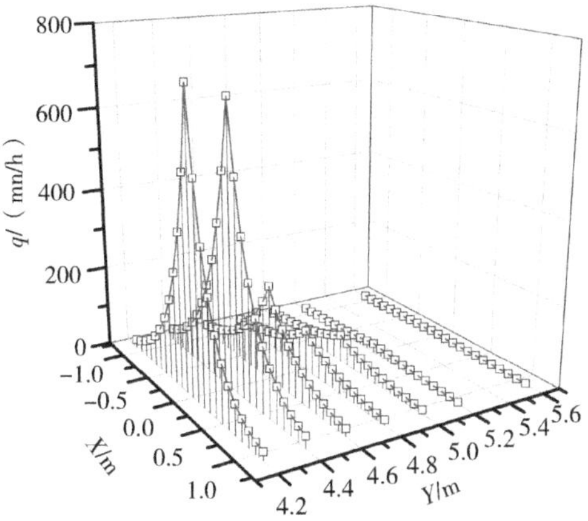

图 2.57　落水区下游降雨强度分布拟合结果

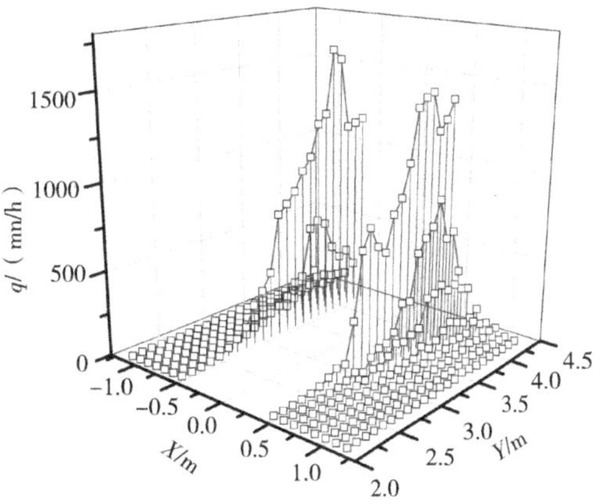

图 2.58　落水区两侧降雨强度分布试验结果

从图 2.58 中可以看出，水舌落水区两侧的雨强基本呈由前向后逐渐增加的趋势，最大强度值出现在水舌外缘落水点附近。水舌落水点两侧的最大值雾源强度出现在水舌外缘偏后 0.3～0.4m 的地方。

落水区两侧的降雨强度空间分布函数可表达为：$q_{\text{side}}(x,y)=k_1(x)\cdot e^{-k_2(x)\cdot|y-L_w|}$，$|x|>W=3.8\text{m}$。

表 2.30　　落水区两侧不同断面降雨强度空间分布公式参数拟合结果

x	k_1	k_2	x	k_1	k_2
0.45	1444.00	1.95	0.85	84.00	2.38
0.55	836.00	2.15	0.95	62.00	2.41
0.65	360.00	2.24	1.05	30.00	2.52

考虑到距离水舌落水点无穷远的地方，泄洪雾化造成的降雨强度应该为零，即 $y=\infty$ 时，有 $k_1=0$，$k_2=\infty$，据此推测 k_1、k_2 随测量断面位置 y 的变化公式形式并拟合得：$k_1=1.77\times10^{-5}e^{-7.66x}$，$k_2=0.28e^{1.22x}$。

按照拟合得到的公式，计算得到落水区两侧区域降雨强度的分布见图 2.59。

综上所述，本试验条件下落水区周围形成雾源产生的降雨强度空间分布函数如下：

$$q_{\text{up}}(x,y)=6088.47e^{5.05(y-L_n)}\cdot\left[e^{-8.51e^{-0.95(y-L_n)}\cdot|x-B/2|}+e^{-8.51e^{-0.95(y-L_n)}\cdot|x+B/2|}\right]\quad(y<L_n)$$

$$q_{\text{down}}(x,y)=2242.21e^{-2.86(y-L_w)}\cdot e^{-4.60e^{-0.86(y-L_w)}\cdot|x|}\qquad(y>L_w)$$

$$q_{\text{side}}(x,y)=1.77\times10^{-5}e^{-7.66x}\cdot e^{-0.28e^{1.22x}\cdot|y-L_w|}\qquad(L_n<y<L_W \text{ 且 } |x|>W=3.8)$$

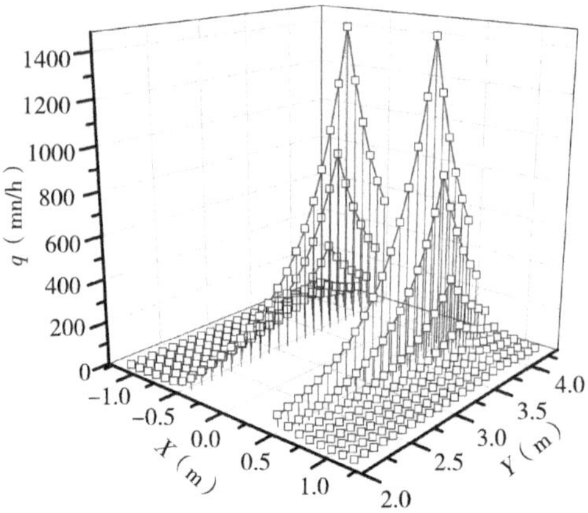

图 2.59　落水区两侧降雨强度分布试验结果

综上所述，与以往对下游岸坡降雨强度的观测不同，本书着重关注了挑流水舌落入下游水体的过程中产生的泄洪雾化源区域的降雨强度分布规律，以增进对泄洪雾化的认识，为进一步的预测研究提供依据。观测结果表明，落水区附近的降雨强度平面分布有规律可循。在落水区上游横向断面雨强呈双峰分布，下游横向断面雨强呈单峰对称分布，两侧纵向断面呈从上游往下游单调递增的趋势。

雾化源区域降雨强度平面分布的分析结果表明，不同试验条件下水舌落水区上、下游以及两侧的降雨强度分布规律基本一致，只是最大雨强数值和分布曲线的变化曲率有所不同。从图 2.60 中可以看出，泄水流量越大，雾源区的降雨强度也越大，所以形成的泄洪雾化影响区域和降雨程度也更大。雨强分布与流量、水头差以及水舌入水角等参数的定量关系有待进一步试验补充和验证。

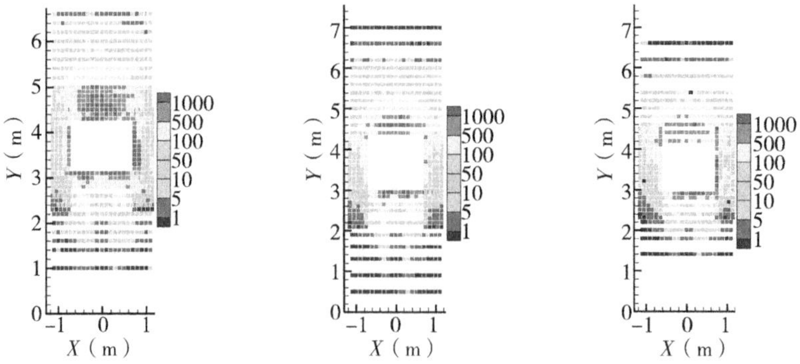

Q=180.4L/s　　Q=156.4L/s　　Q=121.4L/s

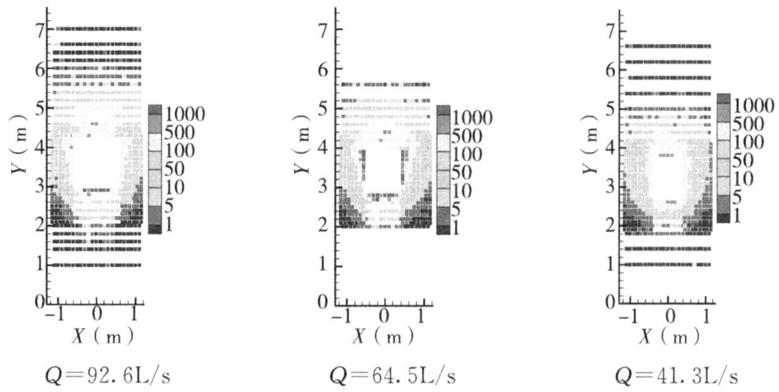

图 2.60　不同流量条件下雾源区降雨强度分布

2.5　泄洪雾化数学模型研究

本章节首先研究挑流水舌运动形态，并根据雾化降雨形成机理，分区域研究泄洪雾化降雨，建立泄洪雾化全场数学模型。

2.5.1　泄洪雾化全场数学模型

2.5.1.1　挑流水舌运动计算

在以挑坎末端为坐标原点，以水平方向与垂直方向为 X 轴与 Y 轴正向的直角坐标系中二维挑流水舌运动的控制方程为：

(1)水量守恒方程

$$\frac{\mathrm{d}}{\mathrm{d}x}\int_{-\infty}^{+\infty} u\beta \mathrm{d}y = 0 \tag{2-5}$$

(2)水气连续方程

$$\frac{\mathrm{d}}{\mathrm{d}x}\int_{-H}^{+H} u \mathrm{d}y = 2\alpha_1 u_m \tag{2-6}$$

(3)水平方向运动方程

$$\frac{\mathrm{d}}{\mathrm{d}x}\int_{-H}^{+H} \beta u^2 \cos\theta \mathrm{d}y = -\frac{1}{2}C_f {u_m}^2 \cos\theta \tag{2-7}$$

(4)垂直方向运动方程

$$\frac{\mathrm{d}}{\mathrm{d}x}\int_{-H}^{+H} \beta u^2 \sin\theta \mathrm{d}y = \int_{-H}^{+H} \beta g dy - \frac{1}{2}C_f {u_m}^2 \sin\theta \tag{2-8}$$

(5)水舌轴线上的几何关系

$$\begin{cases} \dfrac{\mathrm{d}X}{\mathrm{d}x}=\cos\theta & (2\text{-}9) \\ \dfrac{\mathrm{d}Y}{\mathrm{d}y}=\sin\theta & (2\text{-}10) \end{cases}$$

式中：α_1——卷吸系数；

C_f——反映空气阻力影响的阻力系数；

$\mathrm{d}x$——挑流水舌沿流程的微弧长；

X 和 Y——水舌轴线的直角坐标分量。

在挑流水舌二维数学模型中，还需给出其速度与含水浓度的分布，现有的研究成果认为：

①挑流水舌纵向时均流速沿垂向分布存在的相似性，如以 u 与 u_m 分别表示其纵向时均流速值及其最大值，以表示水舌半厚，则有：

$$\frac{u}{u_m}=\exp\left\{-\alpha_2\left(\frac{y}{H}\right)^2\right\} \tag{2-11}$$

式中：α_2——一待定系数；

α_2——0.455。

②挑流水舌时均含水浓度沿垂向分布也存在相似性，根据水舌掺气程度的不同可将其分为部分掺气水舌与充分掺气水舌，部分掺气水舌存在水核区(时均意义上无气泡掺入的区域)，其在垂向上还可进一步细分为水核区、水挟气泡区(含水浓度很高，同时水气密度比也很大，掺入气泡对水流流动结构影响可忽略的区域)与掺混区(含气浓度与含水浓度皆较高)三个区域，而充分掺气水舌则不存在水核区。

③对于部分掺气水舌，如以 β 与 β_m 分别表示其时均含水浓度值及其最大值，以 H_w 表示水核区外边界距水舌轴线的距离：以 H_m 表示水挟气泡区外边界距水舌轴线的距离：以 H 表示掺混区外边界距水舌轴线的距离，部分掺气挑流水舌时均含水浓度分布表示为：

$$\frac{1-\beta}{1-\beta_m}=\begin{cases} 1-\mathrm{erf}\left(1.2\dfrac{H_m-y}{H_m-H_w}\right) & (H_w\leqslant y\leqslant H_m) \\ 1+\dfrac{\beta_m}{1-\beta_m}\mathrm{erf}\left(\dfrac{y-H_m}{H-H_m}\right) & (H_m\leqslant y\leqslant H) \end{cases} \tag{2-12}$$

对于充分掺气挑流水舌，其时均含水浓度分布表示为：

$$\frac{\beta}{\beta_m}=\exp\left(-\pi\left(\frac{y}{H}\right)^2\right) \tag{2-13}$$

将上述方程整理即可得到一封闭的微分方程组，在一定的上游条件下进行数值积分即可得到挑流水舌各物理量承受纵向坐标的变化，进而确定水舌入水条件。

(2)试验验证

对所建立的挑流水舌二维数学模型，本专题采用柘溪水电站挑流水舌模型试验与原型观测资料、糯扎渡水电站挑流水舌的试验资料进行了验证计算，计算成果基本与观测成果一致，见图 2.61、图 2.62。

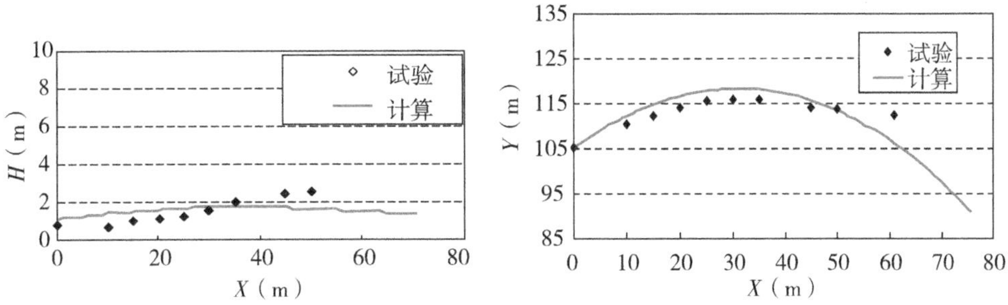

(a)轴线位置　　(b)水舌半宽处

图 2.61　柘溪水电站模型试验实测水舌形态与计算成果的比较

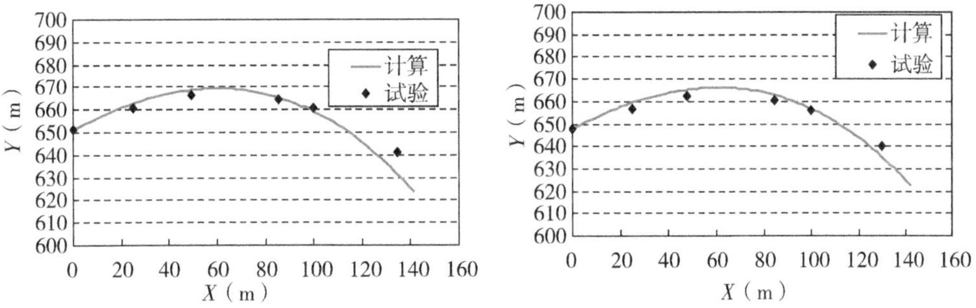

(a)左槽　　(b)右槽

图 2.62　糯扎渡水电站模型试验实测水舌轴线位置与计算成果的比较(P=1%工况)

2.5.1.2　挑流雾化溅水区溅抛范围及雨强的计算

根据气象学资料，毛毛雨与暴雨的粒径分布为 0.2～3.0mm，因此将粒径大于 3mm 的溅抛水滴的入水(或落地)范围视为溅水范围。

根据已有理论分析和原型验算结果，水舌入水时溅激起来的掺气水块，可看成是弹性刚体在重力、浮力、空气阻力和水舌风等外力作用下的反弹斜溅抛运动。水舌外缘的水滴在与下游水面碰撞过程中产生一系列变形行为，并生成以一定速度 u_s 及角度 θ_s (初始溅抛速度与 x_1ox_3 平面之间的夹角)与 φ_s (初始溅抛速度在 x_1ox_3 平面上的投影与 x_1 轴之间的夹角)溅抛而出的水滴，水滴离开水面后，在重力、浮力与风阻力等的作用下做反弹斜抛运动，以 u_{pi} 分别表示水滴的运动速度。

综合考虑了重力、浮力、空气阻力和水舌风的影响，以水滴与水面的碰撞点为坐标原点，以 X_P、Y_p、Z_p 分别表示纵向(水舌风方向)、垂向与横向坐标，得到等容直径为 d_p、密度为 ρ_w 的水滴在密度为 ρ_a 的水舌风速场 $\{u_{fi}\} = \{u_w, 0, 0\}$ 中的运动方程为：

$$\frac{\mathrm{d}u_{pi}}{\mathrm{d}t}=-\frac{3}{4}\frac{\rho_a}{\rho_w}\frac{C_D}{d_p}|u_p-u_w|(u_{pi}-u_{fi})-\left(1-\frac{\rho_a}{\rho_w}\right)g_i \tag{2-14}$$

水滴运动位置 x_{pi} 的控制方程为：

$$\frac{\mathrm{d}x_{pi}}{\mathrm{d}t}=u_{pi} \tag{2-15}$$

式中：C_D——阻力系数，其与相对雷诺数 $\mathrm{Re}_d=\left(\frac{|u_p-u_f|d_p}{\nu_a}\right)$ 有关，$|u_p-u_f|$ 为水滴相对于水舌风运动的速度。

水滴溅抛速度的初始条件为：

$$u_{p1}|_{t=0}=u_S\cos\theta_S\cos\phi_s \tag{2-16}$$

$$u_{p2}|_{t=0}=u_S\sin\theta_S \tag{2-17}$$

$$u_{p3}|_{t=0}=u_S\cos\theta_S\sin\phi_s \tag{2-18}$$

求解以上控制方程，并以溅水纵向距离最大得到溅水长度为：

$$L_{jp}=U_wT_m-\frac{d_p}{K_1}\ln[1+K_1(U_w-U_s\cos\theta_s)\frac{T_m}{d_p}] \tag{2-19}$$

式中：K_1——一系数，其定义为 $K_1=\frac{3}{4}C_D\frac{\rho_f}{\rho_p}$；

T_m——溅抛水滴在空中运动的时间；

θ_s——水滴反弹抛射角。

由控制方程求出：

$$Y_p=\frac{d_p}{k_1}\ln[\frac{N+u_s\sin\theta_sW}{N(1+W^2)^{\frac{1}{2}}}] \tag{2-20}$$

其中，

$$N=\sqrt{\frac{k_2gd_p}{k_1}}$$

$$W=\tan(\sqrt{\frac{k_1k_2g}{d_p}}t)$$

令 $Y_p=0$，求得：

$$T_m=\frac{1}{M}\arctan(\frac{2Md^pu_s\sin\theta_s}{k_2gd_p-k_1u_s{}^2\sin^2\theta_s}) \tag{2-21}$$

其中

$$M=\sqrt{\frac{k_1k_2g}{d_p}}$$

对于横向

$$T_m=\frac{1}{M}\arctan(\frac{2Md^pu_s\sin\theta_s\cos\alpha}{k_2gd_p-k_1u_s{}^2\sin^2\theta_s\cos^2\alpha}) \tag{2-22}$$

$$Z_p\max=\frac{d_p}{K_1}\ln\left[1+K_1U_s\cos\theta_s\sin\alpha\cos\alpha\frac{T_m}{d_p}\right] \tag{2-23}$$

溅水水滴溅抛最大横向宽度：

$$D=2Z_p\max \tag{2-24}$$

式中：d_p ——水滴直径；

u_s ——初始溅抛速度。

初始溅抛角 θ_s 与 φ_s 的概率密度分布函数如下：

①水滴直径 d_p 服从 Γ 分布：

$$f(d_p)=\frac{\lambda_d^{\alpha}}{\Gamma(\alpha)}d_p^{\alpha-1}e^{-\lambda_d d_p} \tag{2-25}$$

式中：λ_d ——水滴(团)的尺寸参数，$\lambda_d>0$；

α ——水滴(团)直径分布的形状参数。

②水滴初始溅抛速度 u_s 与初始溅抛角 θ_s 均服从威布尔分布，也即

$$f(u_s)=\frac{m}{\beta_u}\left(\frac{u_s}{\beta_u}\right)^{m-1}\exp\left[-\left(\frac{u_s}{\beta_u}\right)^m\right] \tag{2-26}$$

$$f(\theta_s)=\frac{n}{\beta_\theta}\left(\frac{\theta_s}{\beta_\theta}\right)^{n-1}\exp\left[-\left(\frac{\theta_s}{\beta_\theta}\right)^n\right] \tag{2-27}$$

③水滴初始溅抛角 ϕ_s 服从正态分布：

$$f(\phi_s)=\frac{1}{\sqrt{2\pi}\sigma_\varphi}e^{-\frac{(\phi_s-\bar{\phi})^2}{2\sigma_\phi^2}} \tag{2-28}$$

溅抛水滴的初始位置为水舌入水外缘线，将外缘线上水滴出水概化为沿水舌入水外缘线均匀分布，以此来反映水滴溅抛初始位置的随机性。

溅抛水滴运动的求解步骤如下：

a. 生成直径分布满足式(2-25)分布的溅抛水滴。

b. 生成满足式(2-26)至式(2-28)分布的水滴初始溅抛速度、初始溅抛角与初始溅抛位置。

c. 利用局部化近似，对溅抛水滴运动的控制方程(2-14)采用四阶龙格—库塔方法进行数值积分得到溅抛水滴运动的速度，对速度再积分一次进一步得到水滴的运动轨迹，模拟计算直至水滴落入下边界结束。通过计算，得到水滴落入下边界的位置及相应的水滴直径。

d. 重复以上步骤 a 至步骤 c，对 N 个溅抛水滴的运动进行随机模拟，对模拟成果进行统计平均，得到相应位置因水滴溅抛而形成的降雨强度 P 与雨滴直径 d。在溅抛过程中，溅抛雨滴数 N 取 100 万个。

2.5.1.3 雾流扩散区

溅水区后的雾化水流是悬浮雾流(气—水两相流),其流动特征主要表现为超饱和水汽在运动过程中所形成的沿程降雨及浓雾与淡雾的扩散。其所造成的影响主要表现为雾化水流输运与发展过程中所形成的降雨及随后生成的雾化流。下面以积云动力学方程组为基础建立雾流扩散区的数学模型。

溅水区后的雾化水流是气—水紊动混掺的两相流,其所造成的影响主要表现为雾化水流输运与发展过程中所形成的降雨。以积云动力学方程组为基础建立雾流降雨计算的数学模型。并假设:雾化水流对流扩散运动恒定;雾化水流纵向对流输运远大于纵向扩散输运。得到如下雾流降雨区液态水含水浓度控制方程:

$$u\frac{\partial S_v}{\partial x}=\frac{\partial}{\partial y}(\upsilon_{ty}\frac{\partial S_v}{\partial y})+\frac{\partial}{\partial z}(\upsilon_{tz}\frac{\partial S_v}{\partial z})+\omega\frac{\partial S_v}{\partial z} \tag{2-29}$$

垂向上、下边界:

$$\upsilon_{tz}\frac{\partial S_v}{\partial z}+\omega S_v\big|_{z=H_u}=0 \tag{2-30}$$

$$\omega\frac{\partial S_v}{\partial z}\bigg|_{z=0}=0 \tag{2-30}$$

上游边界:

$$S_v\big|_{z=0}=S_{v_0}\exp\left[-\frac{1}{A}\left(\frac{y}{H_u}\right)^2\right]\exp\left(-\frac{\omega}{\upsilon_{tz}}z\right) \tag{2-31}$$

运用分离变量法求解,得到其解为:

$$\begin{gathered}S_v=\sqrt{\frac{A}{4E_yX+A}}\exp\left[-\frac{Y^2}{4E_yX+A}\right]\exp\left(-\frac{E_\omega}{E_Z}Z\right)\\ \sum_{n=1}^{\infty}C_n\exp(-\lambda_nX)\left(\cos\beta_nZ+\frac{E_\omega}{2E_Z\beta_n}\sin\beta_nz\right)\end{gathered} \tag{2-32}$$

$$C_n=\frac{2S_{v_0}K_1\beta_n^2}{(\beta_n^2+\frac{1}{4}K_1^2)(\beta_n^2+\frac{1}{4}K_1^2+K_1)}$$

式中:K_1,K_2,X,Y,Z ——以雾流高度无量纲化后的坐标值,$K_1=\frac{E_\omega}{E_Z}$,$X=\frac{x}{H_u}$,$Y=\frac{y}{H_u}$,$Z=\frac{z}{H_u}$;

E_y,E_z,E_w——水舌风速和雾流高度无量纲化后的横向、垂向扩散系数与雾滴沉速。$E_y=\frac{\upsilon_{ty}}{UH_u}$,$E_Z=\frac{\upsilon_{tz}}{UH_u}$,$E_\omega=\frac{\omega}{U}$。

β_n ,λ_n 分别由以下两式确定:

$$2\cot\beta_n = \frac{\beta_n}{E_\omega/2E_Z} - \frac{E_\omega/2E_Z}{\beta_n} \tag{2-33}$$

$$\lambda_n = \left[\beta_n^2 + \frac{1}{4}\left(\frac{E_\omega}{E_Z}\right)^2\right] E_Z \tag{2-34}$$

根据上述条件求得地面降雨强度为：

$$P(x,y) = \omega S_v \big|_{z=0} \tag{2-35}$$

在计算过程中，雨滴粒径分布取 0.2～3.0mm，将此粒径段分成众多的粒径组，每组粒径所生成的降雨分开计算，经过累加，即得总降雨量。

2.5.1.4　坡面雾流降雨生成流动的数值模拟

(1)数学模型与数值计算方法

自然降雨在坡地上产生地面径流主要有超渗产流和蓄满产流两种描述模式，此处先探讨由雾流降雨形成的坡面地表径流，并比较自然降雨（降雨强度均匀分布）与雾流降雨（降雨强度非均匀分布）所形成的坡面径流特性之间的差异。

1)数学模型

采用基于水深平均的平面二维数学模型描述坡面径流的运动。对于水平面的夹角为 θ 的斜坡，以斜坡坡面向下的方向为 x 轴正向（纵向），以水舌风方向为 y 轴正向（横向）建立直角坐标系，坡面径流的控制方程为：

$$\frac{\partial H}{\partial t} + \frac{\partial uH}{\partial x} + \frac{\partial vH}{\partial y} = R_{u\theta} \tag{2.36}$$

$$\frac{\partial uH}{\partial t} + \frac{\partial}{\partial x}\left(u^2 H + \frac{1}{2} g H^2 \cos\theta\right) + \frac{\partial}{\partial y}(uvH) = gH\sin\theta - 0.125\lambda\sqrt{u^2+v^2}\,u \tag{2.37}$$

$$\frac{\partial vH}{\partial t} + \frac{\partial}{\partial x}(uvH) + \frac{\partial}{\partial y}\left(v^2 H + \frac{1}{2} g H^2 \cos\theta\right) = -0.125\lambda\sqrt{u^2+v^2}\,v \tag{2.38}$$

公式中已考虑将陡坡情况下坡面上的静水压强修正为 $gH\cos\theta$，并改用阻力系数 λ 来表示阻力项。式中：H 为水深；u 、v 分别表示 x 、y 方向的流速；λ 与 g 分别为阻力系数和重力加速度；$R_{u\theta}$ 为坡面上的降雨强度。

边界条件为降雨外边界（降雨强度为零）处的水深为零；斜坡坡脚处流动为充分发展流动。

2)数值计算方法

式(2.38)可统一改写为如下形式：

$$\frac{\partial U}{\partial t} + \frac{\partial F}{\partial x} + \frac{\partial G}{\partial y} = S \tag{2.39}$$

采用有限体积法对式(2.39)进行离散，选择矩形单元为控制体，将控制方程沿控

制体积分，可得

$$\frac{\partial U_i}{\partial t} = -\frac{1}{A_i}\sum_{j=1}^{N_{ed}} E^* \cdot n_{ij}\Delta\Gamma_{ij} + S_i \tag{2.40}$$

式中：$\Delta\Gamma_{ij}$——界面长度。

在坡面流计算中，干湿边界的处理非常重要，因此采用 HLL 黎曼算子来计算界面通量 $E^* \cdot n_{ij}$；采用一阶精度格式计算时变项，离散方程的最终形式为：

$$U_i^{n+1} = U_i^n + \Delta t\left(-\frac{1}{A_i}\sum_{j=1}^{N_{ed}} E^* \cdot \mathrm{n}_{ij}\Delta\Gamma_{ij} + S_i\right)^n \tag{2.41}$$

3）阻力系数

阻力系数 λ 是坡面径流数学模型中的关键参数，下面以实验成果为基础进行简要分析。坡面径流属薄层水流范畴，如近似采用恒定均匀流理论来描述某一段的径流特性，则可得 λ 随单宽流量 q 的变化为：

$$\lambda = \frac{8gH\sin\theta}{u^2} = 8gn^{9/5}(\sin\theta)^{1/10}q^{-1/5} \tag{2.42}$$

张光辉曾在水槽中对由上游来流形成的坡面径流进行过实验研究，其将实验土样黏附于水槽底部以模拟天然土壤糙率情况，利用测针测量水深；采用染色法测量流速，得到了阻力系数 λ 随单宽流量的变化。赵小娥等通过水槽实验对降雨形成的坡面径流进行了实验研究，水槽底部为光滑不透水定床，采用降雨自动控制系统实施降雨，采用电脉冲法实测流速，采用体积法实测流量，得到了水深、流速、单宽流量等的变化。尽管由降雨形成的坡面径流具有沿程变量流的特点，但其在局部段的水力特性应与由上游来流形成的坡面径流存在一定的相似之处。图 2.63 同步给出了张光辉与赵小娥等的实验成果，并同时给出了式(2.42)的计算成果。由图 2.40 可知，两组实验成果均与式(2.42)计算成果吻合甚好。本书以式(2.42)来确定阻力系数。

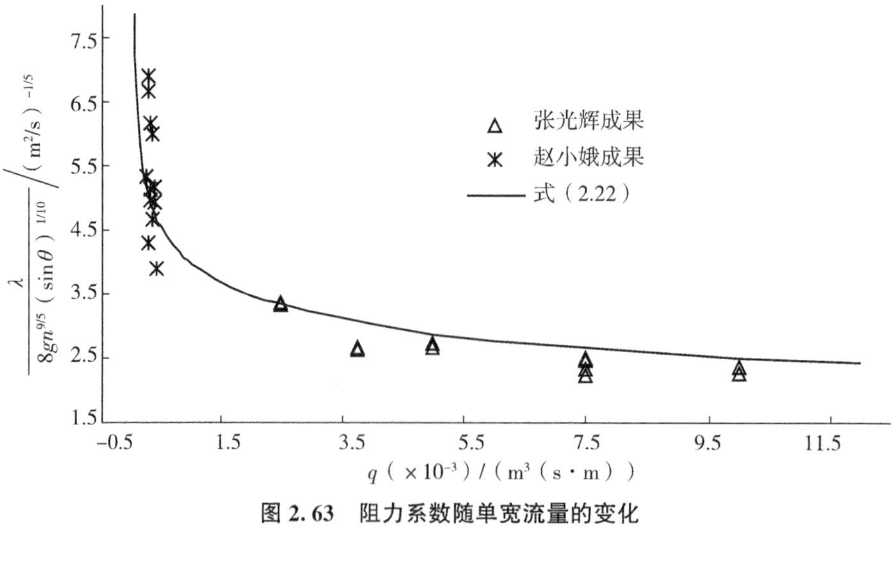

图 2.63　阻力系数随单宽流量的变化

(2)数值模拟成果

1)计算区域与计算工况

计算降雨区域长50m,宽50m,坡角为30°。采用正方形网格进行计算,网格横向和纵向尺度均为1m。

分别对自然降雨和雾流降雨的产流过程进行计算。计算区域内的平均降雨强度为20mm/h,自然降雨强度沿坡面呈均匀分布,雾流降雨强度沿纵向的变化则按图2.4所示的计算结果给出。

2)计算成果及分析

①产流过程。

当降雨历时大于坡面上的汇流历时后,在坡面上形成的沿程变量流将逐渐达到恒定流状态。计算成果表明:随着降雨的进行,坡脚处的流量由零开始逐渐增加,最后逼近一个恒定值;天然降雨在400s左右达到恒定状态,雾流降雨由于集中在坡脚以上的局部区域,虽然初期产流量增加较快,但是降雨强度分布不均匀,尤其是斜坡上部降雨强度小,因此到800s才达到恒定状态。在产流初期,采用运动波模式计算所得的产流过程略高于本书采用的动力波模式,但总体上来看两者差别不大,因而对于自然降雨和雾流降雨产流过程的计算,采用运动波模式也具有较高的精度。

②水深变化。

图2.64给出了坡面径流达到恒定流状态后其水深沿纵向、横向的变化。由图2.64可知,由于降雨的补给,水深将沿程逐渐增加,且雾流降雨所导致的水深变化幅度要高于自然降雨;从坡脚处水深的横向变化来看,自然降雨条件下水深沿横向呈均匀分布,而雾流降雨则因集中在局部区域,其水深分布不均匀,降雨强度大的区域水深也大。

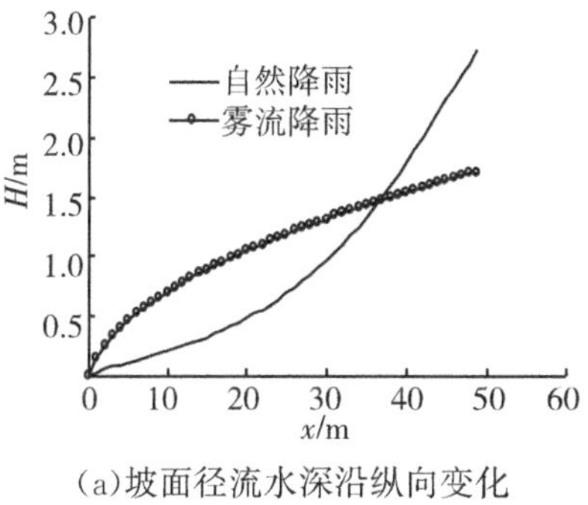

(a)坡面径流水深沿纵向变化

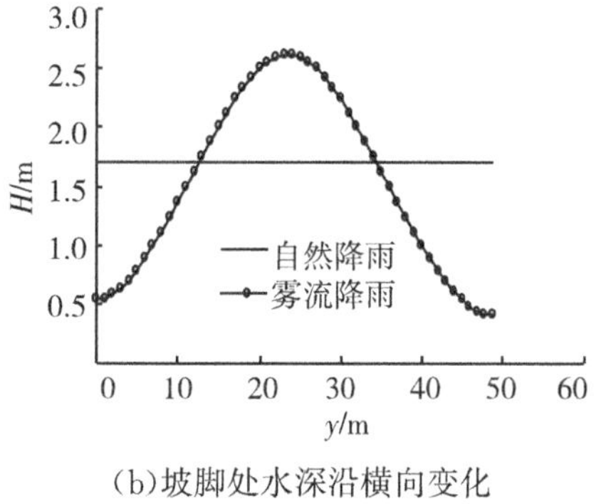

(b)坡脚处水深沿横向变化

图2.64 坡面径流达到恒定流状态后其水深沿纵向、横向变化

③流速变化。

图 2.65 给出了坡面径流达到恒定流状态后其流速沿纵向、横向的变化。由图 2.65 可知，由于降雨的沿程补给，流速将沿程逐渐增大，且雾流降雨所导致的流速变化幅度要高于自然降雨；从坡脚处流速的横向变化来看，自然降雨条件下流速沿横向呈均匀分布，而雾流降雨因集中在局部区域，其流速沿横向分布不均匀，降雨强度大的区域流速也大。

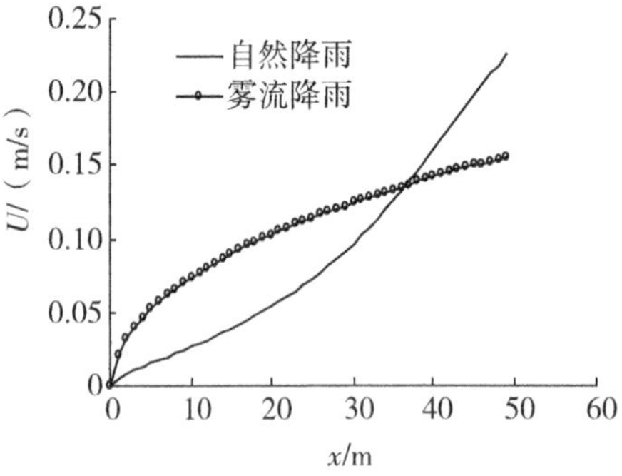

(a)坡面径流流速沿纵向变化

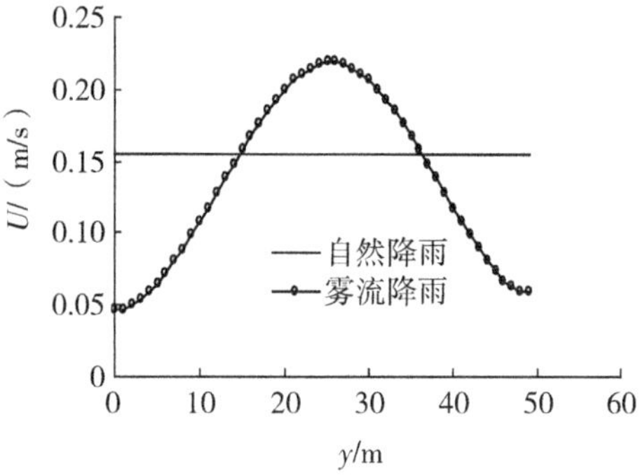

(b)坡脚处流速沿横向变化

图 2.65 坡面径流达到恒定流状态后其流速沿纵向、横向变化

2.5.1.5 江垭水电站泄洪雾化的验证计算

为验证挑流泄洪雾化数学模型的适用性及准确性，利用江垭水电站以及东江水电站大坝泄洪雾化的原型观测数据对本挑流泄流雾化的数学模型进行了验证计算。

江垭水电站泄洪雾化原型观测工况见表 2.31。

表 2.31 江垭水电站泄洪雾化原型观测工况

工况序号	时间	库水位/m	下泄流量/(m^3/s)	下游水位/m	闸门开启状态
1	2001-06-20 14:30—16:30	212.76	400	124.64	2[#] 中孔开启 4.5m
2	2001-06-20 16:30—18:30	212.67	790	125.70	1[#]、3[#] 中孔开启 2.0m，2[#] 中孔开启 5.0m
3	2001-06-20 18:30—20:30	212.63	1200	125.94	1[#]、2[#]、3[#] 中孔开启 5.0m
4	2002-05-10 10:45—11:51	230.91	2500	136.20	1[#]、2[#]、3[#] 中孔全开

表 2.32 为各工况水舌特征值及溅水区范围原观值与计算值的对比，表 2.33 为各工况泄洪雾化降雨强度及分布范围原观值与计算值的对比。

表 2.32　　各工况水舌特征值及溅水区范围原观值与计算值的对比

观测工况	1		2		3		4	
	原观值	计算值	原观值	计算值	原观值	计算值	原观值	计算值
水舌外缘挑距/m	128	125	118.4	115	117.0	116	130.2	128
雾化溅水纵向最大距离/m	112	105	112	110	123	119	126	126
雾化溅水横向最大距离/m	105	120	108	123	111	125	110	129

计算结果表明：坝下挑流水舌、溅抛范围以及雾化降雨分布的计算值与原型观测值基本一致，挑流泄洪雾化的数学模型合理，数值计算基本正确。

表 2.33　　各工况泄洪雾化降雨强度及分布范围原观值与计算值的对比

工况			雾化范围									
			＞600mm/h		600～200mm/h		200～10mm/h		10～1mm/h		雾区边界	
			桩号/m	高程	桩号/m	高程	桩号/m	高程	桩号/m	高程	桩号/m	高程
工况1	左岸	原观	0+129～0+262	150	0+118～0+334	160	0+108～0+469	180	0+108～0+712	200	0+108～0+811	210
		计算	0+119～0+260	150	0+109～0+330	158	0+103～0+465	177	0+99～0+722	198	0+100～0+815	212
	右岸	原观	—	—	—	—	0+86～0+388	180	0+86～0+620	190	0+86～0+782	200
		计算	0+92～0+255	153	0+90～0+300	161	0+89～0+388	176	0+85～0+602	188	0+75～0+789	206
工况2	左岸	原观	0+132～0+268	150	0+120～0+404	170	0+120～0+436	180	0+114～0+708	200	0+93～0+869	210
		计算	0+122～0+278	150	0+110～0+421	175	0+105～0+456	192	0+99～0+727	200	0+83～0+899	215
	右岸	原观	—	—	0+113～0+262	150	0+113～0+478	180	0+113～0+680	190	0+100～0+814	200
		计算	—	—	0+110～0+260	150	0+108～0+488	185	0+103～0+720	195	0+100～0+835	205

续表

工况			雾化范围									
			>600mm/h		600～200mm/h		200～10mm/h		10～1mm/h		雾区边界	
			桩号/m	高程	桩号/m	高程	桩号/m	高程	桩号/m	高程	桩号/m	高程
工况3	左岸	原观	0+114～0+345	160	0+114～0+421	170	0+114～0+485	180	0+114～0+656	190	0+114～0+843	200
		计算	0+128～0+345	160	0+119～0+420	170	0+114～0+489	180	0+114～0+655	190	0+114～0+850	200
	右岸	原观	—	—	0+114～0+364	160	0+114～0+491	180	0+114～0+657	200	0+114～0+800	210
		计算	—	—	0+120～0+370	161	0+115～0+510	181	0+110～0+667	203	0+109～0+830	212
工况4	左岸	原观	0+198～0+340	160	0+125～0+418	170	0+125～0+550	190	0+125～0+748	200	0+125～0+908	210
		计算	0+158～0+350	160	0+145～0+408	168	0+125～0+525	187	0+110～0+749	200	0+105～0+938	215
	右岸	原观	0+249～0+361	150	0+125～0+384	170	0+125～0+510	200	0+125～0+662	210	0+125～0+877	220
		计算	0+149～0+369	150	0+136～0+380	170	0+129～0+550	200	0+117～0+690	210	0+110～0+898	223

2.5.1.6 东江水电站泄洪雾化的验证计算

东江水电站位于湘江主要支流耒水的上游，湖南省资兴市境内。电站以发电为主，兼有防洪、航运、工业用水等综合效益。总装机容量500MW，单独运行保证出力123MW，以32回220kV线路接入湖南省电力系统。工程于1978年3月开工，1987年10月第一台机组发电，1988年6月全部投产。

(1)水文和水库特性

坝址以上流域面积4719km^2，占耒水总流域面积的39.6%。多年平均流量144m^3/s；多年平均年径流量45.4亿m^3。大坝按千年一遇设计，洪峰流量13900m^3/s相应库水位289m；按万年一遇加20%校核，洪峰流量24100m^3/s，相应库水位293.4m。总库容91.5亿m^3；正常蓄水位205m，相应库容81.2亿m^3；死水位237m，调节库容56.7亿m^3，属多年调节水库。电站设计水头118.5m，最大水头139m，最小水头81m。

(2)枢纽布置及大坝

枢纽建筑物由大坝、泄洪设施、放空底孔及坝后式厂房等组成。

大坝为变圆心、变半径混凝土双曲拱坝，坝顶高程 294m，坝顶弧长 438m，坝顶宽 7m，最大底宽(厚)35m，厚高比 0.223，最大圆弧半径 309.3m，最大中心角 95°。

(3)泄洪设施

泄水建筑物有左、右岸溢洪道，一、二级洞。

潜孔滑雪式溢洪道布置在坝体两侧，左岸 2 孔，右岸 1 孔。进口底坎高程 266m，孔口尺寸 10m×7.5m(宽×高)，总泄量 4416m^3/s，滑雪槽采用钢筋混凝土排架结构。右岸溢洪道尾部采用窄缝式挑坎，挑坎末端距坝轴线的距离分别为 117.46m 和 147.46m。左岸溢洪道尾部采用扭曲挑坎消能，挑坎末端距坝轴线的距离为 127.215m。

一级洞布置在左岸，用作水库放空兼泄洪，有压段洞径 10m，无压段断面尺寸为 8.5m×12m(宽×高)，进口底坎高程 222m，最大泄量 2000m^3/s。二级洞布置在右岸，用作水库放空、后期导流及下闸蓄水期间向下游供水，有压段洞径 8.9m，无压段断面尺寸为 7.2m×12m(宽×高)，进口底坎高程 170m，最大泄量 1625m^3/s，装设偏心铰弧形闸门控制。

(4)下游地形

坝址处为峡谷地带，两岸山高坡陡，河谷呈“V”形。在 285m 高程以下宽高比为 2∶1，常水位水面宽 20～40m；坝顶高程处谷宽约 300m，岸坡陡峻，坡度为 45°～50°。

(5)验证计算成果

1992 年中南勘测设计研究院和中国水利水电科学研究院等对东江水电站的雾化问题进行了原型观测，其用工程测图仪实测雾化区域，并通过带有压力传感器的雨量筒实测雾流降雨强度。本报告对库水位 281.99m，右岸右孔全开，下泄流量为 1043m^3/s 条件下雾流降雨的原型观测资料进行了验证计算。在溅抛水滴运动的随机模拟中，时间步长取 0.05s，溅抛水滴数为 300000；在悬浮雾流计算中，采用雾深平均模型，并将悬浮水滴按直径分为 60 组。图 2.66 给出了降雨强度计算成果与原型观测成果的比较。由图 2.66 可知，计算所得的雾流降雨强度及范围与原型观测资料甚为一致。

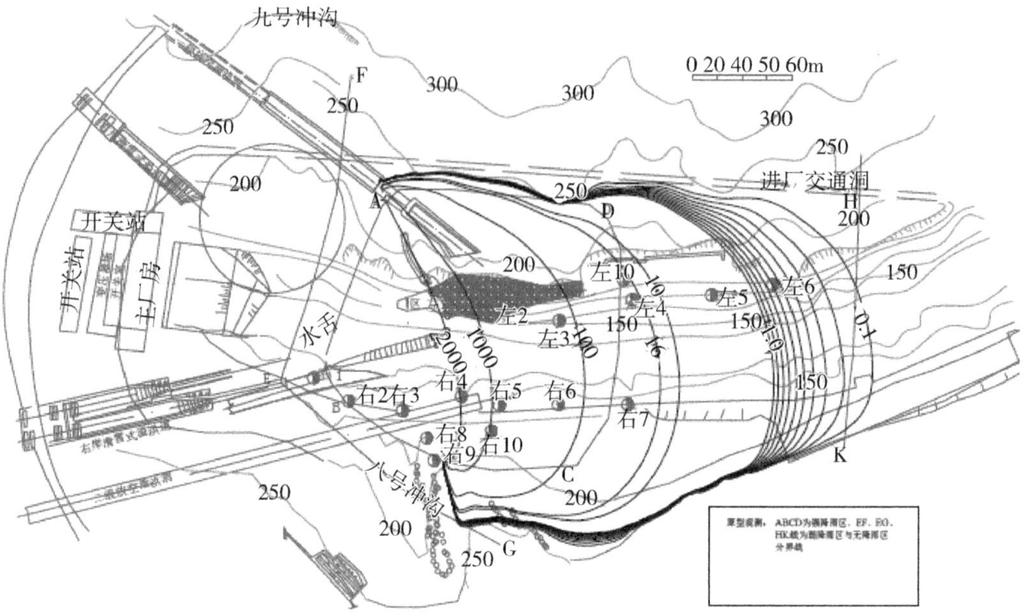

图 2.66　东江水电站雾流降雨强度分布计算值与原型观测值的比较(图上未录的是看不清)

2.5.2　挑流泄洪雾化数学模型的预测计算

对其培水电站、孟东水电站、旭龙水电站泄洪雾化进行预测计算，整个坐标系统以坝轴线与泄洪中心线的交点为坐标原点，下游雾化区域采用正交曲线网格，网格尺度为 1.0～10m。

地形边界条件见图 2.67 至图 2.69。

其培水电站、孟东水电站、旭龙水电站泄洪雾化典型工况预测计算结果见图 2.70 至图 2.72。

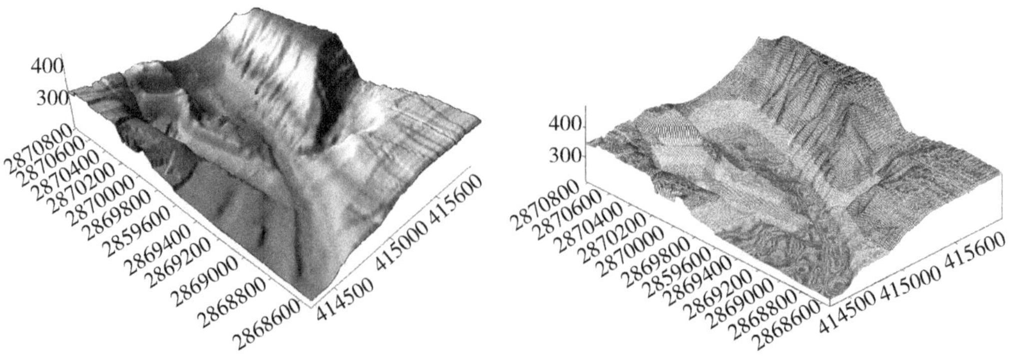

(a)　　　　(b)

图 2.67　其培水电站重力坝方案泄洪雾化地形表面图

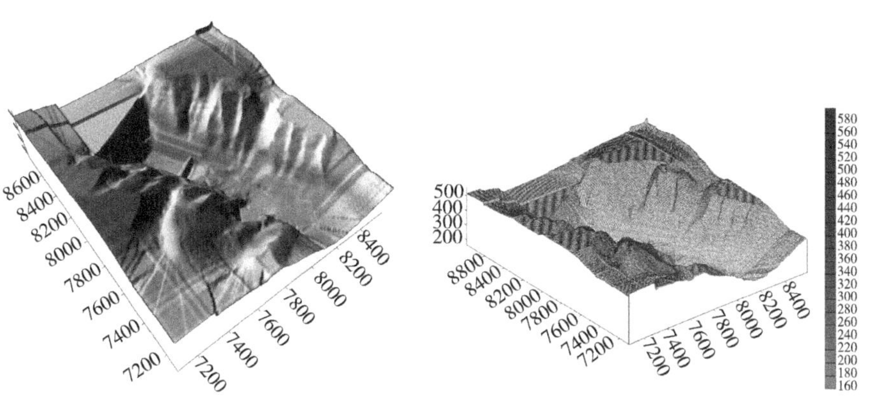

(a)　　　　(b)

图 2.68　孟东水电站重力坝方案泄洪雾化地形表面图

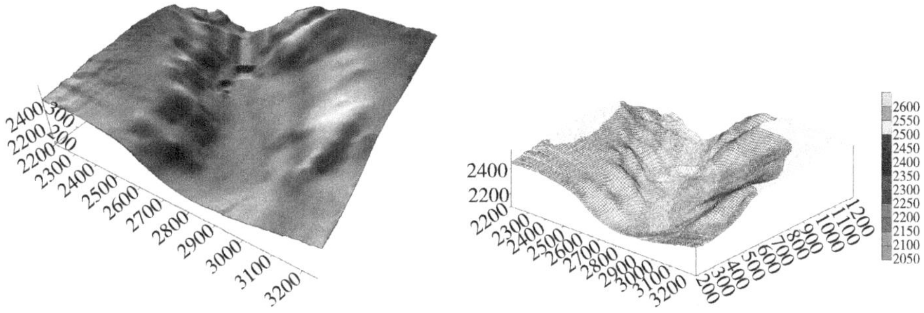

(a)　　　　(b)

图 2.69　旭龙水电站重力坝方案泄洪雾化地形表面图

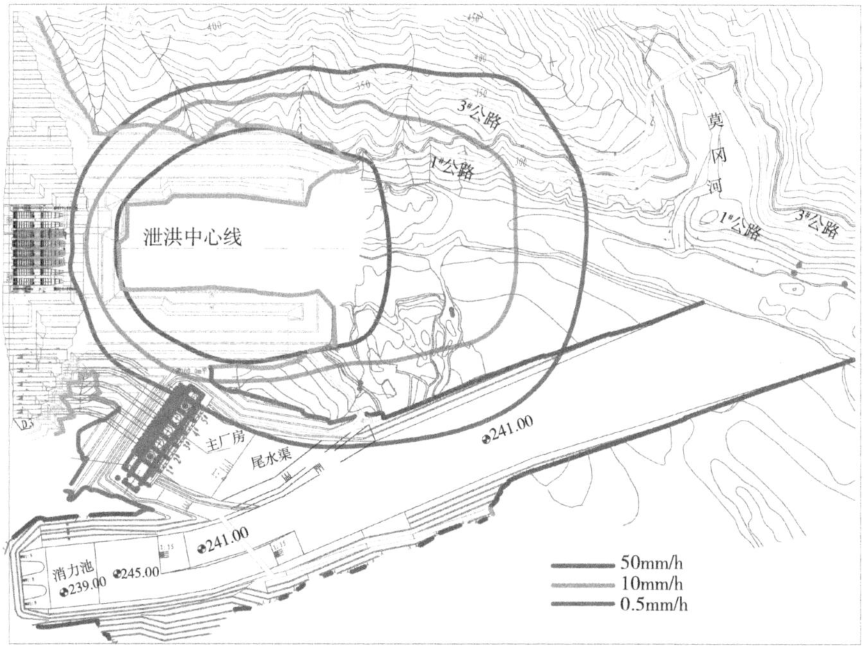

图 2.70　其培水电站泄洪工况(P=0.02%)地面雨强等值线图(雨强单位:mm/h)

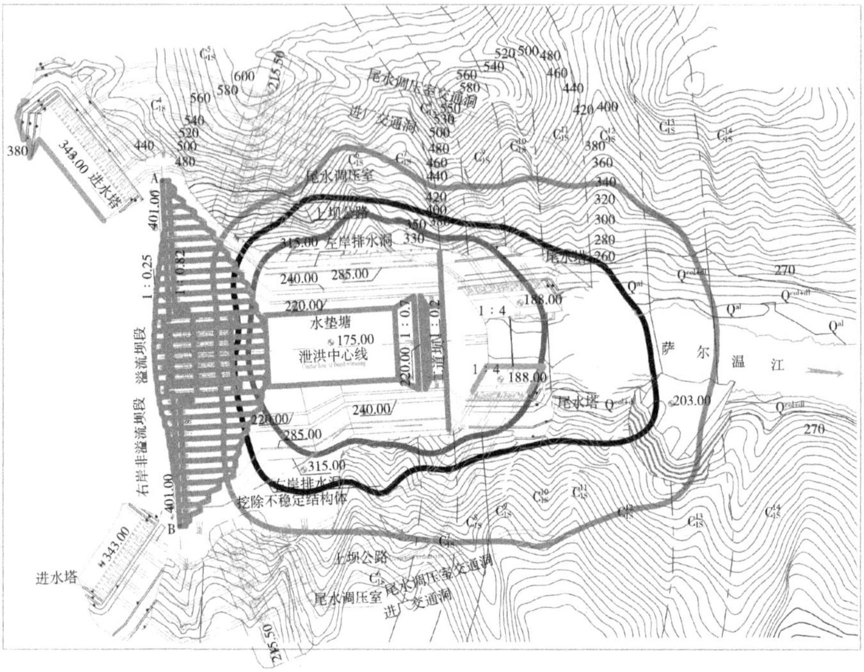

图 2.71　孟东水电站泄洪工况($P=0.02\%$)地面雨强等值线图(雨强单位:mm/h)

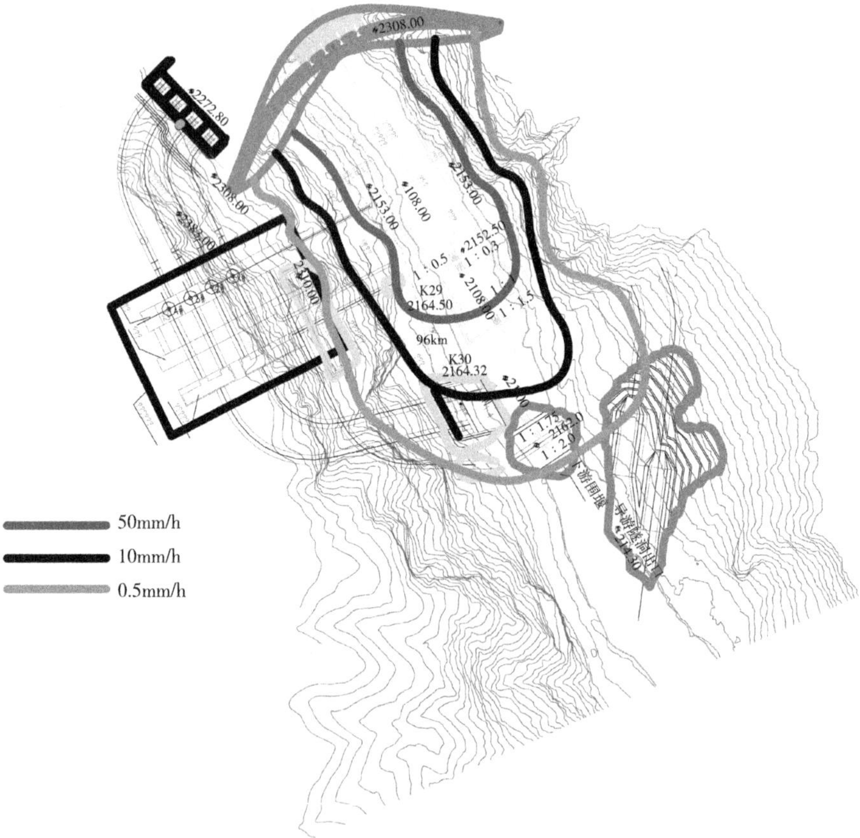

图 2.72　旭龙水电站泄洪工况($P=1\%$)地面雨强等值线图(雨强单位:mm/h)

2.5.3 本章小结

本书通过江垭、水布垭、构皮滩等水电站泄洪雾化研究成果，提出了物理模型与原型雾雨强度的换算公式（模型律）和全场数学模型，主要结论分析：

①高坝泄洪雾化形成过程是挑流水舌在空中运动过程中紊动掺气形成不连续水体和落入下游水体时激溅反弹形成破碎水滴，向周围扩散形成降雨和雾流。泄洪雾化是非常复杂的水—气和气—水两相流，影响因素十分复杂，雾化降雨的影响范围和降雨强度与上下游水位、下泄流量、消能方式、下游地形地势、当地气候等因素有关。

②泄洪雾化雾源区的降雨强度以水舌落水点为中心呈对称分布，数值由内向外逐渐减小。落水区上游的雾化主要由水舌两侧散裂水滴抛洒形成，降雨强度在横向断面内呈双峰分布；落水区下游的雾化主要由水舌与水体激溅反弹产生，降雨强度在横向断面内呈单峰对称分布；落水区域两侧同时有水舌裂散抛洒和水舌落入水体激溅反弹产生的雾化，形成的雨强基本沿纵向呈单调递增的分布趋势。

③泄洪雾化降雨雨滴主要由滴径较小、数量众多的优频雨滴和滴径较大、数量很少的优势雨滴组成，两种雨滴的组成比例共同影响测点雨强的大小。优势雨滴和优频雨滴满足不同的模型律，雾化雨强的模型律可表达为两者的线形组合。泄洪雾化引起的下游降雨原则上可以分为三个区：抛洒降雨区、溅水降雨区、雾流降雨区。其中，抛洒降雨区的降雨组成以优势雨滴为主，雨强模型律可表达为 $S_P = S_m \times {L_r}^{1.553}$；溅水降雨区的降雨优势和优频雨滴的成分并重，雨强模型律为 $s_p = s_f \times {L_r}^{1.653} + s_g \times {L_r}^{1.196}$；雾流降雨区的降雨以优频雨滴为主，雨强模型律为 $S_P = S_m \times {L_r}^{1.636}$。

④挑流雾化水流全场预测计算数学模型，得到了江垭和东江水电站泄洪雾化原型观测资料的验证计算，表明该泄洪雾化数学模拟可用于挑流泄洪工程的雾化降雨模拟计算，为类似工程的设计以及工程下游边岸防护提供科学参考。

参考文献

[1] 刘敏南．东江水电站滑雪式溢洪道泄洪雾化原型观测[C]// 泄水工程与高速水流论文集[C]．成都：成都科技大学出版社，1994.

[2] 陈维霞．鲁布革水电站泄水建筑物雾化原型观测[R]．电力部昆明勘测规划设计院，1996.

[3] 陈慧玲．乌江东风水电站水力学原型观测—泄洪雾化观测报告[R]．南京水利水电研究院，1997.

[4] 宋学礼，浅析白山泄洪雾化的几个问题[J]．东北水利水电，1997，151：40-42.

[5] 刘进军，韩爽，孔德勇，等. 白山电站泄洪雾化原型观测与模型试验研究[J]. 东北水利水电，2002，20(221)：41-45，56.
[6] 宋恩来，白山水电站泄洪“雾化”和溅水研究[J]. 东北电力技术，2002，8：9-13.
[7] 吴修锋，吴时强，周辉，等. 湾塘水电站泄洪雾化原型观测[J]. 水利水运工程学报，2001，4：71-74.
[8] 张华，练继建. 水电站底流消能雾化的研究[J]. 水利水电技术，2001，32(12)：67-72.
[9] 李瓒，龙羊峡水电站挑流水雾诱发滑坡问题[J]. 大坝与安全，2001，3：17-20，29.
[10] 苏建明，李浩然. 二滩水电站泄洪雾化对下游边坡的影响[J]. 水文地质工程地质，2002，2：22-24.
[11] 张宇鹏，黄国兵，徐勤勤，挑流泄洪雾化降雨强度的模糊综合评判预报[J]. 长江科学院院报，2007，24(1)：1-3.
[12] 梁再潮. 雾化水流溅水区的分析和计算[J]. 长江科学院院报，1996，13(1)：9-13.
[13] 姚克烨，曲景学. 挑流雾化机理及分区研究综述[J]. 东北水利水电，2007，4：7-9，71.
[14] 柴恭纯，陈慧玲. 高坝泄洪雾化问题的研究[J]. 山东工业大学学报，1992，22(3)：29-35.
[15] 陈端，李静，李利. 水电站泄洪雾化预测技术研究[R]. 长江水利委员会长江科学院，2005.
[16] 刘宣烈，张文周. 空中水舌运动特性研究[J]. 水力发电学报，1988，2：46-54.
[17] 刘宣烈，刘钧. 三元空中水舌掺气扩散的试验研究[J]，水利学报，1989，11：9-17.
[18] 梁再潮，雾化水流计算模式[J]. 水动力学研究与进展(A 辑)，1992，7(3)：247-255.
[19] 张华，练继建，李会平. 挑流水舌的水滴随机喷溅数学模型[J]. 水利学报，2003，8：21-25.
[20] 张华，练继建. 水电站底流消能雾化的研究[J]. 水利水电技术，2001，32(12)：67-72.
[21] 张华，练继建. 底流泄洪雾化对下游环境影响预测[J]. 华北电力大学学报，2005，32(1)：107-112.
[22] 柳海涛，刘之平，孙双科. 水舌入水喷溅的随机数学模型[J]. 水利水电科技进展，2009，29(6)：1-4.

[23] 胡敏良. 挑流水舌雾化的研究[J]. 水动力学研究与进展，A 辑，1994，9(3)：344-349.
[24] 杜效云，程和森，曹更新. 用β射线测定高坝泄洪雾化浓度[J]. 1996，19(3)：182-185.
[25] 戴晓兵，李延农. 水利水电工程泄洪雾化降雨强度观测器[J]. 水文，2010，30(6)：42-44.
[26] 陈慧玲，小湾水电站泄洪雾化研究[J]. 云南水力发电，1998，14(4)：51-55.
[27] 黄国情，吴时强，陈惠玲. 高坝泄洪雾化模型试验研究[J]. 水利水运工程学报，2008，4：91-94.
[28] 吴时强，吴修锋，周辉，等，底流消能方式水电站泄洪雾化模型试验研究[J]. 水科学进展，2008，19(1)：84-88.
[29] 周辉，吴时强，陈慧玲. 泄洪雾化降雨模型相似性探讨[J]. 水科学进展，2009，20(1)：58-62.
[30] 陈端，金峰，李静. 高坝泄洪雾化降雨强度模型率研究[J]. 水利水电技术，2005，36(10)：47-49.
[31] 陈端，金峰，张鹤. 构皮滩工程大坝泄洪雾化物理模型试验研究[J]. 湖北水力发电，2007，70：48-51.
[32] 陈端，金峰，向光红. 构皮滩工程泄洪雾化降雨强度及雾流范围研究[J]. 长江科学院院报，2008，25(1)：1-4.
[33] 罗福海，李伟，向光红. 水布垭电站泄洪雾化影响分析及防护研究[J]. 水利水电快报，2009，30(11)：37-39.
[34] 姚克烨，曲景学，谢波. 泄洪雾化溅水区纵向范围的估算[J]. 南水北调与水利科技，2007，15(3)：101-102.
[35] 姚克烨，谢波，曲景学. 泄洪雾化模型试验研究[J]. 四川水利，2007，3：19-22.
[36] 陈端. 高坝泄洪雾化降雨强度分布及模型律研究[R]. 长江科学院，2010.
[37] 刘宣烈，安刚，姚仲达. 泄洪雾化机理和影响范围探讨[J]. 天津大学学报，1991，9：30-36.
[38] 周辉，陈慧玲. 挑流泄洪雾化降雨的模糊综合评判方法[J]. 水利水运科学研究，1994，1-2：165-170.
[39] 李渭新，王韦，许唯临，等，挑流消能雾化范围的预估[J]. 四川联合大学学报，1999，3(6)：17-23.
[40] 孙双科，刘之平. 泄洪雾化降雨的纵向边界估算[J]. 水利学报，2003，12：53-58.

[41] 梁再潮.雾化水流溅水区的分析和计算[J].长江科学院院报,1996,13(1):9-13.

[42] 刘士和,梁再潮.深窄峡谷区泄洪雾化及其影响的研究[J].武汉水利电力大学学报,1997,30(4),6-9.

[43] 刘士和,梁再潮.水利枢纽中雾化流的模拟与防范[J].武汉大学学报(工学版),2001,34(3):1-5.

[44] 刘士和,陆晶,周龙才.窄缝消能与碰撞消能雾化水流研究[J].水动力学研究与进展,A辑,2002,17(2):135-142.

[45] 刘士和,曲波.泄洪雾化溅水区长度深化研究[J].武汉大学学报(工学版),2003,36(5):5-8.

[46] 戴丽荣,张云芳,张华,等.挑流泄洪雾化影响范围的人工神经网络模型预测[J].水利水电技术,2003,34:7-9,63.

[47] 彭新民,林芝,黄财元,等,挑流泄洪雾化的人工神经网络模型初探[J],中国农村水利水电,2006,1:60-61,65.

[48] 张宇鹏,黄国兵,徐勤勤.挑流泄洪雾化降雨强度的模糊综合评判预报[J].长江科学院院报,2008,24(1):1-3.

[49] 刘惠军,任光明,安世泽.乌东德水电站泄洪雾化影响范围研究[J].甘肃科学学报,2008,20(3):106-108.

[50] 李布雳,罗秉珠,陶洪辉.老挝南塔河 1# 水电站泄流雾化研究[J].广西水利水电,2009,1:16-19.

[51] 孔彩粉,廖忠刚,耿莉,等,小浪底工程泄洪雾化影响及其防护[J].华北水利水电学院学报,1999,20(2):18-20,35.

[52] 王颖,李志远,李池清.白山水电站泄洪溅水雾化与防护工程研究[J].水利水电技术,2008,39(6):113-116.

[53] 向光红,江义兰,金蕾.构皮滩水电站泄洪雾化及防护研究[J].贵州水力发电,2002, 19(2):34-36.

[54] 罗福海,李伟,向光红,水布垭电站泄洪雾化影响分析及防护研究[J].水利水电快报,2009,30(11):37-39.

[55] 薛联芳.大坝泄洪雾化环境影响及减免措施研究[J].四川水力发电,2005,24(5):104-107.

[56] 刘明,黄润秋,严明.锦屏一级水电站Ⅳ～Ⅵ山梁雾化边坡稳定性分析[J].岩石力学与工程学报,2006,25(增1):2801-2807.

[57] 巨能攀,赵建军,黄润秋,等.西南大渡河某水电站溢洪道陡槽段雾化边坡稳定

性分析[J]. 工程地质学报，2010，18(3)：425-430.
[58] 曾理，钱晓慧，祈小辉. 雾化雨入渗条件下高拱坝下游边坡稳定性分析[J]. 人民黄河，2011，33(6)，129-131.
[59] 范敏，刘士和，张康乐．雾化水流溅抛雨滴粒径分布的实验研究与数值模拟[C]//水力学与水利信息学进展论文集．天津：天津大学出版社，2011.
[60] 刘士和，冉青松，罗秋实，等．雾流降雨粒径及其在坡面上生成流动的深入研究[J]. 武汉大学学报(工学版)，2013，46(1)：1- 5.

第3章 泄洪雾化对坝区边坡稳定性影响研究

3.1 概述

泄洪雾雨是水电工程在泄洪时，由于泄洪水头高、流量大，水流在空中相互碰撞产生雾化，雾化的直接后果主要是使雾区产生强大暴雨，形成泄洪雾雨。降雨或者泄洪雾雨条件下，水分向坡内逐渐入渗，水分通过以下方式诱发滑坡：第一，水分入渗起加载作用，即土体的含水量增加，容重变大，增大滑动面的剪应力；第二，含水率的变化改变土体的力学性能，导致土体的黏聚力、内摩擦角、基质吸力减小，抗剪能力降低。

以上两种诱发方式均是由土体含水率变化产生的，可见针对边坡土体含水率的变化来研究边坡失稳有实际意义。以往的研究多注重降雨对边坡外部的动能作用，雨水从高空下落时具有较大动能，对坡面有溅蚀作用，雨水在坡面形成径流时对坡面产生冲刷作用。这两种作用会使土颗粒产生一系列运动，如扩散、迁移、沉积等，进而侵蚀坡脚，破坏坡体。而对降雨入渗后边坡内部发生的水土物理作用进行系统性研究较少。本节以细砂、黏土为研究对象，采用模型试验研究降雨条件下的边坡稳定性，全程监测坡内含水率、孔压、坡面位移物理量的变化，观察不同雨强、坡度下边坡的破坏现象。通过归纳和分析试验数据，对含水率、孔压变化进行深入研究，进一步揭示降雨入渗对边坡破坏机理和过程，为降雨对边坡稳定性影响研究提供参考，也为边坡设计和滑坡治理提供理论依据。

可见，针对边坡土体含水量的变化来研究边坡失稳有实际意义。采用三项试验：试验Ⅰ，室内人工降雨滑坡试验；试验Ⅱ，三轴压缩uu试验，试验Ⅲ，土水特征曲线试验。通过试验Ⅱ得到土体在不同含水率下的强度参数，建立含水率—强度参数曲线；通过试验Ⅲ得到非饱和粉土下的土水特征曲线；通过试验Ⅰ建立室内边坡模型，在不同的降雨强度和坡度下，根据埋设于坡体内的含水率传感器、孔隙水压力传感器和坡体表面的位移传感器，得到不同时刻下孔压和含水率的等值线图，将边坡分为非饱和区和饱和区。在非饱和区采用非饱和土理论、在饱和区则采用成熟的饱和理论分析土体强度随含水率的变化关系，观察边坡的实际破坏现象、过程，找到破坏时刻的含水率、强度参数，结合较成熟的边坡稳定分析方法进而得出边坡的稳定情况。

由于坡体内的水分运动是一个复杂的物理过程，本节仅研究二维条件下的水分运动对含水率的变化影响。由于坡体的破坏是一系列的过程，破坏首先在坡脚处发生，坡脚部分逐渐脱离坡体，造成坡角处悬空，坡体内水分入渗及运动方向会相应发生变化，则含水率也可能会发生变化，如果能够通过坡脚或中部的传感器反映出这一变化，就可以通过监测含水率变化的拐点来预测边坡失稳。

从饱和—非饱和土的特性出发，建立模拟降雨条件下边坡内水分分布的计算模型，用来模拟降雨条件下土坡内的含水量随时间的变化，以得到边坡内含水量分布场。由饱和—非饱和土的强度理论，通过有限单元法或极限平衡法进行土坡的稳定性分析。本节将试验和数值模拟结合起来，得出含水率变化对边坡稳定影响的异同点，并分析其产生的原因，通过试验来修正数值模拟，以期得到较真实的模拟。

3.2 含水量对边坡稳定性影响理论

3.2.1 含水量与入渗关系

入渗是指水分进入土体形成土中水的过程，是降水、地面水、土中水和地下水相互转化的一个重要环节。入渗过程是非饱和土水分的运动过程，属于广义渗流理论的研究范畴，其基础为法国工程师 Darcy 提出的达西定律。对于一维垂直入渗情况，达西曾得到如下计算公式：

$$q=\frac{-k\,\mathrm{d}H}{\mathrm{d}z}=\frac{-k\,\mathrm{d}(H_p-z)}{\mathrm{d}z}$$

式中，q——流量；

H——总水头；

H_p——压力水头；

z——入渗深度；

k——渗透系数。

在非饱和土中，H_p 为负值，可用吸力 Ψ 表示，$q=\frac{k\,\mathrm{d}\Psi}{\mathrm{d}z}+k$。

在此基础上，Richards 结合液体连续方程$\frac{\partial\theta}{\partial t}=-\frac{\partial q}{\partial z}$导出了非饱和土水分运动的偏微分方程：

$$\frac{\partial\theta}{\partial t}=\frac{\partial}{\partial z}\left(\frac{k}{c}\times\frac{\partial\theta}{\partial z}\right)-\frac{\partial k}{\partial z}$$

式中：θ——含水量；

t——时间；

z——入渗深度；

k——饱和渗透系数；

c——水容量。

该式为入渗理论的基本表达式，可以通过数值方法求解。干土在积水条件下的入渗是最简单的，最典型的垂直入渗问题，初始含水量较低的土体，在积水条件下入渗一定时间后，土体剖面中含水量的分布见图 3.1。Colaman 与 Bodman（1944、1945年）最早对这方面做了研究，将含水率剖面分为四个区：饱和区、传导区和含水湿润区、湿润锋。对于入渗，重要的是土体剖面中含水量分别随时间的变化和湿润锋前移的规律，干土积水后，土体含水率分别随时间的变化见图 3.2。

由图 3.2 中可以看出：

①在水分施加于土体表面后很短时间内，表土的含水率 $\theta(0,t)$ 将很快地由初始值 θ_i 增大到某一最大值 θ_0。由于在自然条件下完全饱和一般是不可能的，因此 θ_0 值一般要小于饱和含水率 θ_s。

②随着入渗的进行，湿润锋不断前移，含水率的分布曲线由比较陡直逐渐变为相对平缓。

③在地表 $z=0$ 处，含水率梯度 $\frac{\partial\theta}{\partial z}$ 的绝对值逐渐由大（当 $t=0$ 时，$\frac{\partial\theta}{\partial z}\to\infty$）变小，当 t 足够大时，$\frac{\partial\theta}{\partial z}\to 0$，即接近地表处的含水率不再变化。干土在积水条件下的入渗，可用以下公式：

$$i(t)=q(0,t)=\left[-D(\theta)\frac{\partial\theta}{\partial z}+k(\theta)\right]_{t=0} \tag{3-1}$$

分析入渗率 i 随时间 t 的变化，图 3.3 中 abc 线为一定含水量的土体在降水条件下入渗率 i 随时间变化的过程曲线。当降水强度小于地表非饱和带土的渗吸能力时，降水全部渗入地下，此时入渗率为图中 ab 线段所示，随着降水的持续，土体表层含水率逐渐增加，直到达到某一稳定值；当降水强度大于地表非饱和带土的入渗能力时，降水量一部分转化为地表径流或积水，另一部分渗入地下，入渗率如图 bc 段所示，入渗率由高迅速降低，一直降到等于饱和土的导水率 K。这两个阶段的交点（图中 b 点）为积水点。

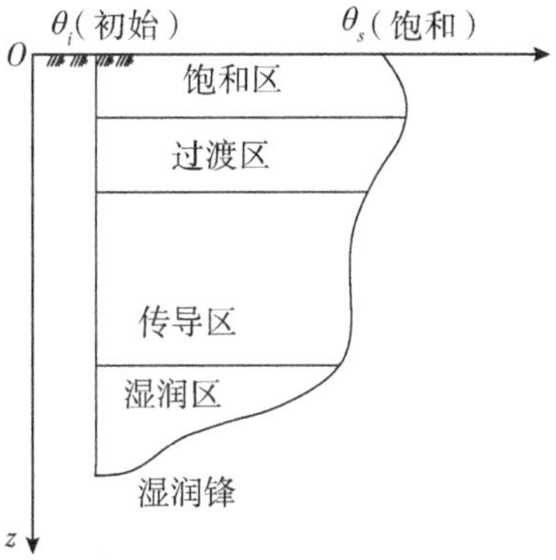

图 3.1　积水入渗时含水率的分布和分区

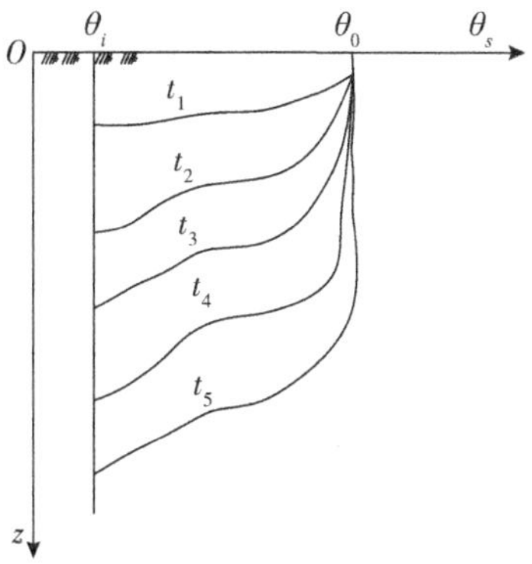

图 3.2　积水后含水率随时间的变化

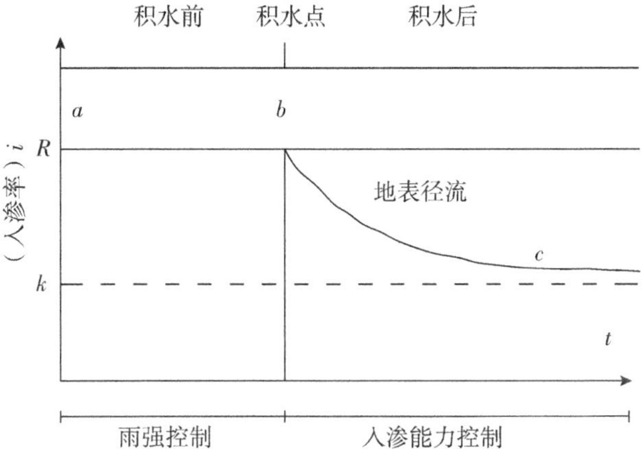

图 3.3　入渗率曲线与稳定供水强度下的入渗过程

3.2.2　含水量与基质吸力的关系

根据相对湿度确定的土中吸力通常称为“总吸力”，由基质吸力和渗透吸力组成。

基质吸力是土中水自由能的毛细部分，为孔隙气压力与孔隙水压力之差；渗透吸力为土中水自由能的溶质部分。渗透吸力与孔隙水中的含盐量有关，无论是饱和土还是非饱和土，渗透吸力都同样起作用。渗透吸力随含水量的变化比基质吸力的变化要小得多，也就是总吸力变化基本上等于基质吸力的变化，所以可以用基质吸力的变化来代替总吸力的变化。基质吸力直接影响土的力学性质，它随着含水量的变化而变化，是含水量的函数，它们之间的关系可以用土水特征曲线描述。

土中水分布在空隙中，土中空隙包括两类：一类是土粒集合体内孔隙，孔径较小，称为微观孔隙；另一类是土粒集合体间孔隙，孔径较大，称为宏观孔隙。微观孔隙含水量高，在其中形成曲率半径很小的空气和水分界面(收缩膜)，收缩膜产生的基质吸力是影响非饱和土抗剪强度的主要因素。宏观孔隙常常并不饱和，甚至不含水分，不易形成收缩膜，即使形成，由于曲率半径较大，产生的基质吸力不大，因此分析非饱和土的结构强度时，宏观孔隙的影响可以忽略不计。非饱和土孔隙结构特征决定了土中水主要分布在微观孔隙中，孔径小的孔隙先被水饱和。

非饱和土微观孔隙的分布函数为：

$$f(r)=br-D \tag{3-2}$$

式中：r——将孔隙看作球体时球体的半径；

D——孔隙分布的分维；

b——统计常数。

土中孔隙总体积为：

$$V_v=\int_{r_{\min}}^{r_{\max}} f(r)4\pi r^2\mathrm{d}r=\frac{4\pi b}{3-D}(r_{\max}^{3-D}-r_{\min}^{3-D}) \tag{3-3}$$

式中，$r_{\max}$——微观孔隙最大半径；

$r_{\min}$——微观孔隙最小半径。

在含水量不同的土中，充满水的孔隙的最大半径不同，若充满水的孔隙的最大半径为 r，则土中水的总体积为：

$$V_w=\int_{r_{\min}}^{r} f(r)4\pi r^2\mathrm{d}r=\frac{4\pi b}{3-D}(r^{3-D}-r_{\min}^{3-D}) \tag{3-4}$$

非饱和土孔隙内空气和水分界面的总面积是：

$$S_m=\int_{r_{\min}}^{r} f(r)8\pi r\mathrm{d}r=\frac{8\pi b}{D-2}(\frac{1}{r^{D-2}}-\frac{1}{r_{\max}^{D-2}}) \tag{3-5}$$

由式(3)、式(4)推导出土的饱和度为：

$$S=\frac{v_w}{v_v}=(\frac{r_{\min}}{r_{\max}})^{3-D}\frac{(\frac{r}{r_{\min}})^{3-d}-1}{1-(\frac{r_{\min}}{r_{\max}})^{3-D}} \tag{3-6}$$

根据基质吸力 u_s 与收缩膜曲率半径 r 之间的关系：

$$u_s=u_a-u_w=\frac{2T\cos\theta}{r} \tag{3-7}$$

式中，u_a——孔隙气压力；

u_w——孔隙水压力；

T——表面张力；

θ——接触角。

式(5)可以表示为：

$$S=(\frac{u_{sm}}{u_{SM}})^{3-D}\frac{(\frac{u_s m}{u_s})^{3-D}-1}{1-(\frac{u_{sm}}{u_{sM}})^{3-D}} \tag{3-8}$$

式中，u_{sm}，u_{sM}——土体处于完全饱和和完全干燥时的基质吸力，$u_{sm}=2\dfrac{T\cos\theta}{r_{max}}$，$u_{sM}=\dfrac{2T\cos\theta}{r_{min}}$。

根据质量含水率 ω 与饱和度 S 的关系：

$$S=\frac{\omega G_s}{e}$$

得出

$$\omega=\frac{Se}{G_S}$$

式中，e——孔隙比；

G_5——土粒比重。

从式(3-8)可以看出，当土体饱和时，$u_s=u_{sm}$，饱和度 $S=1$；当土体干燥时，$u_s=u_{sM}$，饱和度 $S=0$。

Fredlund 等根据土体孔径分布曲线用统计分析理论给出了适用于所有土类的表达式：

$$\frac{\theta-\theta_r}{\theta_s-\theta_r}=\frac{\lg(u_2-u_w)_r-\lg(u_2-u_w)}{\lg(u_2-u_w)_r-\lg(u_2-u_w)_b} \tag{3-9}$$

式中，$\lg(u_a-u_w)_r$——残余含水量 θ_r 所对应的基质吸力；

$\lg(u_a-u_w)_b$——土的进气值；

u_a-u_w——吸力；

θ——体积含水量；

θ_r——残余体积含水量；

θ_s——饱和体积含水量。

将公式(3-9)可以变换为：

$$u_a-u_w=\frac{(u_2-u_w)r}{\left[\frac{(u_2-u_w)r}{(u_2-u_w)}\right]^{\frac{\theta-\theta_r}{\theta_s-\theta_r}}} \tag{3-10}$$

由式(3-10)可以看出：当 $\theta=\theta_r$ 时，$u_a-u_w=(u_a-u_w)_r$，即非饱和土含水量为残余含水量 θ_r 时，基质吸力 u_a-u_w 为$(u_a-u_w)_r$；当 $\theta=\theta_s$ 时，$u_a-u_w=(u_a-u_w)_b$，即非饱和土含水量为饱和含水量 θ_s 时，基质吸力 u_a-u_w 为$(u_a-u_w)_b$；当非饱和土含水量在残余含水量和饱和含水量之间时，基质吸力便在$(u_a-u_w)_r$ 与$(u_a-u_w)_b$ 之间变化。也就是，边坡非饱和区的基质吸力随着含水量的变化而发生变化。

3.2.3 含水量与土体抗剪强度的关系

基质吸力所产生的负孔隙水压力能够在土骨架的内部产生有效应力，基质吸力所引起的抗剪强度称为吸附强度，因而吸附强度与外力无关，当用常规试验方法进行试验时，吸附强度与一般黏聚力的性质相似，所以又可称之为表观黏聚力。当土的含水量发生变化时，基质吸力发生改变，从而引起抗剪强度改变。

Bishop 等基于饱和土有效应力原理，提出了非饱和土有效应力抗剪强度公式为：

$$\tau_f = c' + [(\sigma - \mu_a) + \chi(\mu_a - \mu_w)]\tan\varphi' \tag{3-11}$$

式中，τ_f——非饱和土的抗剪强度；

c'——土的有效黏聚力；

φ'——土的有效内摩擦角；

σ——正应力；

μ_a——孔隙气压力；

μ_w——孔隙水压力；

$(\mu_a - \mu_w)$——基质吸力；

χ——有效应力参数。

χ 与饱和度及其他很多因素有关，不具有单值性，Bishop 在文献中给出了用三轴实验结果确定有效应力参数 χ 的方法，并给出了根据 4 种不同的压实黏土样剪切实验得到的参数 χ 与饱和度的关系。

Fredlund 等在采用双应力状态变量$(\sigma - \mu_a)$和$(\mu_a - \mu_w)$的基础上，基于 Mohr-Coulomb 强度理论，提出的非饱和土双应力状态变量抗剪强度公式为：

$$\tau_f = c' + (\sigma - \mu_a)\tan\varphi' + (\mu_a - \mu_w)\tan\varphi^b \tag{3-12}$$

式中，φ_b——随吸力变化的内摩擦角，其大小可根据给定净法向应力$(\sigma - \mu_a)$下，不同基质吸力$(\mu_a - \mu_w)$所对应的抗剪强度曲线的斜率确定；

$\tan(\varphi^b)$——基质吸力对抗剪强度贡献的速率。

φ_b 并非常数，许多的研究表明，它一般会随着吸力的增加而减少，且不易测定。Vanapalli 认为，“非饱和土由基质吸力引起的抗剪强度与含水率有密切关系”，在非饱和土微观分析的基础上，将 φ_b 与土中含水量的变化通过土水特征曲线联系起来，提出了非饱和土抗剪强度的经验模型，来预测非饱和土的抗剪强度。Vanapalli 等将 φ_b 与体积含水量间的关系表示为：

$$\tan\varphi^b = \left(\frac{\theta - \theta_r}{\theta_s - \theta_r}\right)\tan\varphi \tag{3-13}$$

式中，θ——体积含水量；

θ_r——残余体积含水量；

θ_s——饱和体积含水量。

因此非饱和土的抗剪强度可以表示为：

$$\tau_f = c' + (\sigma - \mu_a)\tan\varphi' + (\mu_a - \mu_w)\left(\frac{\theta - \theta_r}{\theta_s - \theta_r}\right)\tan\varphi' \quad (3\text{-}14)$$

从式(3-14)中可以看出，当体积含水量增大时，基质吸力产生的抗剪强度减小，引起总抗剪强度也减小。

无论 Bishop 的有效应力强度公式还是 Fredlund 等的双应力变量公式，都必须知道吸力才能获得抗剪强度，但是吸力的量测过程复杂，计算理论不成熟，限制了这两种公式在实际工程中的应用。面对吸力获取的困难，研究人员尝试避开吸力来探寻简便实用的方法，Fredlund 曾经建议利用土水特征曲线来预测非饱和土的抗剪强度，沈珠江认为通过土工试验得出不同含水量条件下土体的抗剪强度参数，拟合出含水量与强度参数关系，将其应用到实际工程中。龚壁卫建议通过试验建立含水量和强度参数的关系，然后根据土水特征曲线建立非饱和土强度和吸力的关系。

黄润秋等依据 Bolzon 等和 Gallipoli 提出的非饱和土有效应力：

$\sigma' = (\sigma - \mu_a) + S_r(\mu_a - \mu_w)$ 和 Mohr-Coulomb 强度理论 $\tau_f = C' + \sigma'\tan\varphi'$ 得到非饱和土强度公式：

$$\tau_f = (c' + S_r(\mu_a - \mu_w)\tan\varphi') + (\sigma - \mu_a)\tan\varphi' = C_u + (\sigma - \mu_a)\tan\varphi'$$

式中，c'——有效凝聚力；

σ——破坏时在破坏面上的法向总应力；

μ_a——破坏时在破坏面上的孔隙气压力；

μ_w——破坏时在破坏面上的孔隙水压力；

φ'——内摩擦角；

C_u——非饱和土的凝聚力，随饱和土的吸力而变化，吸力增大，非饱和土的凝聚力也增大。

该公式的抗剪强度只需要饱和土的强度和土水特征曲线，且不需要土水特征曲线的进气值和残余含水量。

凌华根据饱和土的 Mohr-Coulomb 公式，提出了非饱和土总应力强度公式。将 C、φ 看作是含水率的函数 $c(\omega)$、$\varphi(\omega)$，抗剪强度 $\tau_f = c(\omega) + \sigma \cdot \tan(\varphi(\omega))$，根据实验数据，发现强度参数与含水率的关系是线性关系。

$$c = c_{50} + k_c(\omega - \omega_{50})$$

$$\varphi = \varphi_{50} + k_\varphi(\omega - \omega_{50})$$

式中，c_{50}——饱和度为 50%时的黏聚力；

k_c——黏聚力与含水量关系直线的斜率；

φ_{50}——饱和度为 50%时的内摩擦角；

k_φ——内摩擦角与含水量关系直线的斜率。

k_c、k_φ 反映了非饱和土强度随含水量的增加而减小，考虑含水率不变和保证气压消散的要求，强度公式在 $50 \leqslant S_r \leqslant 92$ 范围内适用。

3.2.4 含水量与土体变形的关系

饱和土的变形主要受应力影响，非饱和土的变形除受应力影响外，还与土中含水率及其变化有关。土体中水分的变化对变形的影响包含两层意思：①由水分变化直接引起的变形，如水分蒸发导致土体变干，体积收缩；相反，土体吸水后膨胀，引起体积增加(有些土吸水后收缩，如湿陷性黄土)。②水分的变化引起土体强度的变化和硬软的差异，从而影响变形，即使软黏土晒干后也会很硬，施加相同荷载所产生的变形就会减小。因此非饱和土的本构模型要能反映应力和水分变化对变形的影响，且关于水分的影响又要能反映这两方面的变形性状。非饱和土应变一般认为由两部分组成，即 $\{\Delta\varepsilon\}=\{\Delta\varepsilon_\sigma\}+\{\Delta\varepsilon_s\}$，其中 $\{\Delta\varepsilon_\sigma\}$ 和 $\{\Delta\varepsilon_s\}$ 分别为应力和水分引起的应变。

由本构模型、土水特征曲线数学模型来表示非饱和土应变与含水量的关系。土水特征曲线模型采用对数函数的包承纲模型，基质吸力与含水量的关系式：

$$(\mu_a-\mu_w)=(\mu_a-\mu_w)_r\left[\frac{(\mu_2-\mu_w)_r}{(\mu_2-\mu_w)_b}\right]^{-\frac{\theta-\theta_r}{\theta_s-\theta_r}} \tag{3-15}$$

将式(3-15)代入沈珠江的非饱和土弹塑性应力—应变的广义吸力模型，则含水量与非饱和土的体积应变关系为：

$$\Delta\varepsilon_v^{(\mu_2-\mu_w)}=\left[\frac{e_s-e}{m(1+e_0)}\right]\left[1-\frac{(\mu_2-\mu_w)_r}{(\mu_2-\mu_w)_b}\right]^{\frac{\theta-\theta_r}{\theta_s-\theta_r}} \tag{3-16}$$

含水量与非饱和土的剪切应变关系为：

$$\Delta\varepsilon_s^{(\mu_2-\mu_w)}=\left[\frac{3\eta/(\eta_f)^2}{1-\eta/(\eta f)^2}\right]\left[\frac{e_s-e}{m(1+e_0)}\right]\left[1-\frac{\mu_2-\mu_w)_r}{(\mu_2-\mu_w)_b}\right]^{\frac{\theta-\theta_r}{\theta_s-\theta_r}} \tag{3-17}$$

式中，e_0——初始孔隙比；

e_s——稳定孔隙比；

m——拟合系数。

当 $\theta=\theta_r$ 时，$\mu_a-\mu_w=(\mu_a-\mu_w)_r$；当 $\theta=\theta_s$ 时，$\mu_a-\mu_w=(\mu_a-\mu_w)_b$。

Toll 模型，Toll 以净总应力 p 和吸力 s 为基本变量，在模型中考虑了土结构的影响，使用了两个应力比分别表示总应力和吸力对剪应力的影响，提出剪应力和比容的计算公式。模型中的参数都是土的饱和度和结构的函数，从而把饱和度的影响考虑进来。该模型在饱和度小于 55%时，吸力对强度没有影响；在高饱和度大于 85%时，净总应力和吸力的影响程度相同，相应的参数接近于饱和土的数值。

张原丁进行了不同含水率和不同压力条件下黄土湿陷性试验研究。试验得到：

随着含水量的增加，湿陷量减小，当压力加大时，湿陷量减小更多；当压力较小时，含水量变化对湿陷量变化影响较小，当压力超过一定值时，影响则变得显著。

孙长龙等提出了膨胀土考虑不同初始饱和度的膨胀量计算方法：

$$s = \Psi \sum \delta_{pi} \beta h_i$$

式中：β——反映各土层饱和度不同因而膨胀势不同的参数；

δ_{pi}——膨胀率；

Ψ——综合影响系数。

陈忠伟将含水量直接引入膨胀土膨胀量计算：

$$s = \sum c_{spi} \Delta\omega h$$

式中，$\Delta\omega$——含水量的变化；

c_{spi}——参数。

李顺群等根据广义 Hook 定律，Fredlund 的双应力状态变量，以及基质吸力与饱和度的关系理论，利用增量原理建立了 k_0 状态下非饱和土的变形关系表达式，利用这一模型可以计算非饱和土含水量变化时的变形问题。

$$\mathrm{d}r = g\rho_w \left[\frac{s - G_5}{1+e}\mathrm{d}\varepsilon_z - \frac{e}{1+e}\lambda(s - s_r)\frac{1}{(u_2 - u_w)}d(u_a - u_w)\right] \tag{3-18}$$

$$s_e = \left[\frac{(u_2 - u_w)_b}{(u_2 - u_w)}\right]^{\lambda} s = s_e(1 - s_r) + s_r \tag{3-19}$$

$$\mathrm{d}\varepsilon_z = \left[\frac{(1+\mu)(1-2\mu)}{E(1-\mu)}d(\sigma_z - \mu_a) + \frac{(1+\mu)}{H(1-\mu)}d(u_a - u_w)\right] \tag{3-20}$$

式中，s——饱和度；

s_r——剩余饱和度；

s_e——有效饱和度；

$(u_a - u_w)_b$——土的进气值；

ρ_w——水的密度；

g——重力加速度；

r——土的容重；

e——孔隙比；

λ——孔隙大小分布指标；

ε_z——发向应变；

H——与$(u_a - u_w)$有关的常数。

李广信等依据清华模型将含水量引入硬化参数来表达非饱和土的特性，首先通过各向等压试验和常规三轴压缩试验及其卸载再加荷试验确定清华模型硬化参数的

9个试验常数，然后根据不同含水量非饱和土的各向等压试验，建立塑性体应变和含水量的关系式，将关系式代入清华模型硬化参数即可得到包括含水量的硬化参数表达式。含水量的增加仅引起塑性变形的增加，可用于增量计算。

3.2.5 边坡稳定分析方法

评价边坡稳定性有多种理论与方法，但每种方法均有优缺点，将渗流简化计算的方法主要有极限平衡法、塑性极限分析法和有限元法。

3.2.5.1 极限平衡法

极限平衡法是土坡稳定分析中最早出现的方法，也是发展最完善的方法。它的基本方法是从实际问题的具体情况出发选择合理地满足摩尔—库仑准则的滑动面，通过大量观测试验和理论分析可知黏性土的滑动面接近圆弧形非黏性土中破坏面接近直线或折线。确定了滑动面后即可从边坡中取出一隔离体，并从隔离体上的已知力或假定力出发计算出维持平衡所需要的土的抗剪能力，通过与土的抗剪强度的比即可计算出安全稳定系数。主要方法有：Bishop 法、Janbu 法、Morgenstern&Price 法、Felleniusl 法、Sarma 法、不平衡传递系数法等。

各种条分法的最大不同之处在于对相邻土条之间的内力所做假定不同。这些假定的物理意义不同，所能满足的平衡条件也不一样。极限平衡法可以满足力和力矩的平衡、摩尔—库仑破坏准则和应力边界条件。因其概念清楚、方法简单而在实际工程中被广泛应用，但无法考虑土体内部的应力—应变关系所求的安全系数，只是所假定的滑动面上的平均安全系数，也不能求出滑体内部或滑动面上的真实内力和反力。

3.2.5.2 塑性极限分析法

当土体应力小于屈服应力时，像刚体一样不产生变形，而一旦达到屈服应力，即使在应力不变的情况下土体也会像理想塑性体那样产生无限制的变形造成土坡失稳，此时可利用塑性极限分析法进行求解。塑性极限分析法由 Druck 和 Prager 在 1952 年率先提出，其最大优点是考虑了材料应力—应变关系，并利用极限状态时自重和外荷载所做的功等于滑裂面上阻力所消耗的功为条件，结合塑性极限分析的上下限定理求得边坡极限荷载与安全系数。塑性极限分析法也无法考虑土的实际非线形应力—应变关系，无法分析边坡稳定性的发生与发展过程，更无法考虑局部变形对土坡稳定的影响。

3.2.5.3 有限元法

随着计算机技术的发展，有限元法由于考虑了土的非线形应力—应变关系，得到了极大发展。有限元的优点能算出土坡内的应力场和位移分布及入渗过程中边坡土体的渗流场,所得的渗流过程中的有效应力和孔隙水压力分布与极限平衡法相比更加符合实际情况。如果进行非线形分布还可了解土坡的逐步破坏机理,跟踪土坡内塑性区的开展情况,但有限元分析不能直接与土坡稳定建立关系,需要定义合适的安全系数使之计算能方便利用有限元分析结果。Donald 和 Giam 提出了一种简化方法,使用从有限元方法得到的结点位移来确定安全系数,以不同的安全系数定义评价边坡稳定性的方法,同时提出了折减抗剪强度进行有限元分析,根据节点位移发展评价边坡稳定性的有限元分析法。

使用有限元法求解土坡稳定分析时也存在一些问题,最主要的是如何确定土坡破坏标准。由于土体出现塑性区并不意味着土坡失稳,因此土坡失稳的标准就成为有限元计算土坡稳定的关键问题。目前,解决这个问题的方法主要有两种:一是设法将局部破坏和整体破坏联系起来求出合适的滑动面;二是当土体内发生的塑性破坏的单元形成了贯通的滑动面时可以认为土坡已经失稳。

3.3 试验模型和土体基本参数

室内模型试验是研究滑坡的一种重要手段,能够人为地选择研究的侧重点,如土体类型或降雨强度等对滑坡的影响,能够直观地观测到边坡的破坏状况,连续监测试验过程中含水率等物理量的变化,然后根据监测结果结合计算便可以得到渗流场、安全系数等成果。因此研究、设计了人工降雨条件下滑坡的试验装置,包括模型槽、降水装置、物理量监测装置等,对监测系统中传感器的原理、标定进行了讲解,其中的含水率传感器为试验小组自行研发、设计,试验结果反映良好而且节省了试验成本。降雨条件下,含水率会发生变化,土体强度和边坡稳定性也因而会发生变化,要想反映这种变化,就必须进行土水特征曲线试验、三轴试验来预测非饱和土的强度,还要进行土体基本参数的试验,如比重、颗分、渗透系数,才能较真实地反映出土体的状态和其影响因素,本书均进行了以上试验并对试验结果进行了简略分析。本书预对细砂、黏土的边坡进行研究,因此有些试验是测定两种土类型的。

3.3.1 试验装置

本试验平台的主体部分为模型槽、降水装置控制系统、多物理量监测系统、动态图像采集系统。

(1)模型槽

模型槽尺寸为 1.0m×0.5m×0.6m(长×宽×高)(图 3.4),材质采用有机玻璃。一方面可以方便地在周围边界打孔,便于传感器线路通过边界埋设于边坡中,试验尝试通过透明的有机玻璃在降雨入渗过程中观测浸润线，同时为边坡的滑动观测提供了有利条件；另一方面模型槽内壁较光滑能够较好地模拟滑坡的平面应变问题。

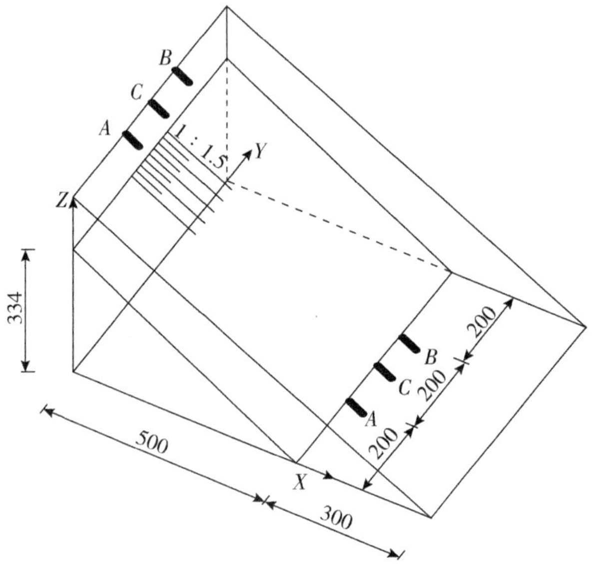

图 3.4　模型槽(单位:mm)

(2)降水装置控制系统

系统由自吸泵供水，高精度动态流量计测试流量，通过控制流量和喷头数量来调节降雨强度。流量计可以实时测定流量大小的动态数据，其大小可以通过自吸泵上的阀门调节。输水管道上安装两个过滤器，用于过滤水中的杂质，避免试验过程中喷头被堵塞而造成降雨不均匀。试验采用低压雾化喷头，喷头参数：喷雾压力在 0.32MPa 以上，出水量 3L/h。由于自吸泵仅能提供 0.3MPa 压力，所以在压力表之前安装一个 0.1MPa 的增压泵，以保证喷头出水处的压力达到要求。图 3.5、图 3.6 分别为该系统的雾化喷头和加压设备。

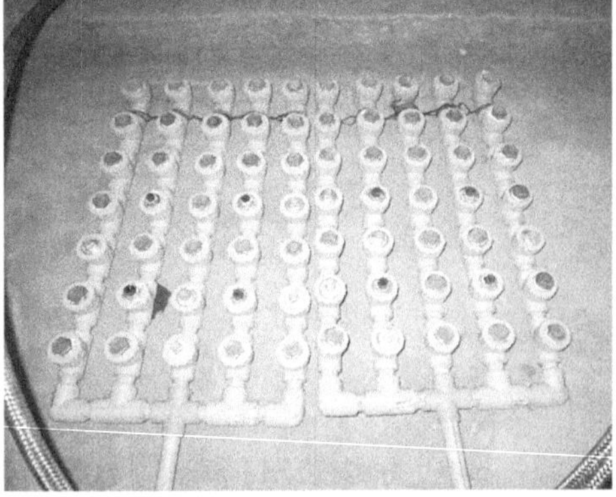

图 3.5　雾化喷头

图 3.6　加压设备

我国气象部门规定特大暴雨降雨强度标准为：12 小时雨量不小于 140mm 或 24 小时雨量不小于 250mm。南科院根据泄洪雾化原型观测资料分析，参照自然降雨中暴雨的等级标准和地质灾害气象等级划分标准，将泄洪雾雨分为 5 个等级。我国香港特区政府于 1984 年制定的滑坡警告规范中明确指出，约 70mm/h 的降雨强度可以看作是引起滑坡的临界值，当每小时降雨强度大于该值时，滑坡的数量及其严重性将会激增。本试验综合以上因素，取 50mm/h、100mm/h、200mm/h、300mm/h。

(3) 多物理量监测系统

系统包括含水率传感器、水压力传感器、位移传感器、电桥盒(图 3.7)、动态电阻应变仪(图 3.8)、数据采集仪、电脑。动态电阻应变仪为华东电子仪器厂生产，型号为 YD-28A 型；含水率传感器为自行研制；水压力传感器为电阻应变式压力传感器；位移传感器采用直线位移传感器；数据采集仪为北京东方振动和噪声技术研究所研制的 INV306u 智能信号采集处理分析仪。试验使用了较多的传感器，可以测量出边坡局部和整体的物理量变化，但传感器探头和其在坡体内的线路对边坡有"加筋"作用，对边坡滑动有一定的阻碍作用，但传感器及线路并非均在滑动面上阻碍也不是竖直方向上"桩"的阻滑作用，所以传感器及线路对本试验主要目的的影响是可以忽略的。

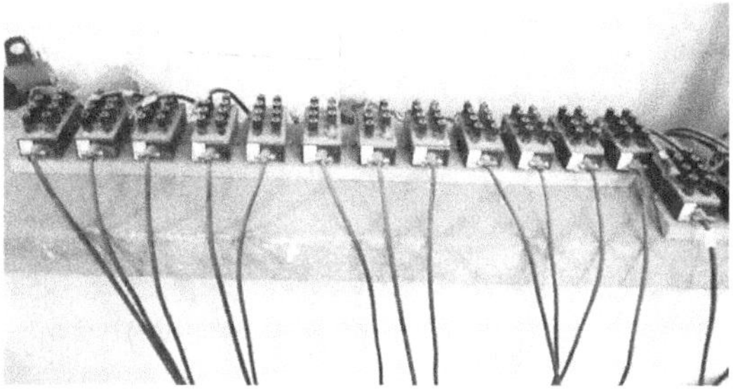

图 3.7　电桥盒

图 3.8　动态电阻应变仪

(4) 动态图像采集系统

包括 Logitech 摄像头、数码照相机、电脑，用于拍摄视频、照片，对于边坡的破坏过程可以全程记录。

3.3.2　传感器与标定

3.3.2.1　含水率传感器装置

土是一种多项体系，含水率对土的导电性起控制作用，据此自行设计了用电路板上保护电阻两端的电压作信号，反映含水率变化的含水率传感器装置。

(1) 方法依据

土体是由固体、液体、气体组成的多项体系。气体的自由电荷极少，可认为是良好的绝缘体。纯水不能导电，但土中水一般溶解了盐类、氯化物等可溶性矿物，使得水成为一种溶液，因而土中水具有较好的导电能力。已有研究表明，干净的砂及砾石导电主要发生在孔隙水中。黏土导电则发生在孔隙水及带电黏土颗粒表面。

衡量土的导电能力大小的物理量是电阻率，它是电流垂直通过边长为 1m 的立方体土时所测得的电阻，其变化幅度为 $1\sim10^5\Omega\cdot m$。土的电阻率受含水率、孔隙率、饱和度、土颗粒的矿物组成等因素的影响，通常可以设定一个可变因素与多个不变因素来分析各因素对电阻率的影响，根据电阻率的变化情况可以分析土的整体结构特征等。土的电阻率测量具有多方面的用途，传统的土壤含水率测量方法中的电阻法就是根据电阻率随其含水率的变化而变化为原理进行测量的。Rhoaeds (1976)等提出了土的电阻率与体积含水量的关系式：

$$\frac{1}{\rho}=\frac{1}{\rho_{\omega}}(a\theta^2+b\theta)+\frac{1}{\rho s} \tag{3-21}$$

式中：ρ ——土的电阻率；

ρ_w ——孔隙水的电阻率；

ρ_s ——土颗粒的电阻率；

a、b——试验常数。

对于粉土，干燥粉土的电阻率约为 $10^5\Omega\cdot m$，湿润的粉土电阻率约为 $10\Omega\cdot m$，说明含水率变化对电阻率的影响远大于土颗粒的，因为粉土中的电流主要是由孔隙水传导的，土颗粒和空气可以近似看作绝缘体。孔隙水的多少是由孔隙率、饱和度决定的，饱和度 $s_r=\frac{v_{\omega}}{v_v}=\frac{\omega G_S}{e}=\frac{\omega\rho_s}{n(\rho_w)_{4℃}}$；孔隙率 $n=1-\frac{\rho_d}{\rho_s}$；当干密度确定后孔隙率不发生变化，饱和度仅随含水率发生变化，可知粉土的电阻率主要是由含水率决定的。

在上述原理的指导下，试验小组自行设计了一套简单、经济的含水率传感器装置(图 3.9)。传感器探头处两端电极之间的土体电阻 R_1，保护电阻 R_2，相应的电压分别为 U_1、U_2，电源电压 U，则 $I=\frac{U}{R_1+R_2}$，$U_1=U-IR_2$，$U_2=U-U_1$。随着含水率的增大，R_1 减小，则 I 增大，U_1 减小，U_2 增大，通过采集仪采集 U_2 的变化数据，结合传感器的标定曲线，进而可以得出含水率的变化情况。

(2)传感器探头设计

如图 3.10 所示，探头部分主要由不锈钢环形电极、绝缘层、引线等部件组成，两电极的间距为 3mm，绝缘层由高分子合成树脂组成，能有效阻隔电流传导。

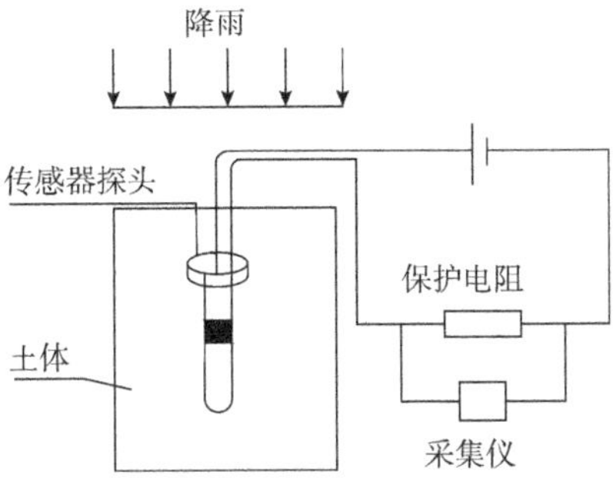

图 3.9 传感器装置试验示意图

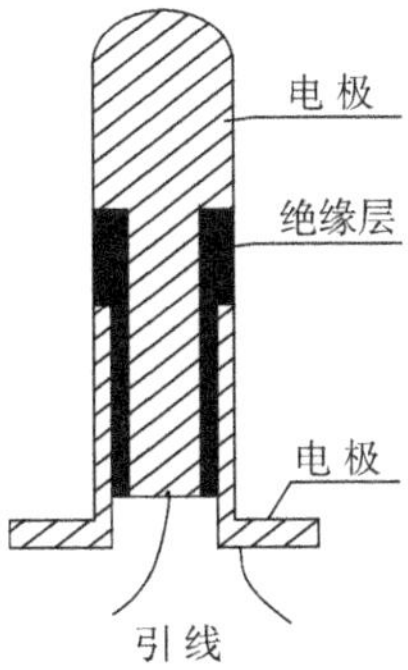

图 3.10 传感器探头结构

(3)电路板设计

如图 3.11、图 3.12 所示，电路板同时为 4 个传感器提供电流，由于采集仪采集电压信号范围为−5～5V，传感器两极间的电压要取较小的值，在电路上须设置阻值为 1000Ω 的保护电阻，同时该电阻也是电压信号的输出端。土的电阻率测试按照电源类型分为直流和交流，对于描述一些非导电的粒子(如砂、碎石)等孔隙结构特性时一般采用直流电测，对于黏土体系则一般采用交流电测，结合试验用土的性质，试验采用 5V 稳压直流电源。电路板中电源对保护电阻和传感器提供电流，最大电流值为 5mA。试验过程中随着土体含水率的不断增大，饱和度不断增加，土体的电阻率不断减小，传感器两极间的电压随之降低，而保护电阻两端的电压则随之增大。

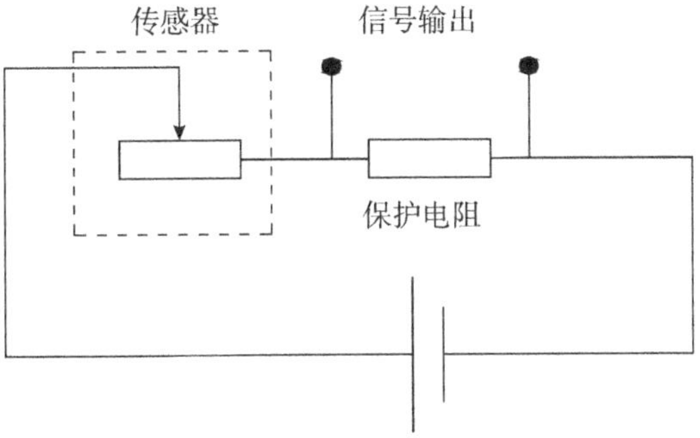

图 3.11 电路板设计

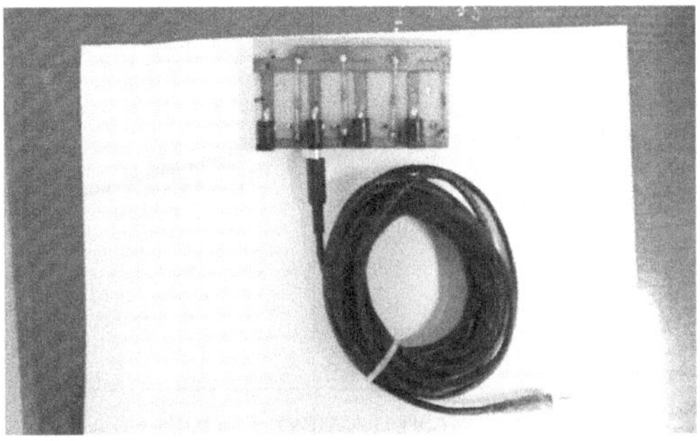

图 3.12 传感器装置

(4)传感器标定

试验之前对各传感器进行系统标定得到电压—含水率变化曲线，将采集的电压信号经过数据处理然后代入该曲线中就可以得到含水率的变化情况。标定所用土样的干密度与模型边坡的干密度控制为一致，这样能确保传感器在相同的孔隙率下工作。

采用烘干法测量各土样的含水率，其值见表 3.1，将各传感器探头分别插入各土样中，探头应插入土样的中部避免与容器底部相触，插入的时间要等到采集到的电压信号稳定之后再转入下一个土样中，由经验可知该时间不得少于 20s。选取其中的 8# 传感器标定结果见图 3.13，两种土的电压—含水率变化关系均为线性关系，但砂子的相关系数明显大于粉土的，说明砂子的导电主要是由孔隙水承担的，粉土的导电有一部分是由土颗粒承担的。从变化斜率上看，粉土的要小于砂子的，即在同一含水率条件下，粉土的电压变化比砂子的大，也就是其电阻变化大。因为粉土中含有较多的细小颗粒，颗粒越小，比表面积越大，具有的比表面能就越大，使土颗粒可与孔隙水相互作用，在其表面形成双电层，增大了土的导电能力。

由标定结果图 3.13，可以得出含水率的计算公式：

$$\omega = a + bx \tag{3-22}$$

式中，ω——含水率；

a——标定曲线中的常数；

b——标定曲线的斜率；

x——电压。

表 3.1　各土样的含水率数值

土样编号		1	2	3	4	5
含水率/%	细砂	0	1.7	5.4	11.3	18.3
	黏土	0	9.1	14.2	21.5	28.1

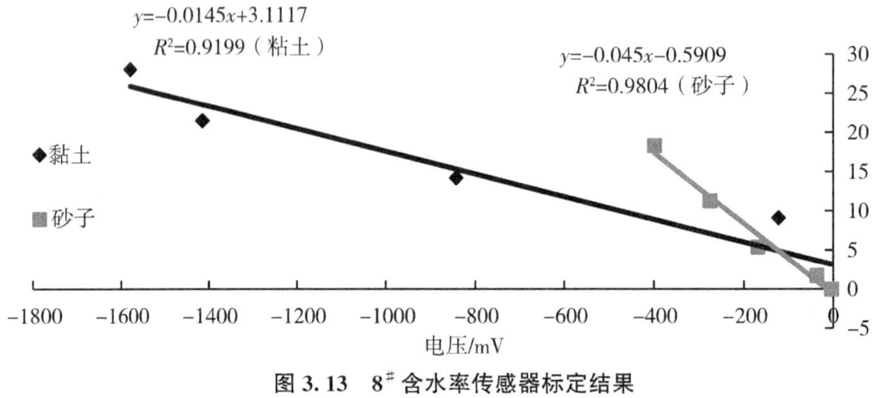

图 3.13　8# 含水率传感器标定结果

3.3.2.2　水压力传感器与标定

(1)测量原理

水压力传感器(图 3.14)为电阻应变式压力传感器，在水压力作用下传感器内的弹性体发生变形，同时电阻应变片也产生变形，电阻应变片的阻值将发生变化，再经电桥盒、动态电阻应变仪把这一电阻变化转换为电信号(电压变化)，数据采集仪采集电信号变化，结合传感器的水压力—电压关系曲线，就可得到水压力大小。传感器最大水压力为1m水头。

图3.14 水压力传感器探头

(2)传感器标定

将传感器探头固定在水箱处并用生料带密封，通过导管上标刻的高度，每隔15cm高度分别向水箱中注水，进行4～5次注水，同时记录每次水头平稳后的高度，就可得到已知水头和电压信号的关系，从而得出它们的关系曲线，选取其中的17#水压力传感器标定结果(图3.15)。从图3.15中可以看出，水压力的计算公式与含水率的类似。

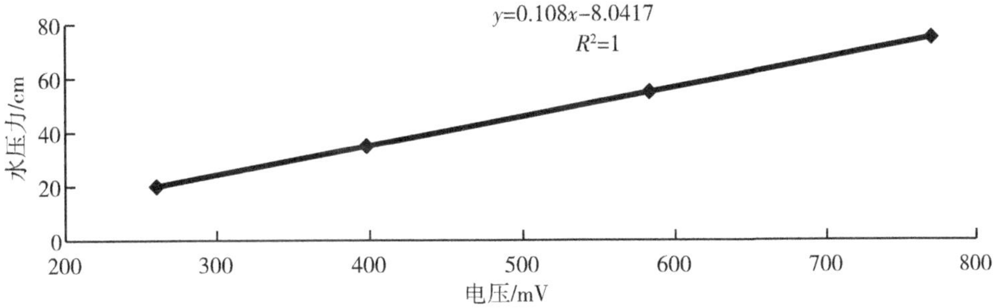

图3.15 17#水压力传感器标定结果

由图3.15中可以得出，水压力的计算公式与含水率的相同，a、b在具体取值时不同。

3.3.2.3 位移传感器

试验采用直线位移传感器，可变电阻滑轨定置在传感器的固定部位，传感器滑轨接5V稳压直流电源，滑杆带动滑片发生位移，则滑片和始端之间的电阻发生变化，进而电压发生相应变化，通过记录滑杆的滑动位移与采集到的电压信号就可得出它们的关系曲线。选取1#位移传感器标定结果(图3.16)。边坡表面处的滑动带动滑杆滑动，可测出的最大位移值为20cm。从图3.16中可以看出，水压力的计算公式与含水率的类似。

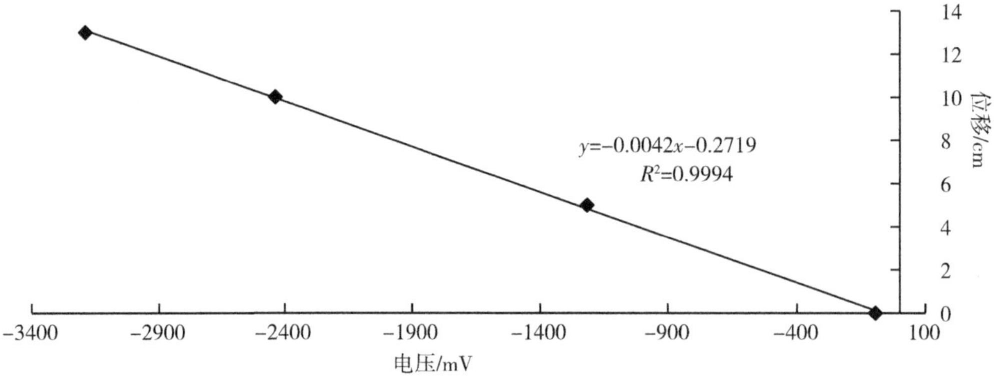

图 3.16　1# 位移传感器标定结果

由图 3.16 中可以得出，位移的计算公式与含水率的也相同，a、b 在具体取值时不同。

3.3.3　试验用土的基本参数

3.3.3.1　比重

土粒比重关系到土的饱和度、孔隙比等基本物理参数的计算，所以应首先测定土粒的比重。黏土颗粒细小，粒径小于 5mm，根据《土工试验规程》，应采用比重瓶法。

比重瓶见图 3.17，比重瓶的玻璃在不同温度下会产生胀缩，水在不同温度下的密度(比重)也各不相同，故比重瓶必须进行校正(图 3.18)。

图 3.17　比重瓶

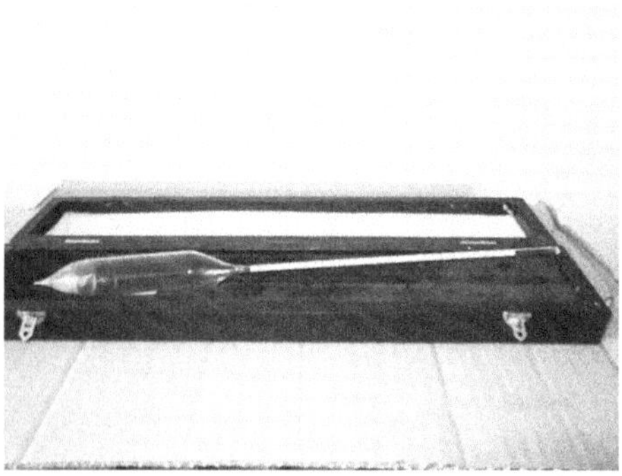

图 3.18　密度计

根据表 3.2 数据，绘制出比重瓶校正曲线，见图 3.19。

表 3.2 比重试验数据记录

温度/℃	24.3	28	32	36	40	44
1	136.034	135.912	135.791	135.569	135.212	135.058
2	136.032	135.912	135.793	135.566	135.208	135.054
平均值	136.033	135.912	135.792	135.5675	135.210	135.056

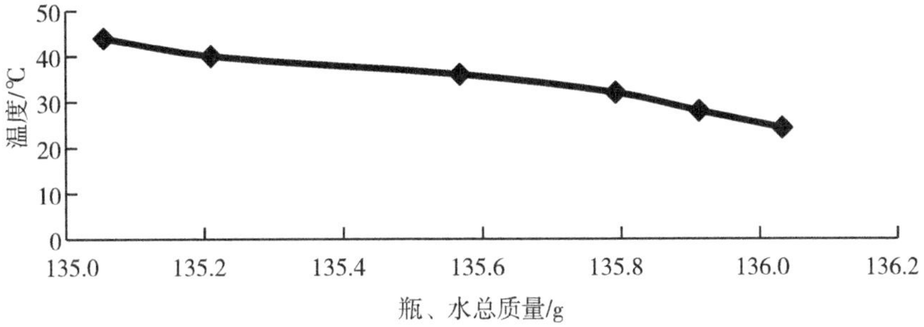

图 3.19 比重瓶校正曲线

取 15g 干土放入比重瓶内，根据试验方法，最终得到比重：

$$G_s = \frac{m_d}{m_1 + m_d - m_2}$$

$$G_{wt} = \frac{15}{135.912 + 15 - 145.454} \times 0.99627 = 2.738$$

式中，m_d——干土质量，g；

m_1——瓶、水总质量，g；

m_2——瓶、水、土总质量；

G_{wt}——纯水的比重。

3.3.3.2 粒径分布

(1)细砂

根据筛分法得到砂子的粒径分布情况。取烘干砂子 300g，在振筛机上振动 13min，试验数据见表 3.3。

表 3.3 细砂颗分试验数据记录

孔径/mm	筛上质量/g	小于孔径质量百分比/%
<0.075	3.3	1.10
0.075	22.1	—
0.150	171.6	8.47
0.300	95.6	65.67

续表

孔径/mm	筛上质量/g	小于孔径质量百分比/%
0.600	5.4	97.53
2.000	0.0	99.33

(2)黏土

黏土取自南京市雨花台区铁心桥秦淮河段坡积土。

称取较干的试样质量 700g,先采用筛分法,然后将粒径小于 0.075mm 的土用密度计法测量,试验数据见表 3.4。

表 3.4　　黏土颗分试验数据记录

粒径/mm	累计质量/g	小于孔径质量百分比/%
0.002	138.66	19.81
0.006	301.78	43.11
0.010	383.34	54.76
0.014	481.22	68.75
0.016	568.22	81.17
0.029	636.18	90.88
0.051	641.62	91.66
0.071	649.78	92.83
0.075	650.33	92.9
0.150	654.01	93.43
0.300	682.61	97.52
0.600	698.55	99.79
1.180	699.45	99.92

根据上面两个表的数据,绘制颗分曲线,见图 3.20。

根据图形,细砂的不均匀系数 $c_u=\frac{d_{60}}{d_{10}}=\frac{0.29}{0.16}=1.81$;曲率系数 $c_c=\frac{(d_{30})^2}{d_{10}\cdot d_{60}}=\frac{0.2^2}{0.16\times 0.29}=0.86$。粉土的不均匀系数 $c_u=\frac{d_{60}}{d_{10}}=\frac{0.05}{0.001}\times 50$;曲率系数 $c_c=\frac{(d_{30})^2}{d_{10}\cdot d_{60}}=\frac{0.01^2}{0.001\times 0.05}=2$。黏土的不均匀系数 $c_u=\frac{d_{60}}{d_{10}}=\frac{0.011}{0.001}=11$;曲率系数 $c_c=\frac{(d_{30})^2}{d_{10}\cdot d_{60}}=\frac{0.003^2}{0.001\times 0.011}=0.82$。

根据《土的分类标准》可知,细砂的级配不良,粉土的级配不连续,黏土的好些。

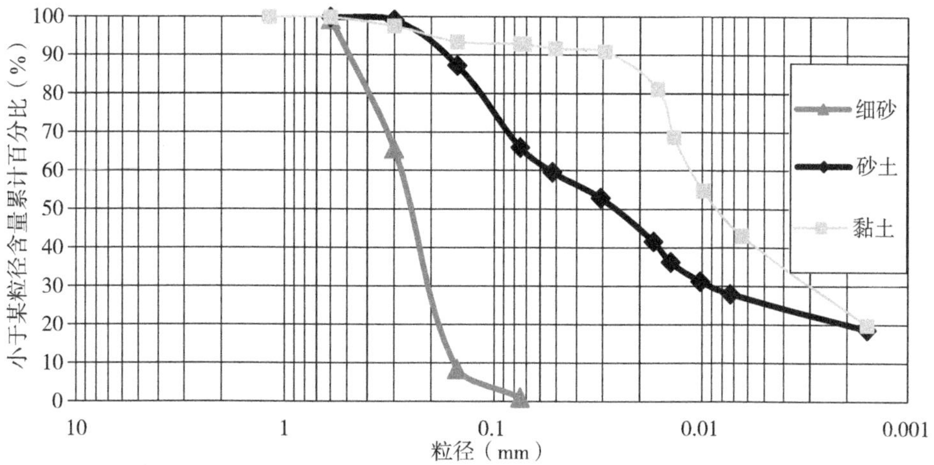

图 3.20 颗粒粒径级配曲线

3.3.4 渗透系数

(1)细砂渗透系数

细砂黏粒很少，透水性较大，适用于常水头渗透试验。

试验采用南京土壤仪器厂生产的 TST-70 型渗透仪(图 3.21)，内径 $d=10\text{cm}$，渗水筒高度 $h=40\text{cm}$。控制干密度 $\rho_d=1.55\text{g/cm}^3$，初始含水率 $\omega=0$，每 3cm 填筑一层，每层质量 $m=\frac{1}{4}\times3.14\times100\times3\times1.55\times(1+0\%)=365\text{g}$，共填筑 9 层，每层用木棒击实至 3cm 厚度，以保证填土密度均匀，试验数据见表 3.5。

表 3.5　　细砂渗透系数试验数据记录

试验次数	经过时间/s	测压管水位/cm			水位差/cm			渗水量/mL	渗透系数 $k=\frac{QL}{AHt}$/(cm/s)	平均渗透系数/(cm/s)
		1	2	3	ΔH_1	ΔH_2	$\overline{\Delta H}$			
1	1219	25.0	21.6	18	3.4	3.6	3.5	358	1.07×10^{-2}	1.06×10^{-2}
2	460	24.5	17.4	11.2	7.1	6.2	6.65	260	1.08×10^{-2}	
3	300	22.4	12.7	4.2	9.7	8.5	9.1	225	1.05×10^{-2}	

注：表中测压管为图 3.21 中按从上至下的顺序进行编号。

表中公式，Q 为时间 ts 内渗出水量；L 为两测压管中心间的距离＝10cm；A 为试样的断面面积＝$3.14\times6.18\times6.18\times0.25=30\text{cm}^2$；$H$ 为平均水位差；t 为时间。

(2)黏土渗透系数

采用南京土壤仪器厂生产的 TST-50 型渗透仪(图 3.22)，直径 $d=61.8\text{mm}$，高

度 $h=40\text{mm}$。采用试验方法同粉土，初始含水率 $\omega=7.13\%$，需质量 $m=1.5\times0.25\times3.14\times6.18\times4\times(1+0.0713)=192.8\text{g}$。

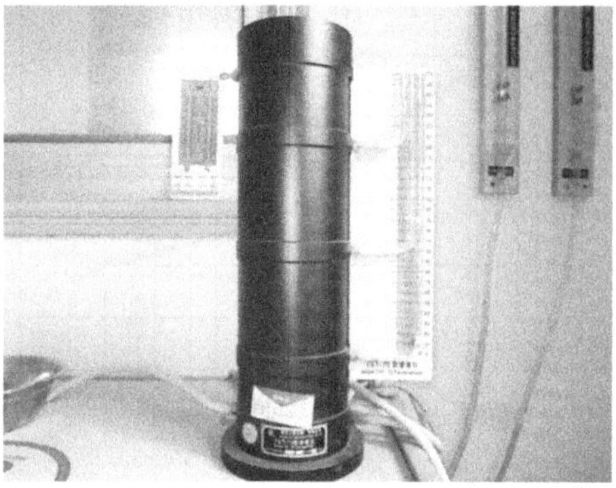

图 3.21　常水头渗透仪

图 3.22　变水头渗透仪

试验数据见表 3.6。

表 3.6　黏土渗透系数试验数据记录

试验次数	经过时间/s	H_1/mm	H_2/mm	$k=\dfrac{2.3\times aL}{A(t_2-t_1)}\log\dfrac{H_1}{H_2}$/(cm/s)	$\bar{k}$/(cm/s)
1	60420	441	350	2.56×10^{-7}	2.67×10^{-7}
2	78240	828	549	2.77×10^{-7}	

注：a 为变水头管断面面积 $=3.14\times0.4\times0.4=50.24\times10^{-2}\text{cm}^2$；$L$ 为试样高度，$L=4\text{cm}$；A 为试样的断面面积 $=3.14\times6.18\times6.18\times0.25=30\text{cm}^2$。

3.3.5　土水特征曲线

采用 Fredlund 设计的土水特征压力板仪(图 3.23)。量管内径均为 1cm，净截面积 $s=3.14\times1\times1\times0.25=0.78\text{cm}^2$，质量 $m_{左}=(\Delta h_{左}\times0.1)\times0.78\times1$，同理 $m_{右}$ 也如此计算。土样初始含水质量为 $m_{0水}$，土颗粒质量 $m_{干土}$，则在第 j 级压力时，质量含水率的计算公式：$\omega_j=\dfrac{\sum_{i=1}^{j}(m_{左i}+m_{右i})+m_{0水}}{m_{干土}}$；体积含水率 $\theta_j=\dfrac{\rho_d}{\rho_w}\omega_j$，$\rho_d$ 和 ρ_w 分别为土的干密度和水的密度。

(1)粉土土水特征曲线

根据控制干密度 1.5g/cm^3，土样初始含水率 $\omega=9.5\%$，环刀内土体质量 $m=1.5\times101.28\times(1+0.095)=166.4\text{g}$，分三层向环刀内填土，每层压实至相应高度。

试验步骤：

①将陶土板放入真空缸内，抽气 1 小时以上，然后微开管夹，使清水注入真空缸内，待水淹没陶土板后，停止抽气，静止 2 小时以上，饱和后的陶土板重 189g。

②将饱和后的陶土板放置在土水特征曲线仪的底座上，用注射器向右一侧的量管内注水，直到两侧的量管内水位达到一半以上的位置时停止注水，然后用注射器来回抽取量管内的水，使底座内的空气能够跟随水的运动而排出，重复抽取若干次直到底座内的空气被排出(图 3.24)。抽取时要注意不要使量管内的水溢出量管，对于导管上的细小气泡可以敲打导管，使其排出。

③由于排气，量管内的水位会降低，需重新向量管内注水，待水位平衡后，记录此时的水位。

④ 将环刀和土样置于陶土板上并充分接触，将顶盖安装好并上紧螺丝。

⑤启动压力泵，调节压力控制面板上的高压按钮，当所加压强低于 200kPa 时，采用低压按钮来调节压强。所加压强的级别分别为 400kPa、300kPa、200kPa、100kPa、50kPa、20kPa、10kPa、5kPa，在某一级压强下，当量管内的水位不再发生变化时，记录此时的水位高度，然后进行下一级压强下的试验。

⑥所有级的压强完成后，松开螺丝，取出试样，测量其含水率。

图 3.23 土水特征压力板仪

图 3.24 底座排气

(2)黏土土水特征曲线

采用试验方法同粉土，试验数据见表 3.7。

表 3.7　　　　土水曲线试验数据记录

吸力/kPa	左侧量管水位/mm	左侧水位差/mm	左侧吸收质量/g	右侧量管水位/mm	左侧水位差/mm	右侧吸收质量/g	吸收总质量/g	含水质量/g	质量含水率/%	体积含水率/%	饱和度
								14.432	9.500	14.25	33
400	220	6	0.468	224	9	0.693	1.161	15.593	10.264	15.39	0.357
	214			215							
300	214	14	1.092	215	13	1.001	2.093	17.686	11.642	17.46	0.404
	200			202							
200	200	14	1.092	202	11	0.847	1.939	19.625	12.918	19.38	0.449
	186			191							
100	186	4	0.312	191	5	0.385	0.697	20.322	13.377	20.06	0.465
	182			186							
50	178	22	1.716	182	24	1.848	3.564	23.886	15.723	23.58	0.546
	156			158							
20	156	66	5.148	158	65	5.005	10.153	34.039	22.406	33.61	0.778
	90			93							
10	86	32	2.496	89	32	2.464	4.960	38.999	25.671	38.50	0.892
	54			57							
5	184	39	3.042	194	46	3.542	6.584	45.583	30.005	45.00	1.000
	1450			148							

根据表 3.7 的数据，绘制土水曲线，见图 3.25。

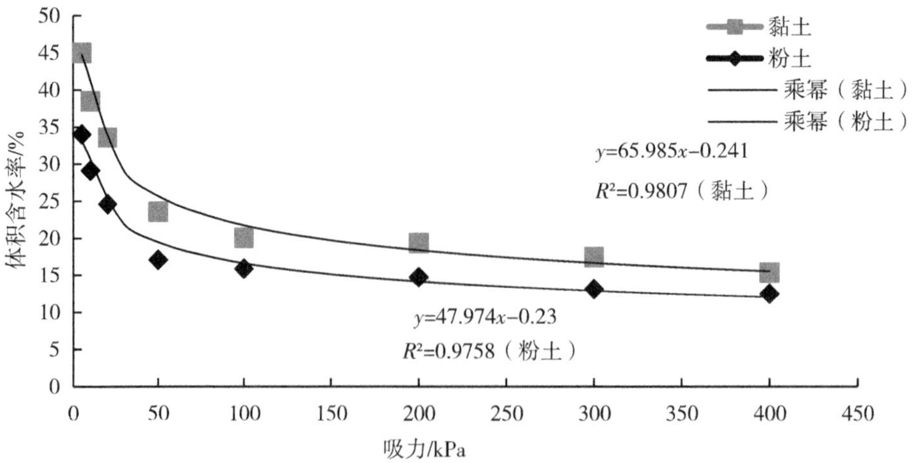

图 3.25　土水特征曲线

(3)土水曲线结果分析

土水特征曲线为土的含水量与吸力之间的关系曲线。含水量可以是质量含水量(ω)、体积含水量(θ),也可以是饱和度(S_r)。吸力可以是基质吸力,也可以是总的吸力(基质吸力与渗透吸力的总和)。本试验用土的实测土水特征曲线如图3.25,当土达到饱和时,基质吸力应为0kPa,土水特征曲线的上段应为水平线,但实际上土一般达不到完全饱和,理论上土水特征曲线一般呈反"S"形。曲线为吸湿条件下的土水特征曲线,所以应从曲线的右端向左端来理解,根据曲线的形状将其划分为开始段、中间段、上升段。开始段(400～200kPa)曲线平缓,此时土体较干燥,含水率从初始含水率开始变化,吸力受含水率的影响很大;中间段(200～50kPa)曲线缓慢上升,吸力受含水率的影响较大;上升段(50～5kPa)曲线迅速上升,吸力受含水率的影响也迅速减小。两条曲线的形状相似,在同一吸力下,黏土的含水率比粉土的大,即黏土的吸水能力更强,黏土达到的饱和程度也比粉土的高。

土的进气值和残余含水率是土水曲线上的两个特征点,尤其是残余含水率在计算非饱和土的抗剪强度时一般会用到。土的进气值是指空气开始进入土体边界的土颗粒或颗粒集合体之间的最大孔隙时对应的基质吸力值,当吸力小于进气值时,气不能穿过弯液面进入孔隙,故含水量基本保持不变,只有当吸力超过该值时,气体才能进入土孔隙内。由土水曲线可知,两种土的进气值均较小,不超过5kPa。残余含水率θ_r的获取比较困难,实验室内可以控制的吸力一般达不到土体的残余状态,所以直接由土水特征曲线是不能准确获取的。目前比较流行的方法是Sillers认为残余含水量就是吸力为3000kPa对应的含水量。他对残余含水量的定义为:当土中孔隙水从基本上受毛细作用转变到受吸附力作用时的含水率。由相关系数的大小,知本书的土水曲线呈现很好的幂函数特征,得到黏土$\theta_r=65.985\times3000^{-0.241}=9.58\%$。

3.3.6 土体强度参数

模型边坡为重塑土按照一定干密度经过压实而成,根据土体的实际状态,应利用不固结不排水试验来测定土体的强度参数。试验仪器为南京土壤仪器厂生产的SLB-1型三轴剪切渗透试验仪(图3.26),剪切中的试验见图3.27。

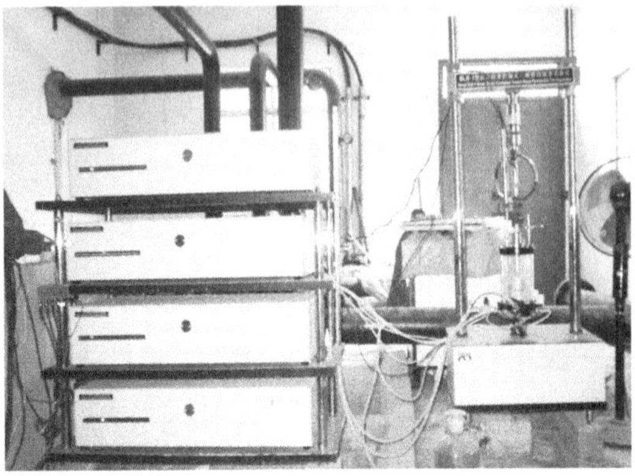

图 3.26　三轴剪切渗透试验仪

图 3.27　试样剪切

3.3.6.1　试验步骤

①根据试验所需要的含水率，将水均匀地喷洒在烘干的土体上，充分搅拌均匀，将配制后的土样密封在容器内一昼夜，使水分均匀分布，测定两处不同位置的含水率，含水率差值应符合规程要求，测定的含水率可能会与所需要的含水率有差别，取测定的含水率为土样的含水率。

②饱和器的直径 3.91cm，高 8cm，根据其体积计和土样的初始含水率算出土样的质量，饱和器事先涂抹凡士林，将土样分三层装入饱和器内，用击实器击实至一定高度，保证每层的高度均相同，每层击实后将土表面做刮毛处理。

③取下饱和器，用橡皮膜套在承膜筒上，将土样放入承膜筒内。在压力室的底座上，放上不透水板、承膜筒（土样），取下承膜筒，橡皮膜与底座的接触处用橡皮圈扎紧，然后放上不透水帽，并用橡皮圈扎紧。

④放上压力室罩，均匀地拧紧底座连接螺母。向压力室内注满纯水，待溢出时拧紧排气孔，将量力环对准压力室活塞的顶部。

⑤按照 100kPa、200kPa、300kPa、400kPa 级别，施加围压，待围压到达要求后，施加主应力差，即开始剪切。当主应力差达到最大值并且开始减小时，停止试验。重复上述步骤做下一级别围压下的剪切试验。

3.3.6.2　黏土结果分析

共制备 16 个试样，各试验的干密度、孔隙比均相同，其中干密度 $\rho_d=1.5\mathrm{g/cm^3}$，由比重试验测得比重 $G_5=2.738$，$G_5=\dfrac{\rho_s}{(\rho_w)_{4℃}}$，得出土颗粒密度 $\rho_s=2.738\mathrm{g/cm^3}$，根据公式孔隙率 $n=1-\dfrac{\rho_d}{\rho_s}=0.452$，则孔隙比 $e=\dfrac{n}{1-n}=0.825$。试样含水率分为 4 组，含水率分别为 8.58%、16.37%、24.5%、27.5%（图 3.28 至图 3.31）。

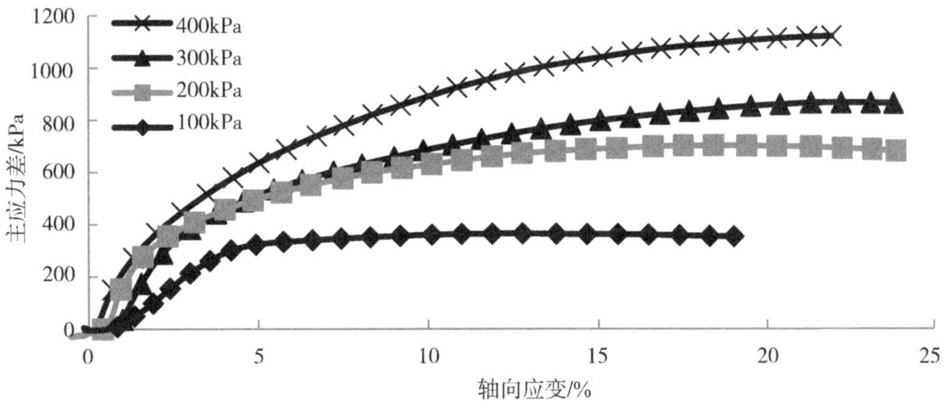

图 3.28　含水率为 8.58%

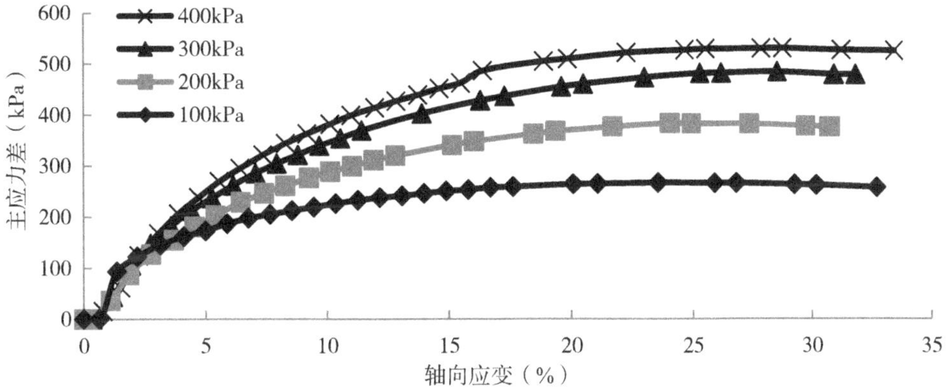

图 3.29　含水率为 16.37%

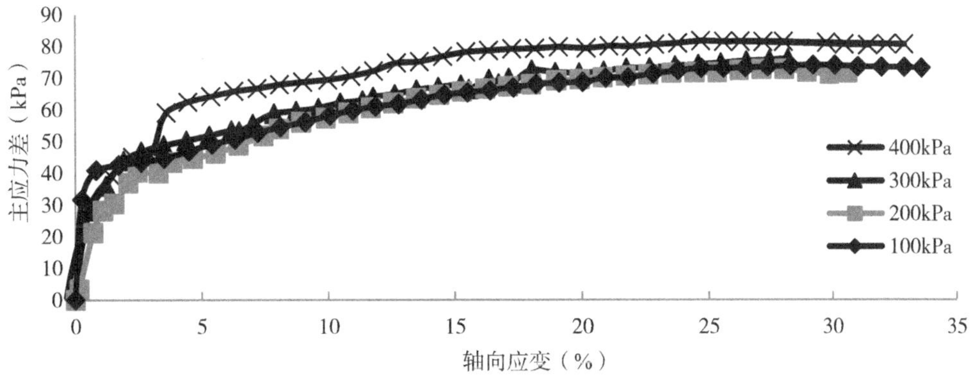

图 3.30　含水率为 24.5%

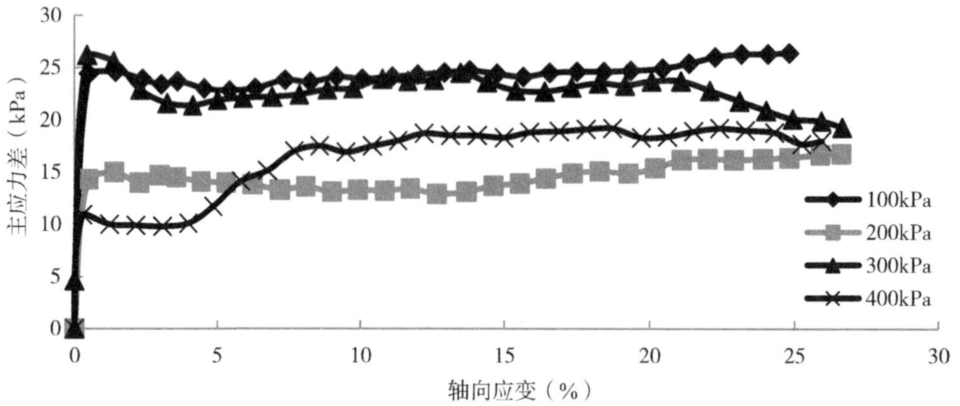

图 3.31　含水率为 27.5%

由图 3.28 至图 3.31 的不同含水率下的应力应变图可以看出，当含水率小于 24.5%时，对于相同含水率的土样，随着围压的增大，强度也随之增大；对于不同含水率的土样，随着含水率的增加，土样的强度明显变小，说明水分对土体强度的显著影响；但是，随着含水率的增加，土样的主应力差随之减小，说明土样的变形能力也随之降低。

当含水率为 27.5%（饱和度 0.912）时，主应力差并不按照围压具有一定的规律性，其原因可能是试验所用的 4 个试验的饱和度并不完全相同，总会有一些差距，另外可能还有更深层次的原因，如空隙气体的压缩和溶解。

根据 4 组试验数据，在 τ_f-σ 平面内绘制它们的强度包线，就可得到它们的强度参数黏聚力 c 和内摩擦角 φ，然后通过拟合就可得到它们与含水率的关系。

由图 3.32 可以看出，在含水率大于 8.58%时，内摩擦角随含水率的增大而减小，它们之间呈现很好的线性关系，但是对于含水率小于 8.58%时，它们之间的关系是不确定的。

由图 3.33 可以得出，黏聚力与含水率的关系不同于内摩擦角的，黏聚力先随含水率的增加而增大，在含水率达到 17%时，黏聚力达到最大值，然后随之减小。

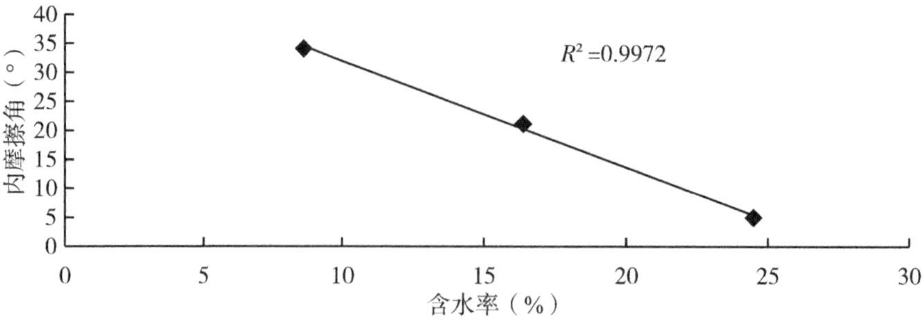

图 3.32　含水率与有效内摩擦角关系

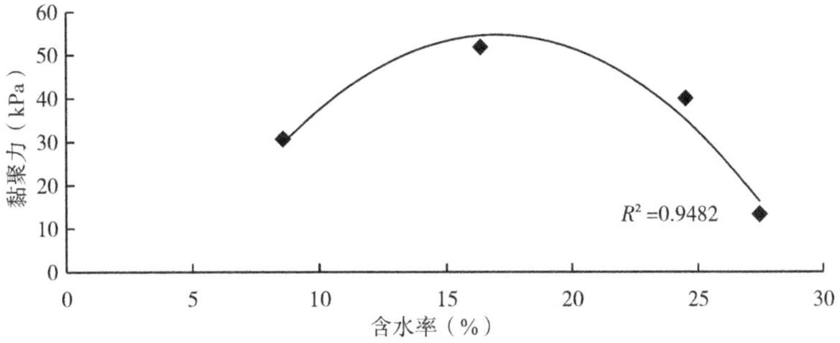

图 3.33　含水率与有效黏聚力关系

根据数据进行拟合的强度参数公式：

$$\varphi = -1.8291\omega + 50.249 \tag{3-23}$$

$$c = -0.3483\omega 2 + 11.85\omega - 46.139 \tag{3-24}$$

结合摩尔—库仑公式，可以得到含水率变化条件下的抗剪强度公式：

$$\tau_f = c(\omega) + \sigma \cdot \varphi(\omega) \tag{3-25}$$

3.3.6.3　细砂结果分析

试验方法和步骤与黏土采用的相同，细砂试样按照干密度 $\rho_d = 1.55\mathrm{g/cm^3}$ 制作，含水率也分为 4 组，分别为 0%、2.5%、8.74%、16.1%（图 3.34 至图 3.37）。

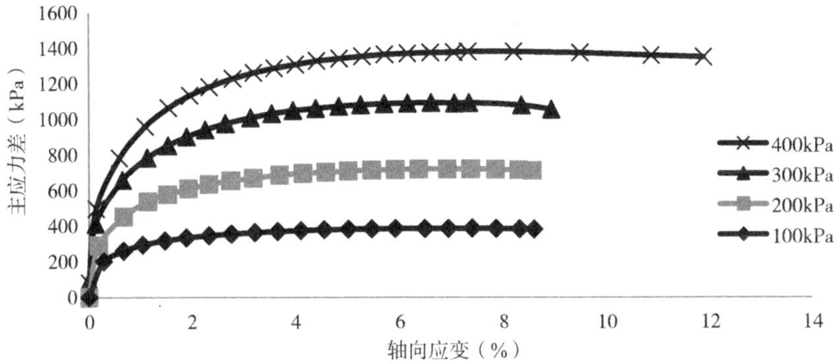

图 3.34　含水率 0%

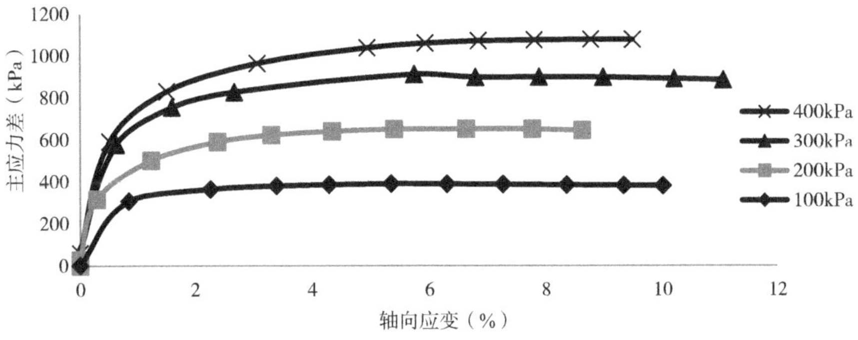

图 3.35　含水率 2.5%

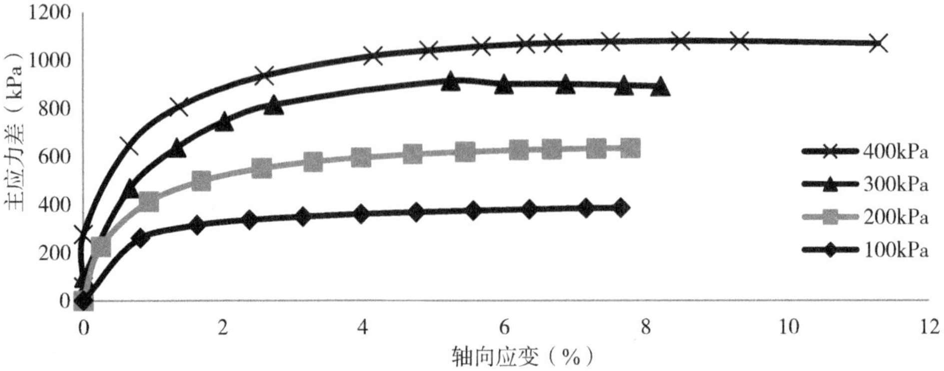

图 3.36　含水率 8.74%

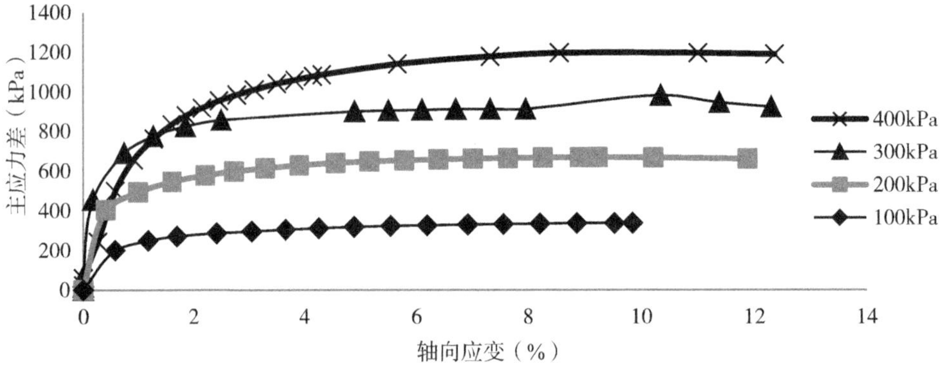

图 3.37　含水率 16.1%

由上述的应力应变图可以看出，细砂的强度也受含水率影响。在同一含水率条件下的试样，强度、轴向应变随围压增大而增加；在不同含水率时，试样的强度均较大，试样的强度先随含水率的增大而减小，然后又增加，但增加后的值没有干燥状态下的强度高；与黏土相比，主应力差明显高于黏土，而轴向应变则明显小于黏土的。文献[100]中论述了砂土在不同的初始孔隙比下，紧砂受剪时，颗粒必须升高以离开它们原来的位置而彼此才能相互滑过，从而导致剪胀，它的应力—轴向应变关系呈应变软化型；反之，松砂受剪时，颗粒会排列得更紧密，呈现剪缩，应力—轴向应变关系呈应变强化型；从本试验的结果来看，细砂的状态处于松紧之间。

利用与黏土相同的方法，得到细砂的黏聚力与含水率的关系，在 τ_f-σ 平面内绘制它们的强度包线，强度包线均过圆心，说明黏聚力均为 0。从图 3.38 中可以看出，内摩擦角随含水率的增加先减小后增大，在含水率为 10.4%时，内摩擦角有最小值，从整体来看，内摩擦角随含水率的变化幅度并不大，远小于黏土的变化，文献[100]中说砂土在相同的初始孔隙比下饱和时的内摩擦角比干燥时稍小，一般在 2°以内，从本试验结果来看是与之相符的。

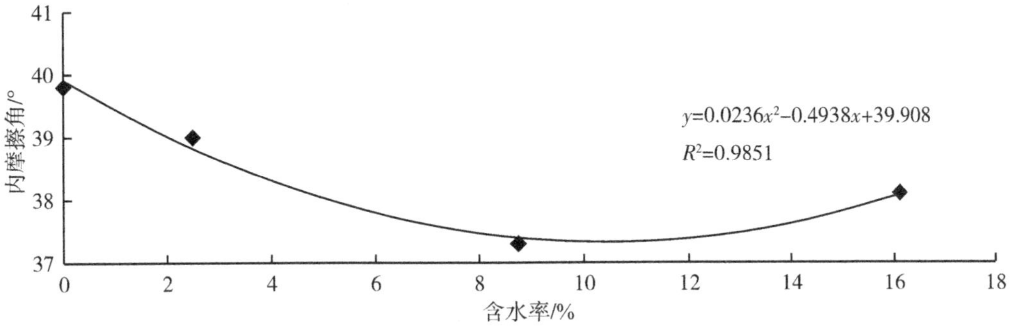

图 3.38　含水率与有效内摩擦角关系

根据数据进行拟合的强度参数公式：

$$\varphi = 0.0236\omega^2 - 0.4938\omega + 39.908 \tag{3-26}$$

结合摩尔—库仑公式，可以得到细砂在含水率变化条件下的抗剪强度公式：

$$\tau_f = \sigma \cdot \varphi(\omega) \tag{3-27}$$

3.4　人工雾化雨入渗滑坡模型试验结果分析

上一章主要叙述了滑坡试验的装置设备和土体基本参数的测定，对试验设备的操作和土体性质有了很好的认识。本章进行了细砂、黏土分别 7 组共 14 组滑坡试验，来探究雨强、坡度、土质因素对滑坡有何影响。具体描述了一个滑坡的过程、现象，分析了坡度、雨强和土质不同时对滑坡现象的影响，并对所有滑坡的破坏类型、现象进行了总结。对于含水率和孔压，分别从沿坡面方向、水平方向、竖直方向分析了它们的变化，并分析了雨强和坡度对它们的影响；以一个典型的滑坡为例，绘制了它的坡体孔压等值线云图和流网云图。根据试验现象和结果的分析，得到了一些有意义的结论或发现，如含水率、孔压的分布特征，滑坡发生前后坡体内和滑体内的孔压有何变化，降雨入渗下水分的入渗轨迹等。

3.4.1　边坡制作

本试验不是根据模拟实际边坡的受力状态也不是对实际边坡的模型相似试验，旨在通过容易、方便、可数量化地建立的小型人工边坡的破坏发展过程中监测含水率、孔压的变化，所以边坡模型较小，在 X 方向上的长度均为 50cm。

试验地点在南科院铁心桥试验基地水电试验厅，基地紧靠秦淮河，取土方便。取自秦淮河侧岸的坡积土，含有较多石块、树叶等杂质，在成为试验用土之前，将坡积土在阳光下晒干，将较大的块体击碎，然后过 2mm 孔径筛子。由于干燥的土体不容易击实，需用本试验的人工降雨控制系统对土体均匀加湿，将加湿后的土体用塑料薄膜密封 1～2 天，使土体内部水分充分分布均匀。根据土体的级配曲线，细砂的级配不良，说明颗粒较均匀根据文献[100]均匀松砂和均匀紧砂的干密度一般为 1.44g/cm^3 和 1.74g/cm^3，实际取干密度 1.55g/cm^3；黏土压缩性大，取一般值 1.5g/cm^3；两种土的干密度与上一章土体参数测定时是一致的。采用击实法制作边坡模型，步骤如下：

①边坡在 X 方向上的长度均为 50cm，根据要制作边坡的坡度，计算出坡高，在模型槽两侧壁上用尼龙红线将坡角、坡顶相连，以控制边坡角度。由于不同坡角边坡的坡高不同，边坡分 5 层筑坡时，每层高度是不一样的，在边坡制作过程中为控制每层高度，制作带有刻度的纸带并用胶带封闭防止浸湿，将其贴在模型槽后壁和两侧壁，以控制每层高度，可方便循环使用。

②根据试验用土的含水率、控制干密度、边坡体积，计算出湿土质量，将坡高平均分成 5 层，计算出每层体积，就可得出每层所用土的质量。

③将每层所用的土倒在模型槽内，将土摊平，用一块 0.5cm 厚钢板在坡角处沿坡面固定，以阻止在击实过程中土的侧向变形，然后用砖沿模型槽后壁至坡角方向击实至规定高度，每层击实完成后，用刮土刀将表面刮毛。

④在每层击实前，若该层需埋设传感器，用直径 1cm 的硬塑料管由侧壁插入土中 20cm，击实完该层后，将硬塑料管拔出，插入传感器，以确保传感器的位置。水压力传感器埋设前，将传感器探头用纱布包裹，防止土颗粒进入探头内部对其造成损坏。

⑤边坡成型后，沿坡面均等距离在坡面下 2cm 固定位移传感器拉杆前端，在固定位移传感器的支架上安装摄像头，图 3.39 为边坡成型后的整体图。

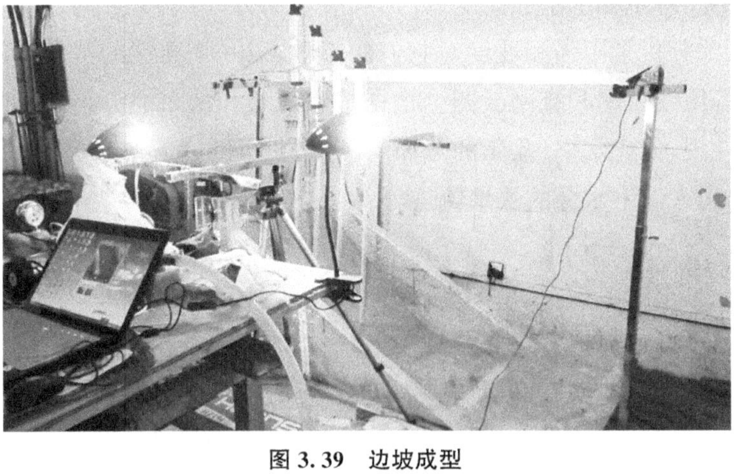

图 3.39 边坡成型

3.4.2 试验目的和方案

试验目的主要是研究雾化雨入渗条件下滑坡发生发展过程和现象，监测在此过程中含水率、孔压、坡面位移的变化，以此得到含水率、孔压分布场，结合土水特征曲线和含水率—土体强度参数曲线计算土体强度变化和渗流力，就可以利用边坡稳定分析方法计算出边坡稳定性的变化。

根据试验目的，设计细砂、黏土两种土质滑坡，分别在降雨强度 50mm/h、100mm/h、200mm/h、300mm/h 和坡比 1∶1.1、1∶1.3、1∶1.5、1∶1.7 条件下进行试验，每种土质做 7 个滑坡试验，共 14 组。各试验工况见表 3.8。

表 3.8　　试验工况

土质		坡比	降雨强度		初始干密度		初始含水率		试验编号	
Ⅰ	Ⅱ		Ⅰ /(mm/h)	Ⅱ /(mm/h)	Ⅰ /(g/cm³)	Ⅱ /(g/cm³)	Ⅰ /%	Ⅱ /%	Ⅰ	Ⅱ
细砂	黏土	1∶1.7	300	100	1.55	1.5	1.64	11.3	xs-1	nt-1
		1∶1.5	300	100			2.84	10.6	xs-2	nt-2
		1∶1.3	300	100			0.83	9.14	xs-3	nt-3
		1∶1.1	300	100			2.18	10.2	xs-4	nt-4
		1∶1.5	50	50			1.33	10.8	xs-5	nt-5
		1∶1.5	100	200			0.367	11.8	xs-6	nt-6
		1∶1.5	200	300			2.36	12.9	xs-7	nt-7

以 1∶1.5 边坡尺寸为标准，在模型槽两侧壁打孔，便于传感器埋设，xs-1、xs-2、xs-3、xs-4 边坡的传感器位置见图 3.40，通过上述 4 个滑坡试验，发现边坡破坏均自坡角开始，然后向上发展，在后面的滑坡试验中遂调整了传感器的位置，在边坡中、下部增加了传感器的数量，xs-5、xs-6、xs-7 和黏土边坡传感器位置见图 3.41，黏土坡比 1∶1.1 的传感器位置在 X 方向上与前者相同，由于坡高要明显大于 1∶1.5 边坡的，在 Z 方向上传感器位置有所提高，此处不再用图表示。

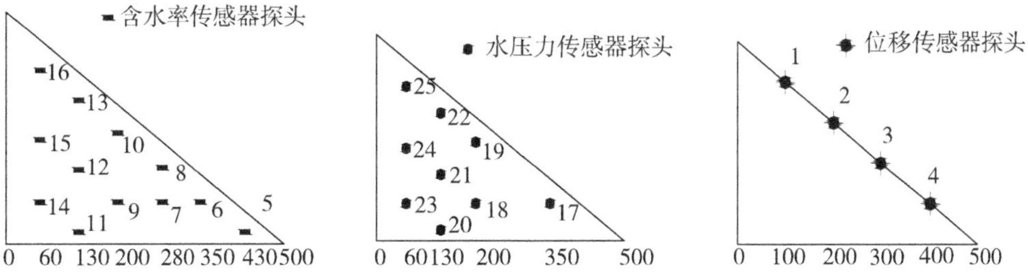

(a)B-B 剖面　　(b)A-A 剖面　　(c)C-C 剖面

图 3.40　前期传感器位置

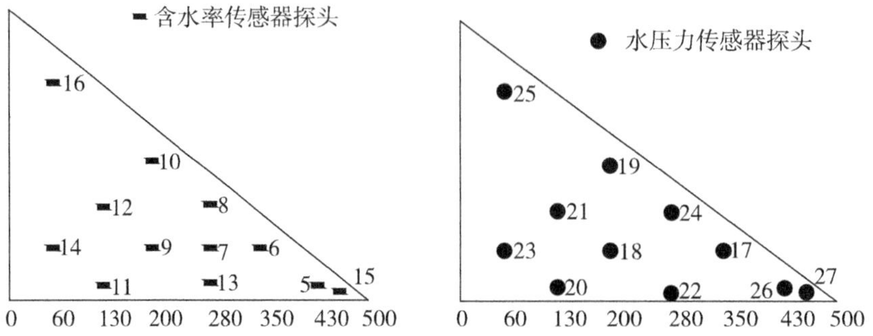

(a)B-B 剖面　　(b)A-A 剖面

图 3.41　中后期传感器位置

3.4.3　滑坡发展过程与现象

3.4.3.1　黏土边坡破坏

以黏土边坡在坡比 1∶1.3 和雨强 100mm/h(试验编号 $nt-3$)条件下的滑坡破坏现象见图 3.42。便于边坡位置的描述，将边坡沿坡面自下而上划分为坡脚、下部、中部、上部、顶部。降雨入渗开始后，水分开始进入边坡，边坡浸润线可见图 3.43 中左侧一栏的不同时刻的变化，因为各组试验的浸润线变化都相似，所以参见图 3.43 即可。从图 3.43 中可以看出，浸润线平行于坡面向下发展。降雨 329s 左右，坡脚处出现浸水湿润现象(图中 $t=329$s)，一方面是由于入渗水分向坡脚处汇集，另一方面是由于坡脚处土层较薄，水分能够较快入渗到底板，导致该处的土体饱和过程较快。当降雨 1360s 左右时，坡脚处进一步湿润，表面有一层薄水膜(图中 $t=1360$s)，造成该处表层趋于饱和，同时对坡体向外排水造成影响，此时模型槽底板上并没有包含黏粒的黄色浑浊水出现，说明坡体内部还没有细颗粒流出。当降雨 2442s 时，坡脚处土体发生流土破坏(图中 $t=2442$s)，破坏之前坡脚处没有产生张裂缝，说明破坏不是滑动。坡脚以上坡面表层逐渐饱和，上游水分向坡脚汇集即逐渐形成渗流，而流土是渗透破坏的一种常见方式，当水力梯度达到临界水力梯度时，水分溢出坡面，产生溢流界面。流土破坏，使原来维持稳定的边坡形状发生改变，增大了边坡脚部的坡度，同时水分溢出也减小或者平衡坡内水压力。当降雨 3176s 左右时，边坡脚部开始逐渐发生块体滑动破坏(图中 $t=3176$s)，块体高度 2～4cm 不等，滑坡后壁与边坡表面交界处产生弧形张拉裂缝，随后滑坡两侧壁产生剪切裂缝，进而形成滑坡体，滑坡体顺坡滑动到坡脚前约 6cm，滑坡周界在水平面上呈扇形，滑动面呈折线。随着降雨的进行，块体滑动破坏逐渐向上发展且块体规模逐渐变大，块体滑动之间有间歇性，由于滑坡壁为具有一定深度的陡坎，增大了陡坎处土体下滑的趋势，边坡滑动呈现牵引式向上发展，故为牵引式滑坡。块体规模变大后，滑坡的形态特征和几何要素也产生一些新的变化，滑动面有一定弧度，相邻的滑坡体之间形成滑坡埂垅（图中 t＝4850s），滑坡最终向上发展接近至顶部，滑坡体表面形成径流（图中 t＝6830s）。

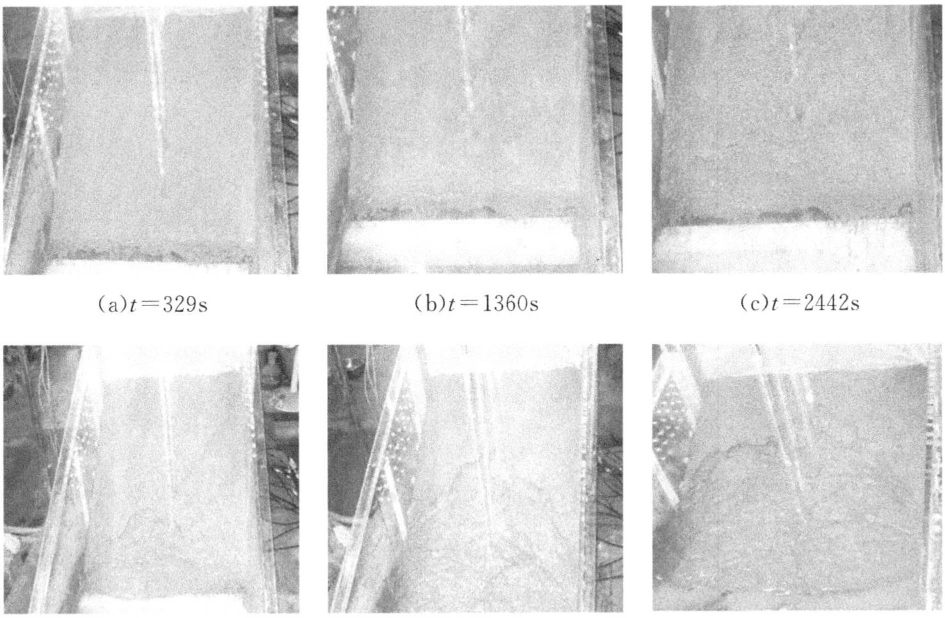

(a) t＝329s (b) t＝1360s (c) t＝2442s

(d) t＝3176s (e) t＝4850s (f) t＝6830s

图 3.42 nt－2 试验滑坡现象

当坡度增大后，破坏现象会有些不同。图 3.43 为黏土边坡在坡比 1∶1.1 和雨强 100mm/h（试验编号 nt-4）条件下的滑坡现象和浸润线变化图。在未饱和时，水分在重力作用下向下入渗，湿润锋为水分与土体的交界面，为非饱和面，因此湿润锋为重力方向发展，但根据本章后面的结果分析，当土体达到饱和或形成孔压后，土水势增大，水分自然应向土水势低的地方入渗，这时的水分就未必为重力方向入渗。坡脚处土体较薄，对缓坡更是如此，在坡度增大后，从图中可以看出，坡脚并没有发生流土破坏，主要因为陡坡的坡脚厚度大，饱和慢。在 t＝6100s 时，湿润锋达到深度 30cm 处，坡脚左侧出现小块滑动破坏，与上面滑坡相比，此时边坡已有高程度的破坏，因为缓坡坡度小，水分更多地向下入渗，边坡下半部的整个深度和上半部的表层区域均达到饱和，而陡坡的下半部饱和时间肯定比缓坡的晚。当 t＝7250s 时，湿润锋进一步向下发展，说明饱和带也进一步向下发展，边坡下部发生较大规模滑动。当 t＝8200s 时，湿润锋到达最低层，但不代表饱和带也发展至最底层，水分依然从饱和带向坡内入渗，饱和带继续发展。当 t＝9520s 时，边坡有大块滑坡发生，块体规模要远大于缓坡的，张裂缝、剪切裂缝清晰可见。

(a)降雨入渗开始

(b)$t=10360$s 最终破坏形态

(c)$t=220$s

(d)$t=220$s

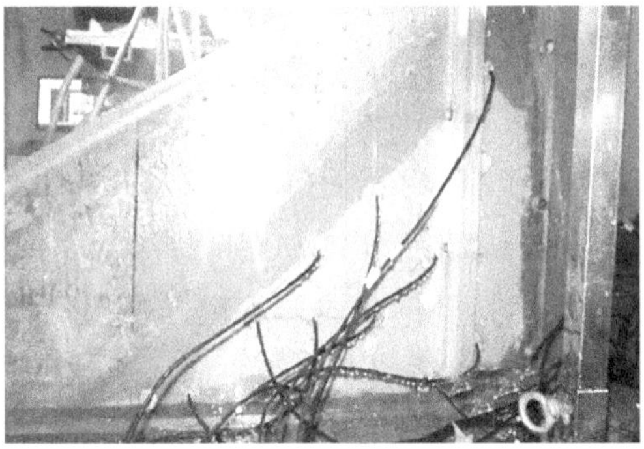

(e)$t=1850$s

(f)$t=1850$s

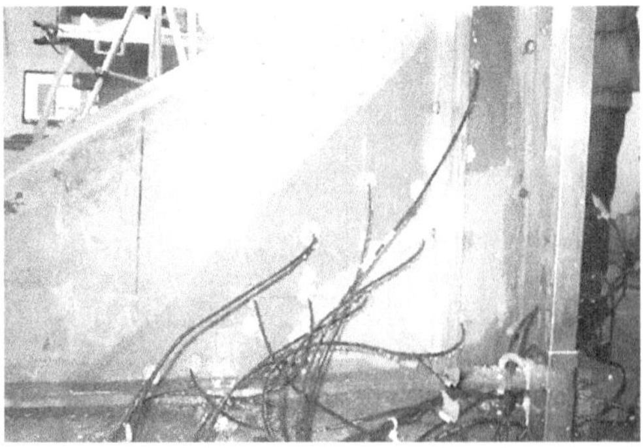

(g)$t=3650$s

(h)$t=3650$s

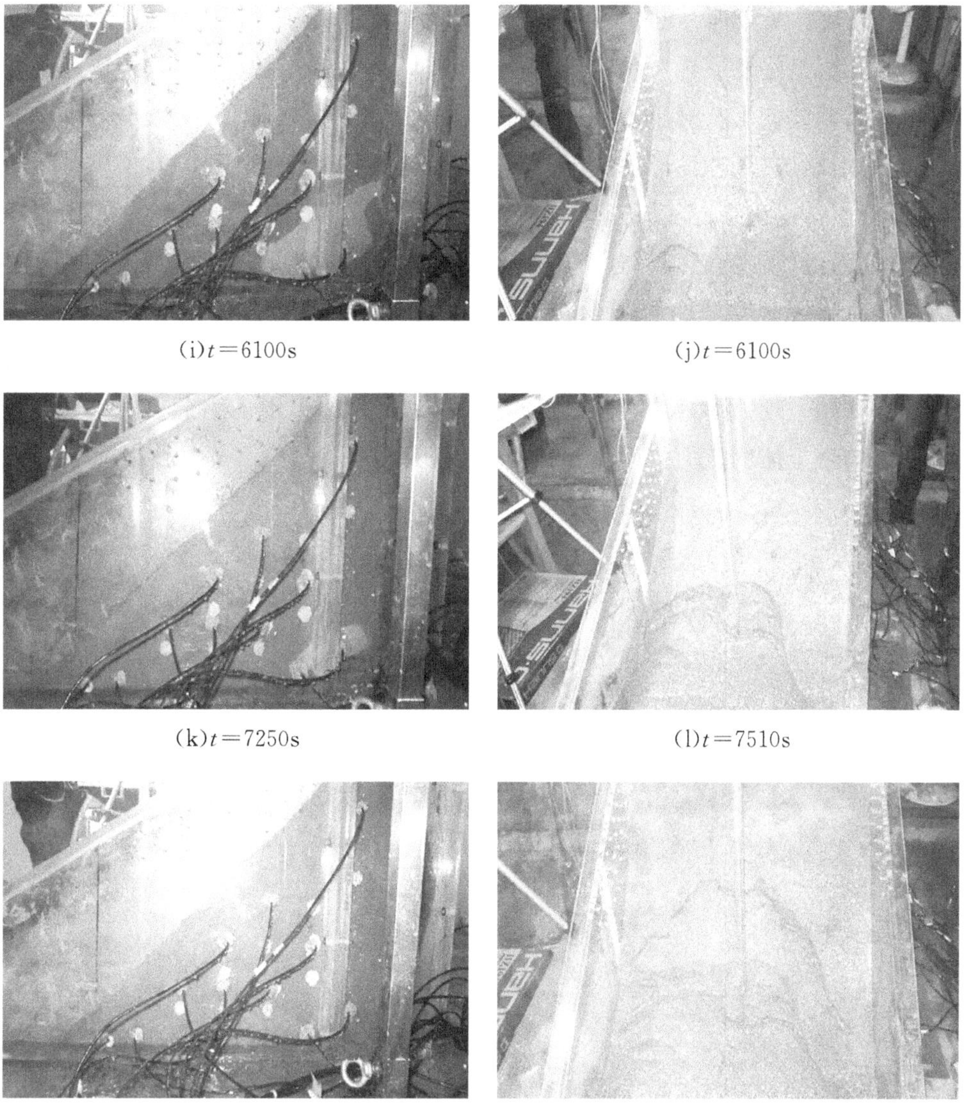

(i) t=6100s　(j) t=6100s

(k) t=7250s　(l) t=7510s

(m) t=8200s　(n) t=9520s

图 3.43　nt-4 试验浸润线和滑坡现象

3.4.3.2　细砂边坡破坏

图 3.44 中左侧一栏为 xs-1，右侧一栏为 xs-4，即它们雨强为 300mm/h，坡比分别为 1∶1.7 和 1∶1.1。它们的坡脚均发生流土破坏，在边坡中部表层发生流滑型破坏。该破坏是由于降雨强度大，边坡表层形成暂态饱和区，土体重量增加，在上部砂子自重产生的推力作用下，使边坡表层区域产生较大变形，形成流滑型破坏。流滑型破坏产生后，泥流体顺坡滑下，在原处形成一椭圆形凹坑，水分逐渐向坑内汇集，凹坑的深度、长度逐渐发展最终形成冲沟，泥流体内含有大量水分，砂子和水掺和在一起能够像水一样流下来。对于 1∶1.7 的边坡，边坡破坏与冲沟有密切关系，冲沟两侧

壁为陡坎，坡度接近 90°，水分向冲沟内入渗，两侧壁的砂子不断被冲刷，冲沟从上至下愈来愈宽阔，最终发展至坡顶；其余部位的破坏均为浅层块体滑动，当破坏发展至上部后，块体规模变大。对于 1∶1.1 的边坡，冲沟引起的破坏作用没那么明显，边坡破坏主要是滑动破坏，冲沟形成的同时，边坡不断发生滑动破坏，导致冲沟逐渐消失，也就形成不了冲刷破坏；滑动破坏能够发展至坡顶，且滑体规模明显变大，滑动面也越深。滑动面形状在边坡破坏过程中也是变化的(图 3.45)，块体规模小时，滑动面近似直线，只有滑坡壁而滑动面很少，说明破坏主要是由重力产生的下滑力引起张裂缝，进而像剥落一样下来；随着破坏向上发展，块体规模逐渐变大，尤其在边坡中部以上，滑动面开始呈现弧形，说明破坏不再是由重力产生的下滑力引起张裂缝为主要原因，而是滑动带土体的抗剪强度不足以抵抗剪切力。

(a) $t=520$s

(b) $t=640$s

(c) $t=560$s

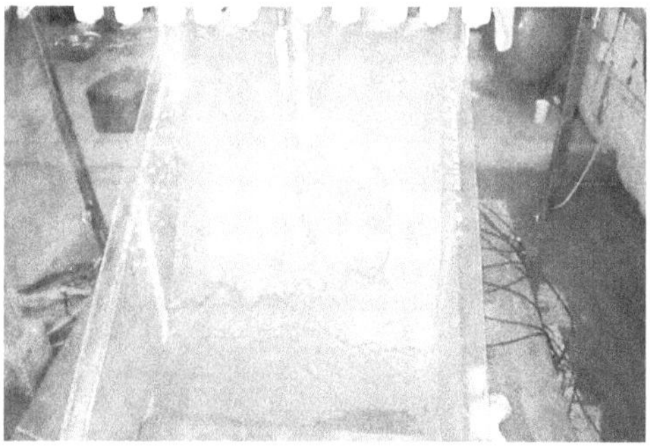
(d) $t=1016$s

(e) $t=670$s

(f) $t=1160$s

(g) $t=926\mathrm{s}$

(h) $t=1215\mathrm{s}$

(i) $t=1600\mathrm{s}$

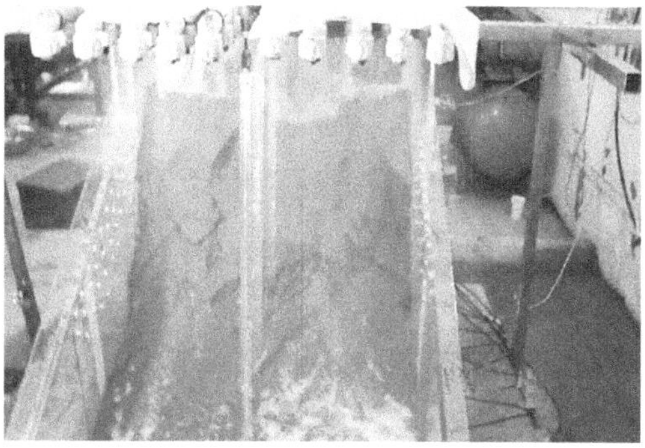

(j) $t=2390\mathrm{s}$

图 3.44　xs-1 和 xs-7 试验破坏现象

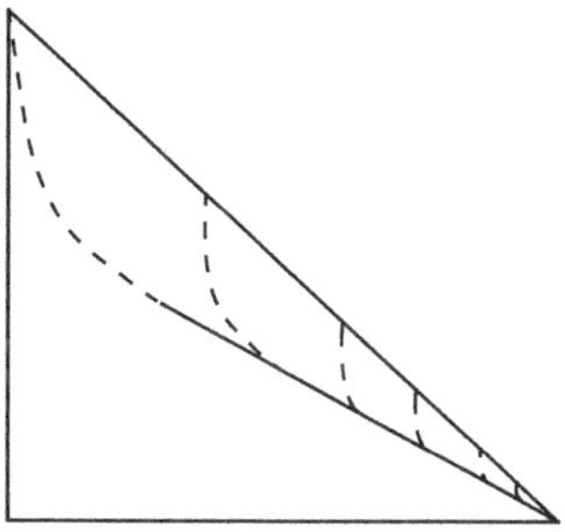

图 3.45　滑动面变化

3.4.3.3　坡度对破坏的影响

随着坡度增大，破坏特征会发生一些变化。最显著的特征是块体规模变大，滑动连续性强，对滑坡体可分为牵引段、主滑段，滑体中因自身应力大于滑动面土体强度而能自行沿剪切破裂面滑动的部分为主滑段，常位于滑坡体中部；主滑段产生后牵动上面土体使其产生张裂缝然后随着主滑段一起滑动，在主滑部分移动下因失去支撑受牵动而失稳的部分为牵引段，一般位于滑坡体后部，如图 3.43 中 $t=9520\mathrm{s}$。坡度增大后，重力产生的下滑力也增大，某处发生滑动时，牵引上面的部分与之一块滑动，而被牵引的部分又可以继续牵引上面，由于下滑力增大，土体在牵引作用下也更容易下滑，所以会呈现连续滑动的现象。而对于缓坡，牵引作用小，当一块满足滑动条件时边滑下来，过一段时间，另一块滑动下来，所以缓坡虽然也破坏但多是局部破坏。

3.4.3.4 雨强对破坏的影响

图 3.46 中第一排为坡比 1∶1.5 的细砂边坡最终的破坏形态。可以看出，随着雨强的增大，边坡破坏的程度越高，即向上破坏的距离越大，相反，如果雨强较小，边坡可能就不会发生破坏，说明边坡的破坏是有雨强门槛的。图 3.46 中 $t=865$s 坡比也为 1∶1.5，由于降雨强度大，边坡表层形成暂态饱和区，土体重量增加，在上部砂子自重产生的推力作用下，使边坡左侧区域产生较大变形，形成流滑型破坏。

图中 $t=16150$s 和 $t=4420$s 为坡比 1∶1.5 黏土边坡，黏土边坡破坏与细砂的有些不同，在雨强为 50mm/h 时，边坡依然破坏至上部，因此黏土边坡更容易发生破坏。在高雨强下，黏土边坡表面容易形成径流，形成冲刷破坏，冲沟深度、宽度从上向下逐渐增大。

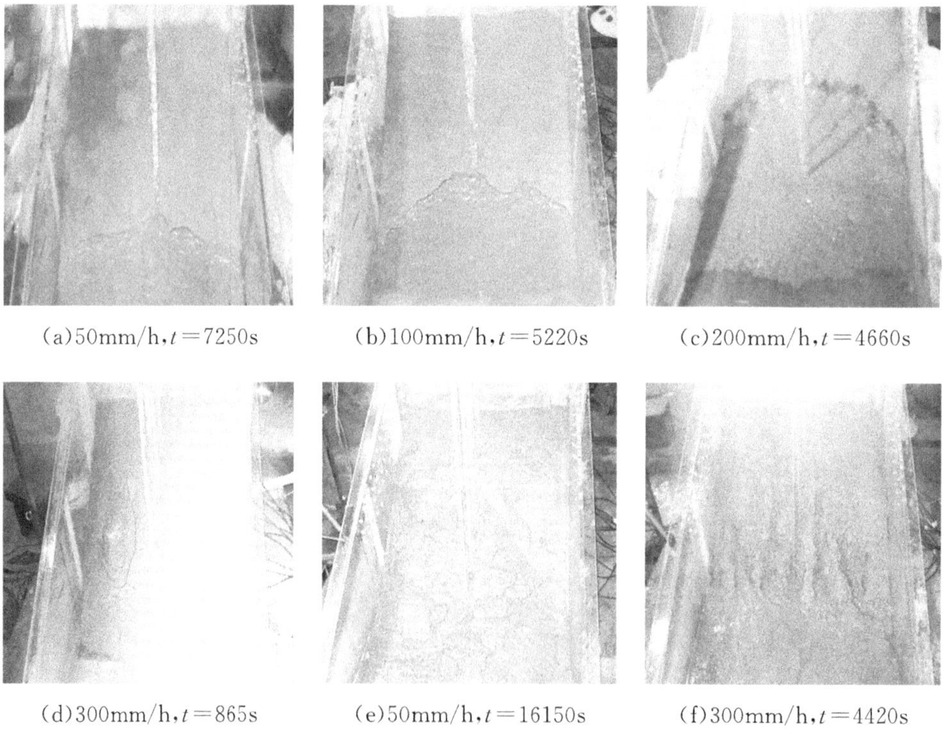

(a)50mm/h，$t=7250$s (b)100mm/h，$t=5220$s (c)200mm/h，$t=4660$s

(d)300mm/h，$t=865$s (e)50mm/h，$t=16150$s (f)300mm/h，$t=4420$s

图 3.46 细砂和黏土边坡不同雨强破坏现象

3.4.3.5 土质对破坏的影响

相同雨强和坡度下，细砂边坡破坏过程与现象与黏土的有相同也有不同之处，坡脚处也会出现浸水湿润现象，随着降雨入渗的进行，在坡脚处发生流土破坏，破坏逐渐向上发展并开始产生块体滑动，块体规模要小于黏土的，而且由于砂子没有黏性，滑体的牵引段小，滑动面多为直线。坡脚处发生流土破坏的时间，对于两种土质并不好比较，黏土的临界梯度大，但坡面容易饱和形成渗流，对坡脚处会形成较大的水力梯度；细砂的临界梯度小，但由于渗透性大，坡面不容易饱和，坡脚处的水力梯度也就较小。细砂边坡破坏的范围有限，边坡最终破坏到中部，然后就不再向上发展，因为入渗的水分从发生滑动破坏处的滑动面上渗出坡体，水力梯度减小，不会再发生流土，而从细砂的三轴试验知道细砂的内摩擦角较高且其基本上不随含水率的多少发生变化，因而滑动破坏也不再向上发展。

3.4.3.6 破坏现象、类型总结

各组滑坡试验现象、类型总结见表 3.9。

表 3.9　各组滑坡试验现象、类型总结

土质	试验编号	主要破坏类型	主要现象	流土开始时间/s	滑动开始时间/s
细砂	xs-1	流土、溜滑、浅层块体滑动	流土由坡脚向上发展，边坡上部产生泥流、冲沟，冲沟逐渐变宽、变深	520	
	xs-2	流土、溜滑、浅层块体滑动	流土由坡脚向边坡下部发展，边坡上部产生泥流、冲沟，冲沟逐渐变宽、变深，块体滑动自下而上逐渐发展	720	820
	xs-3	流土、块体滑动	流土由坡脚向边坡下部发展，块体滑动自下而上逐渐发展，块体规模较 xs-2 的大	660	860
细砂	xs-4	流土、溜滑、块体滑动	流土由坡脚向边坡下部发展，中部产生泥流、冲沟，冲沟逐渐变宽、变深，块体滑动自下而上较快发展，块体规模较 xs-3 的大	690	930
	xs-5	流土	仅在中下部、脚部发生破坏	4000	
	xs—6	流土、浅层块体滑动	仅在中下部、脚部发生破坏	2745	
	xs-7	流土、浅层块体滑动	流土由坡脚向边坡下部发展，块体滑动由下部向上部发展，顶部没有破坏	780	1080

续表

土质	试验编号	主要破坏类型	主要现象	流土开始时间/s	滑动开始时间/s
细黏土	nt-1	流土、块体滑动	块体滑动由下向上逐渐发展，块体规模较 st1-1 大	1450	2420
	nt-2	块体滑动	边坡中下部产生横贯坡宽的裂缝，块体规模大		8000
	nt-3	块体滑动	坡脚处滑动后，滑动没有向上发展，过 218min 后滑动迅速向上发展直至坡顶		3180
	nt-4	块体滑动	块体滑动由下向上快速发展		7200
	nt-5	流土、块体滑动	脚部发生流土，块体滑动由下向上逐渐发展，坡顶未破坏	2820	4380
	nt-6	冲刷和表面冲饰	坡脚首先受到冲刷，冲沟向上发展，自上而下变深变宽，最终形成数个大冲沟		
	nt-7	冲刷和表面冲饰	同 st2-6，但冲沟形成时间、宽度、深度比前者早、大		

3.4.4 实验结果分析

3.4.4.1 含水率变化

随着水分入渗到坡体，坡体的含水率变化和分布有何特征，坡度、雨强对含水率有何影响，根据坡体内的 12 个含水率传感器来进行分析以上问题。

(1)坡体含水率

以图 3.47 至图 3.49 均为坡比 1∶1.5 雨强 100mm/h 的黏土边坡含水率变化图。图 3.47 为平行于坡面的 5#、6#、8#、10#、16# 含水率传感器变化，这 5 个传感器距离坡面平均距离为 3.5cm。从图 3.47 中可以看到，含水率在 800s 左右开始迅速升高，各点的含水率均能达到最大值然后减小，在 8000s 之前(边坡未滑动)分别趋于一定值。各点的最大值并不相同，位于边坡脚部的 5# 点在 250s 内达到最大含水率，其次为边坡中部的 10#，说明边坡脚部和中部的含水率要大于其余部位；从最大值的降低幅度来看，中下部的 8# 变化最小，5# 和下部的 6# 降低得最大。以上分析表明，脚部含水率增加快，增大的幅度最大，但含水率的减小则会发生相反的变化，中下部区域含水率较高且减小幅度小。含水率会发生减小，一般分析认为是由土体初始密度发生变化和渗流作用造成的；含水率即使达到最大值 25% 也小于饱和时的含水率 30%，因为水分入渗到土体中，土中气会有一部分被封闭，水分中也会溶有一定的气体,造成土体难以达到完全饱和。

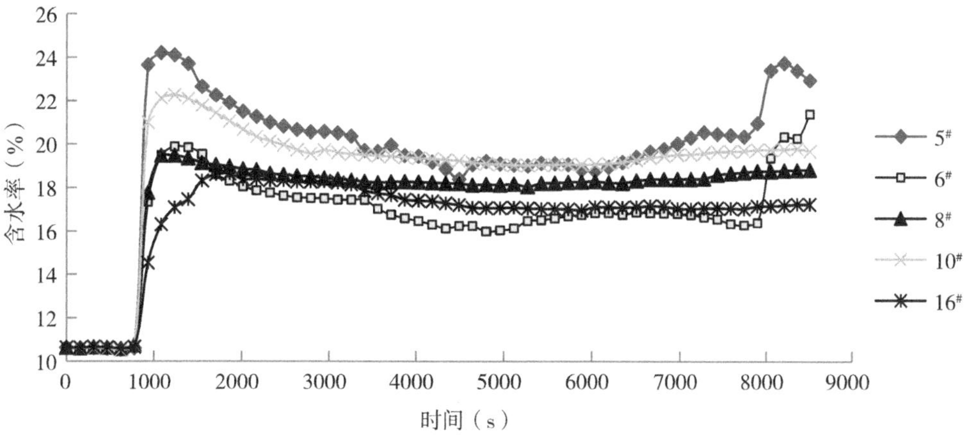

图 3.47 沿坡面含水率变化

图 3.48 为边坡中下部在同一竖直方向上的 8#、7#、13# 含水率变化图,三点距坡面的竖直距离分别为 3.7cm、8.7cm、12.7cm。距离坡面近的含水率先发生变化,说明水分在坡内是逐步向下入渗的。在同一竖直方向上,三点的含水率最大值基本相同,但趋于稳定后的数值并不相同,距坡面最近的 8# 点趋于稳定后的数值最小,7# 点的最大。以上分析表明,当各点的含水率趋于稳定后,含水率从坡面向下增大,但不是一直增大至坡底,而是在坡底以上一定位置,然后从该位置向下减小;距离坡面近的区域含水率变化幅度大。

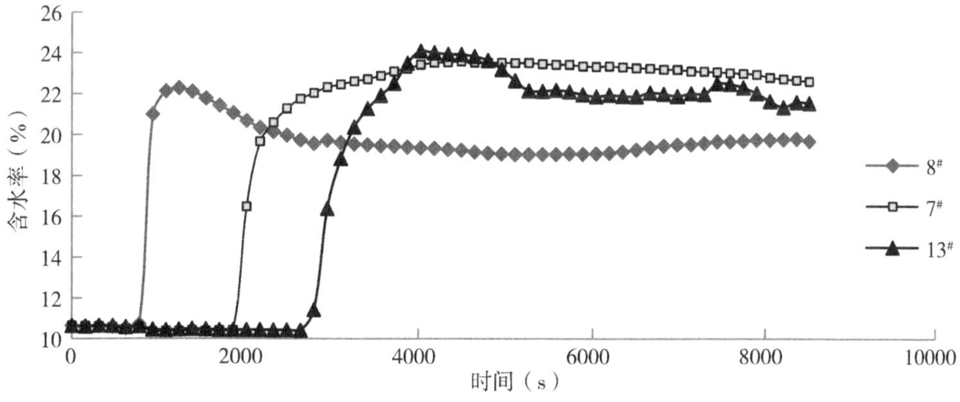

图 3.48 中下部竖直方向含水率变化

图 3.49 为同一水平方向上的 7#、9#、14# 点,三者距离坡面分别为 8.7cm、14.5cm、23.4cm。

距离坡面近的,含水率先发生变化,最终趋于稳定,与上面两图最大的不同是含水率呈两个台阶式的增长,9#、14# 可以明显地看出来。根据图 3.50 浸润线的形状,湿润线基本平行于坡面，笔者分析认为，在边坡下部、脚部，当水分入渗到坡底后，水分会向坡内即水平向内入渗，因为在水平向内的方向上土体是处于初始含水率状态，从图中是可以清晰看出来的，同样其余部位的某点，在湿润锋发展至该点时，一部分水分继续向下入渗，而另一部分则在水平向内的方向上入渗，因而该点的含水率不会一直按原速率增长。这种现象并没有发生在距坡面较近的点，因为距离较近时，入渗所形成的饱和区、过渡区、传导区、湿润区之间的距离很小，即按含水率所划分的过渡区之间距离很小，这种点在较短时间内可能就会经历这几个区的发展，因而含水率呈现一直增大的现象。根据分析，这种现象的发生需要在一定厚度的区域，以 1∶1.1 的边坡来进行验证，同样以 7#、9#、14# 点来观察它们的含水率变化，由于边坡变陡，三点离坡面的距离分别变为 11cm、18.3cm、34cm，即到坡面的距离增大，从图中可以看出，三点也会发生同样的变化，尤其距坡面近的 7# 的现象比 1∶1.5 的边坡要明显些。

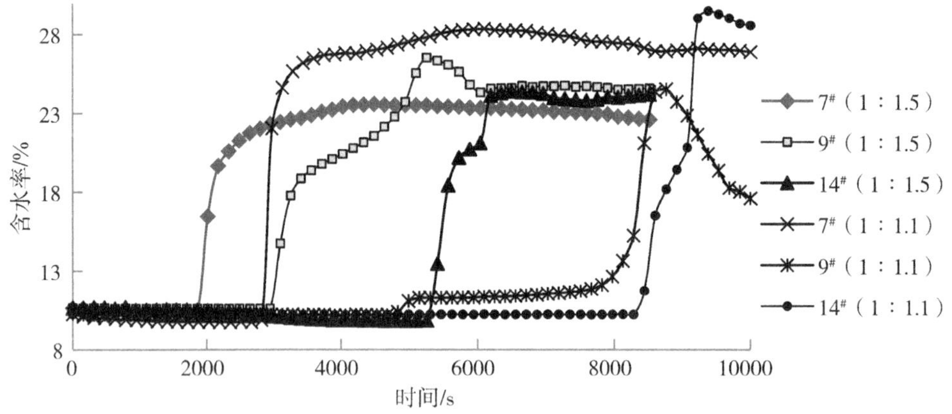

图 3.49　同一水平方向含水率变化

图 3.50　浸润线形状

(2)雨强对含水率影响

图 3.51 为细砂边坡在坡比 1∶1.5 不同雨强条件下 $7^{\#}$ 点的含水率变化图，4 个点距坡面距离均相等。可以看出，随着雨强的增大，含水率发生变化的时间越早，因为雨强增大，边坡容易饱和，而饱和渗透系数大于非饱和渗透系数，所以随着雨强增大，水分入渗也快。在黏土边坡中也发生类似变化，限于篇幅，在此不再绘图说明。

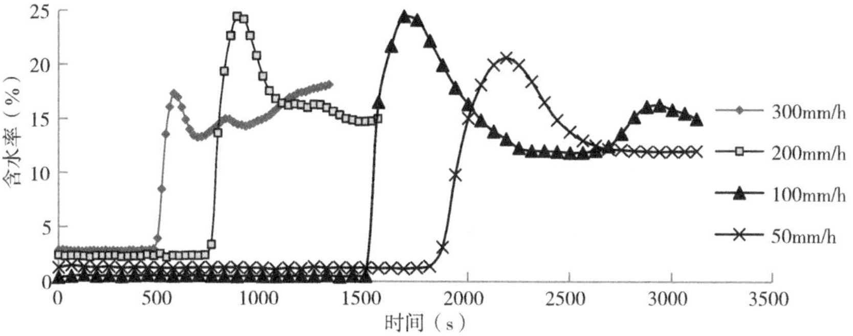

图 3.51 不同雨强条件下 $7^{\#}$ 点含水率变化

3.4.4.2 孔隙水压力变化

水分入渗进边坡，坡体含水率增加，基质吸力逐渐减小，土体逐渐由非饱和土变为饱和土，坡体将产生正孔压。试验所用孔压传感器仅能测量正孔压，对于基质吸力(负孔压)本书将在下一章结合土水特征曲线来预测，正孔压的确定关系到饱和渗流场，渗流场的确定可以用来计算渗流力，进而确定渗流对边坡稳定影响。

(1)坡体孔隙水压力

由 3.4.3 节的结果可知，坡脚容易发生破坏，然后破坏逐渐向上发展，边坡完整性被破坏，即边破坏边影响孔压变化，孔压的变化也就没有规律性。如果边坡仅发生一次较大规模的滑动破坏，坡体的孔压就不会受到边坡形体变化的影响，破坏之前的孔压能够真实反映出水分在坡体内的压力变化。鉴于上述原因，选取试验 nt－2 来进行分析孔压的变化。

试验 nt-2 为坡比 1∶1.5 雨强 100mm/h 下的滑坡试验，以下两图显示边坡的滑动破坏，图 3.52 左侧显示在边坡中下部开始形成横向贯穿裂缝，随着裂缝的发展，滑体先下陷然后顺坡滑动，最终形成如右侧所示的破坏。

图 3.53 为平行于坡面的 $26^{\#}$、$17^{\#}$、$24^{\#}$、$19^{\#}$ 孔压变化图，四点距坡面的距离分别为 3.2cm、3.7cm、4.1cm、4.5cm。可以看出，在 1000s 以前，孔压没有变化，说明这些区域还没有饱和，在 1000s 以后，坡脚处孔压最先增大，然后依次是坡脚以上部位的孔压逐渐增加。$26^{\#}$ 位于坡脚处，孔压迅速增加，梯度最大，达到最大值 10.5cm，然

后趋于稳定；17#点孔压变化的开始阶段增加比较迅速，梯度较大，增大到 5cm 左右时，然后缓慢增加，最终也能趋于稳定，但稳定的时间小于 26#点的。24#点靠近边坡中部，其变化与 17#点的类似，增大到 4cm 左右时，然后缓慢增加，最终趋于一稳定值。19#点与前三点的变化相差比较大，缓慢增加的阶段比较长，最终也趋于稳定。四点的梯度大小说明水分向坡脚处汇集，靠近坡脚处孔压形成早、增加快、稳定长。在 8000s 左右，即四点的孔压稳定一段时间后，边坡发生滑动，位于滑体内的 26#点最先减小且减小幅度最大，紧接着的是滑体内的 17#点减小幅度也较大。26#、17#均在滑体内而且迅速减小，说明滑体内的孔压和滑坡壁以上部位的水位是直接相连的。这也说明 26#点虽然距坡面仅 3.2cm 但却能够形成 10.5cm 的压力水头；24#点不在滑体内，但距滑坡壁仅 3cm 左右，滑坡发生 300s 后，该点孔压逐渐减小，19#点距滑坡壁 8cm 左右，但该点孔压却逐渐增大，说明滑坡发生后，滑坡壁以上部位孔压将产生复杂的变化。

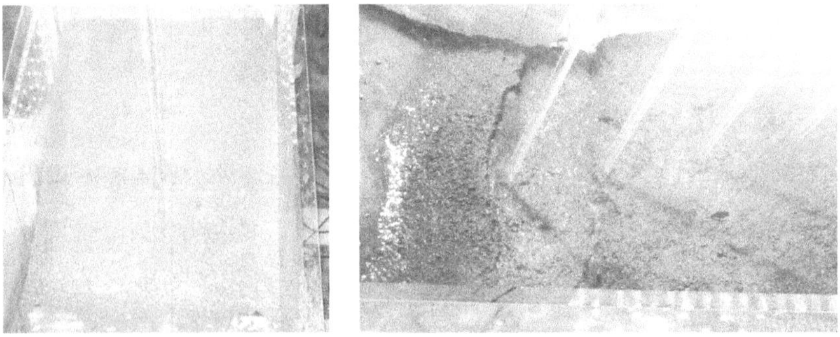

(a)t=7980s　　(b)t=8500s

图 3.52　试验 nt-2 滑坡破坏

滑坡是在四点的孔压稳定一段时间后发生的，说明坡面孔压达到稳定后是边坡稳定的危险性阶段。

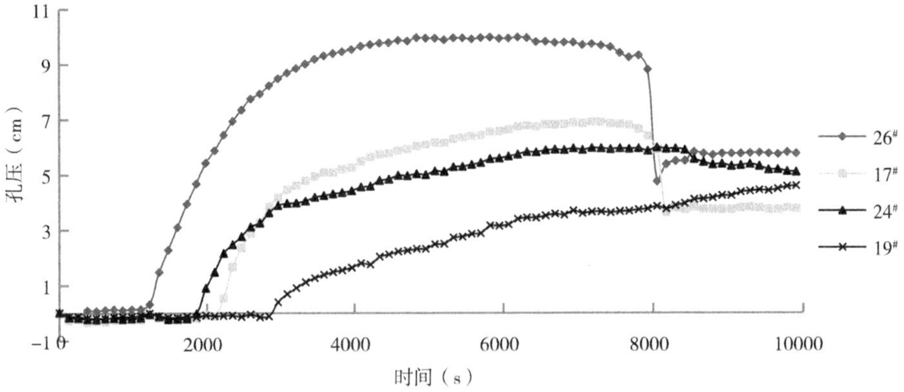

图 3.53　沿坡面孔压变化

图 3.54 为同一竖直方向上的 19#、18# 点孔压变化，分别距坡面 4.5cm、14.5cm。由于后者深度比前者大，孔压变化时间要晚，但增加梯度大，在 4340s 时超过前者，增加到 7cm 后缓慢增长，基本趋于稳定。8000s 左右时即发生滑坡时，从图 3.54 中可以看出，与前者相对应，后者孔压也略有增大，如果发生滑坡促进坡体排水的话，内部孔压应该变小，但数据证明并不是，关于原因将在后面的流网一节探讨说明。根据分析，可以知道随着深度的增加，孔压逐渐增大，增大方式与深度小的点不同，而是迅速增加、缓慢增加、趋于稳定。

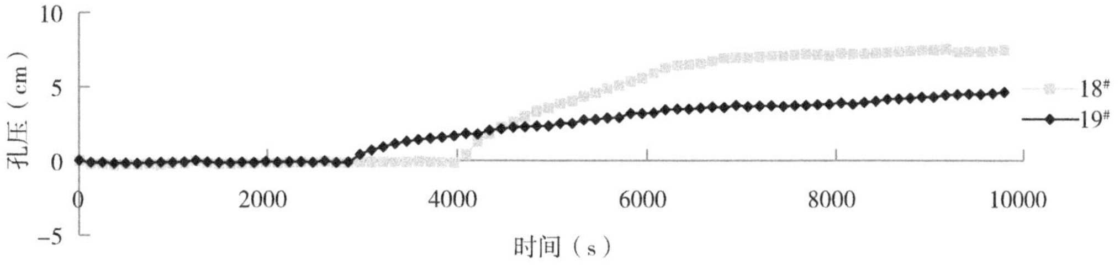

图 3.54 竖直方向孔压变化

两图中的 17#、18# 在同一水平方向上，两者水平距离为 15cm，两者增长方式相似，孔压最大值也接近，说明深度大的区域与下部、坡脚的孔压数值较接近。

(2)雨强对孔压的影响

图 3.55 为 22# 点分别在坡比 1∶1.5 和 200mm/h、50mm/h 雨强下的孔压变化图。通过对比，随着雨强的增大，孔压发生变化的时间越早，增加的梯度相对也大，但最终所达到的最大值基本相同。这说明雨强增大，饱和带形成时间越早，而孔压最终的大小不是由雨强决定的，小雨强、长历时也能形成较大孔压，从而较大降低土体的有效应力和抗剪强度，降低边坡稳定性。

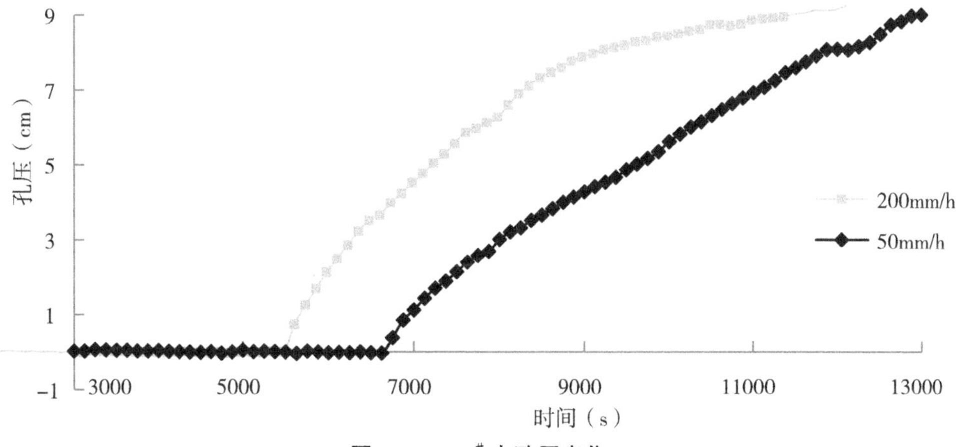

图 3.55 22# 点孔压变化

(3)坡度对孔压影响

以黏土在坡比1∶1.5和1∶1.1相同雨强100mm/h下的各水压力传感器数据导入tecplot软件，利用Kriging插值法得到的坡体孔压变化图，从以下两组图(图3.56和图3.57)可以看出，边坡坡脚、下部首先产生水压力且由坡面至坡底增加。随着降雨入渗，饱和区域向下发展，饱和区域亦从在边坡底部由坡外向坡内发展，孔压区域因此向下部和内部发展，即水压力区域在竖直和水平方向上均会发展。最终，整个坡体均产生孔压，边坡表层处孔压等值线密集，说明表层水压力变化梯度大，水分的势能变化大；在边坡内部，水压力在坡外向坡内的方向上增加，在竖向上也是增加，最终在边坡上部的底部区域有最大孔压。从两组图对比来看，陡坡的整个坡面区域均有较大孔压，而缓坡中部至顶部的坡面区域的孔压要较小，它们在靠近坡底的区域孔压均较大，从陡坡孔压分布说明其破坏除了重力的分量增大外还有孔压的影响导致破坏规模大和连续性强。

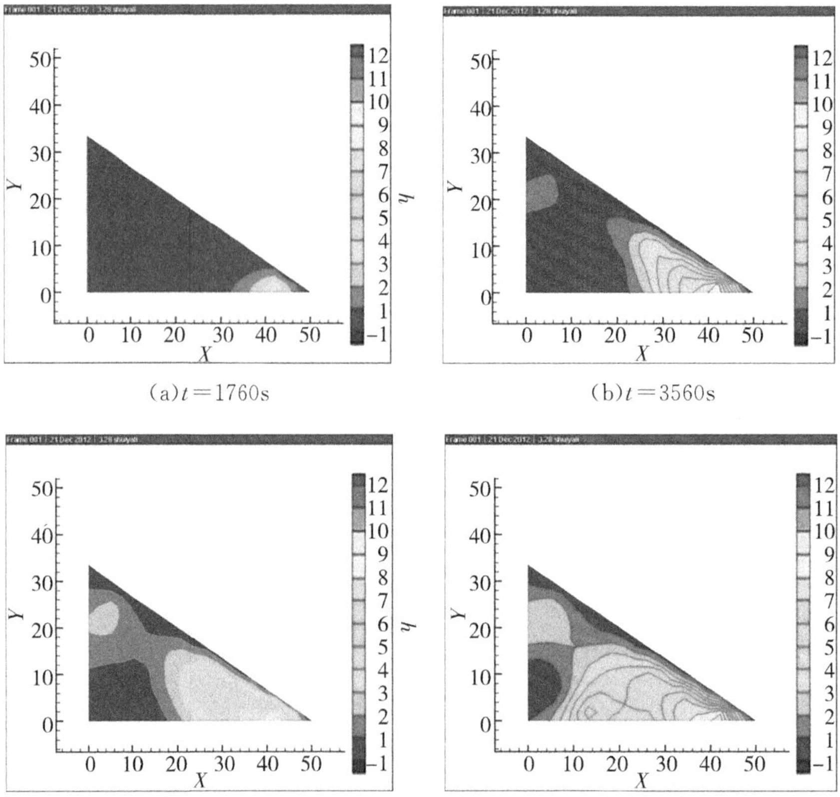

(a)t=1760s

(b)t=3560s

(c)t=4550s

(d)t=5450s

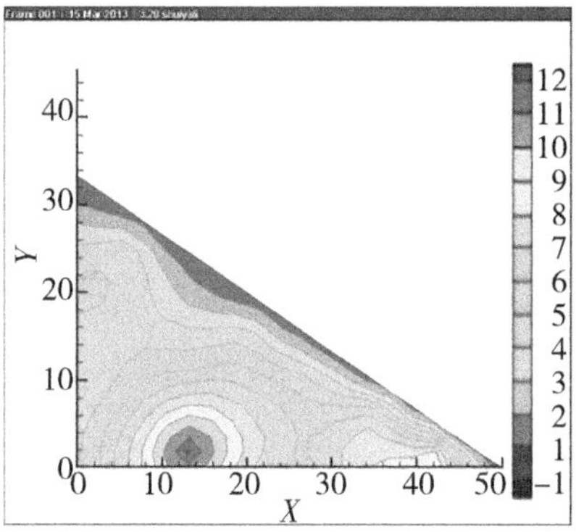

(e)$t=7900$s

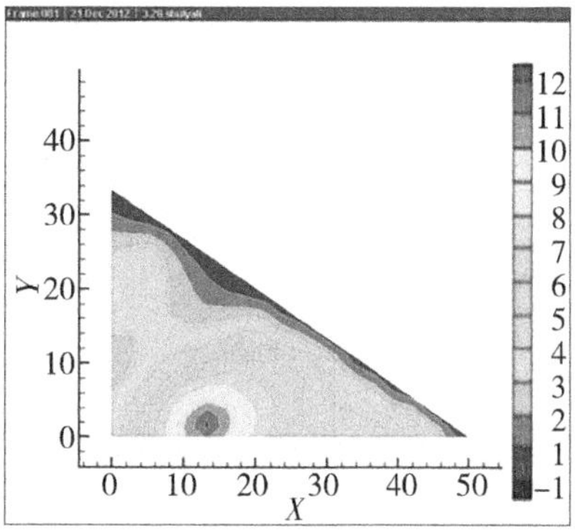

(f)$t=8500$s

图 3.56　坡比 1∶1.5 孔压变化

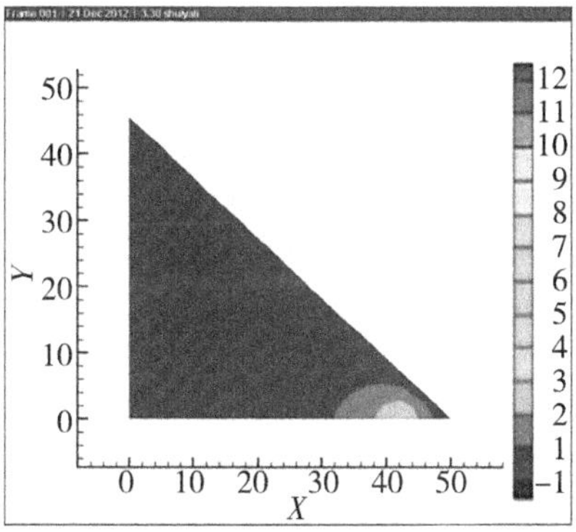

(a)$t=3080$s

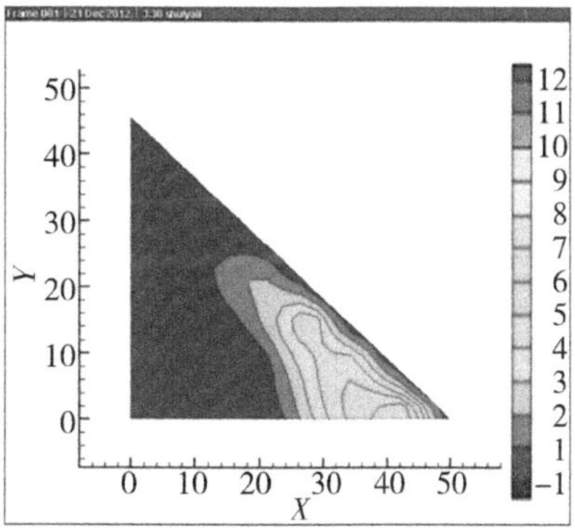

(b)$t=5960$s

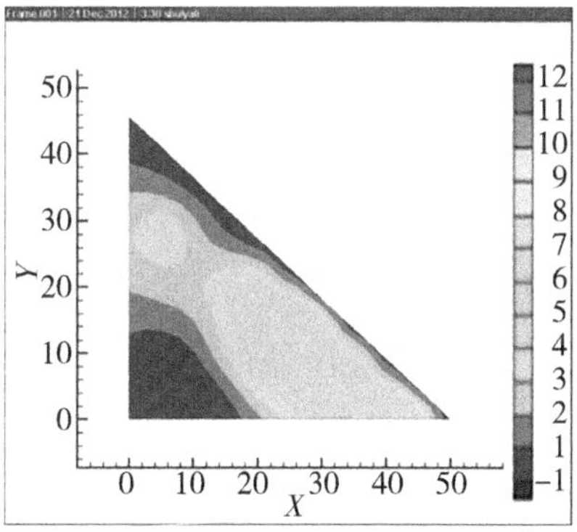

(c)$t=8000$s

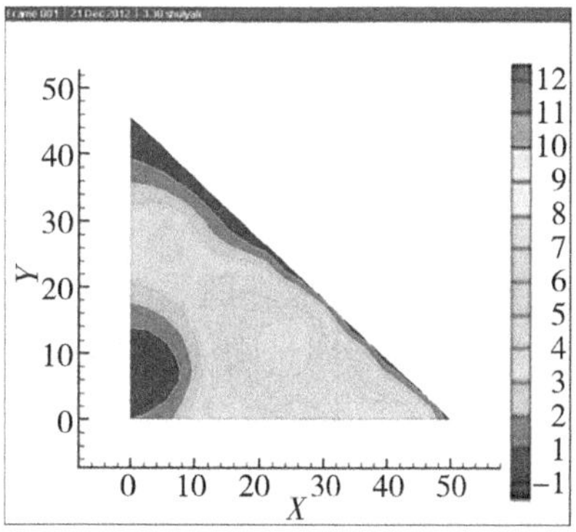

(d)$t=8440$s

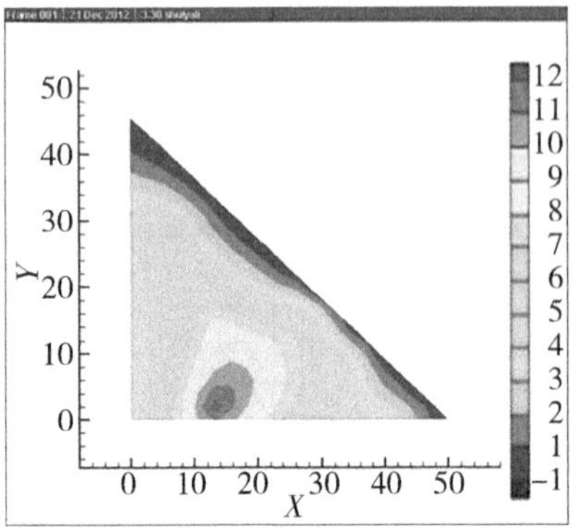

(e) $t=8840$s

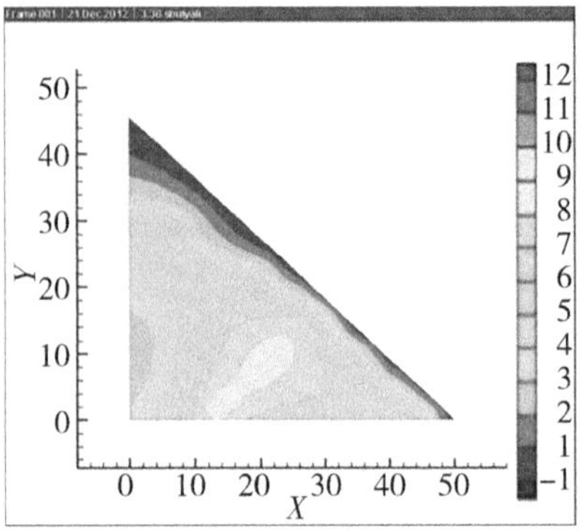

(f) $t=9960$s

图 3.57　坡比 1∶1.1 孔压变化

3.4.5　流网

上一节已经叙述了坡体的孔压分布，但对于水分的入渗方向还不清楚，本节将借助流网来进行分析这个问题。流网是研究渗流问题的最有用且全面的图案，有了流网，整个场问题都可以得到解决。流网为等势线和流线的正交网，势能为压力水头与位置势能之和，其中压力水头可以通过孔压传感器数据进行插值得到，进而可以得到势能。根据达西定律，$v_x=-k\dfrac{\partial h}{\partial x}$，$v_y=-k\dfrac{\partial h}{\partial y}$，其中 h 为势能，确定了速度的方向，就可以确定水分运动的方向即流线。

图 3.58 为上一节坡比 1∶1.5 的流网变化图，时间也与之对应。可以看出，脚部的孔压增加，势能增高，促使水分向土水势低的地方入渗，所以从图 3.58 中可以看到流线会向坡内偏移。坡脚表面区域的等势线几乎垂直于坡面，造成入渗的水分沿坡面向下运动，这是造成坡脚发生流土破坏的重要原因。在产生孔压的区域，坡面区域的流线可分为三种趋势：无孔压的区域流线向坡内偏转；在等势线垂直坡面的区域向外偏转；在前两者之间的过渡区域竖直向下。随着降雨入渗的进行，中部、上部、顶部表面区域的流线逐渐与坡面平行，这些区域和下部、底部的水分均向坡脚汇集，这是边坡表面区域发生滑动破坏的重要原因。当 $t=8500$ 时，滑坡已经发生，导致脚部和下部基本缺失，有利于边坡排水，从图中可以明显看出表层区域的水分更加向滑坡壁处汇集。对于 3.4.3 节的滑坡发生后 19#、18# 点孔压略有增大的问题，可以用流线进行说明，滑坡发生后，可能促使坡顶的水分能够入渗到 19#、18# 点，而不再是垂直高度上的水分，当然对于孔压大小的确定是一个复杂的问题，在试验中仅能反映出来。从图 3.58 中流线的分布特征可以看出，降雨入渗下边坡内水分运动的复杂性。

当坡度增加时，流网所体现最大的不同是中部至顶部表层区域的流线也向坡外偏转，即更加地平行于坡面，水分向坡脚汇集。对于细砂边坡，主要为表层区域的不同，如图 3.59 所示表层区域孔压均较大，土水势大于相同高度坡内的区域，等势线愈加垂直于坡面，整个表层的流线均沿坡面向下，这也可能是细砂边坡发生浅层破坏的原因。

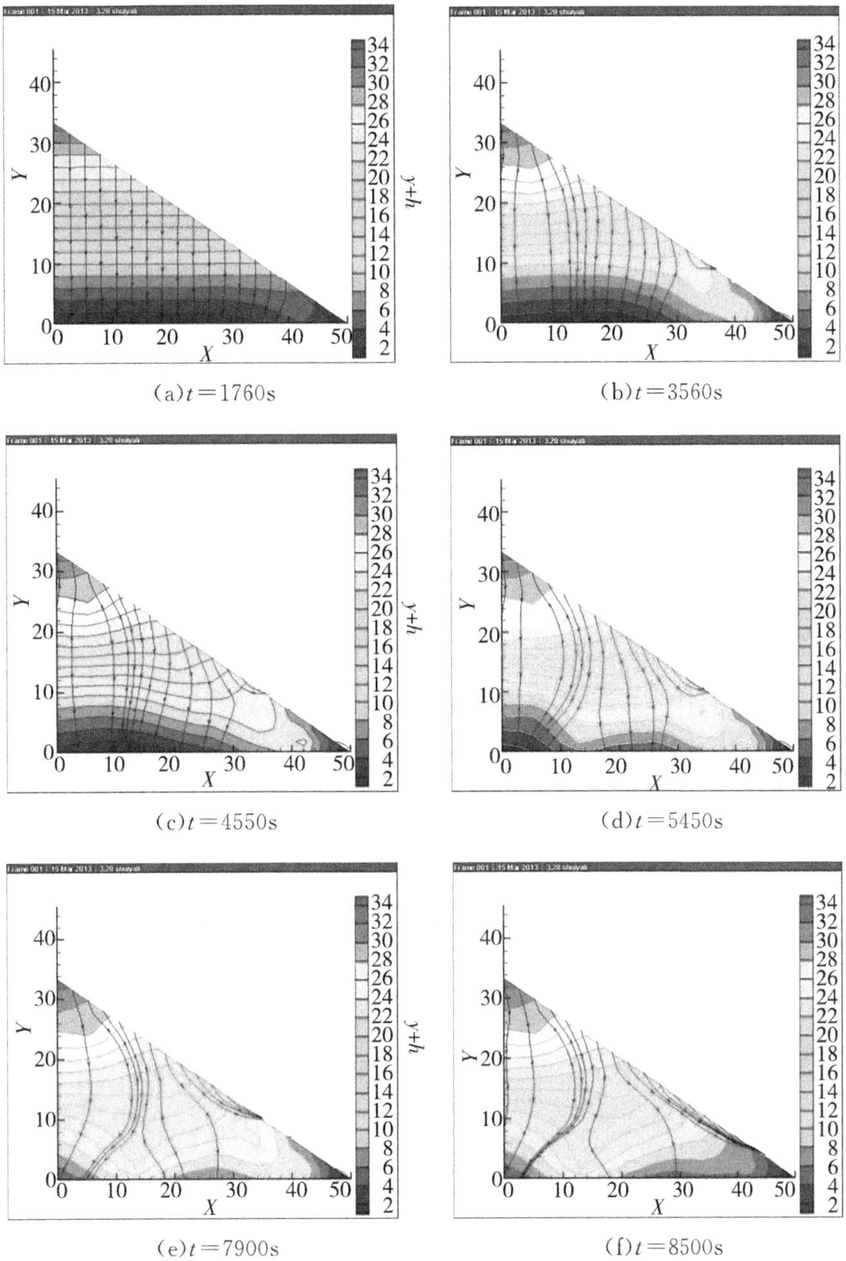

(a) t=1760s　(b) t=3560s

(c) t=4550s　(d) t=5450s

(e) t=7900s　(f) t=8500s

图 3.58　nt-2 试验流网

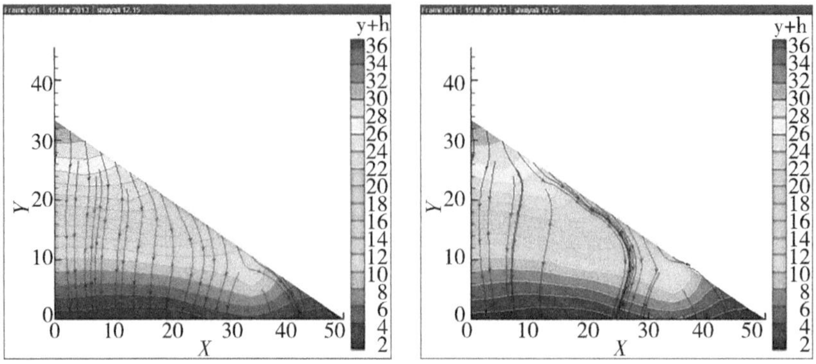

(a) $t=630$s　　(b) $t=690$s

图 3.59　xs-2 流网

3.5　雾化雨入渗边坡稳定性计算

3.5.1　工程概况

溪洛渡水电站装机容量 12600MW，是我国仅次于三峡水电站的第二大水电站。主要水工建筑物为坝高 278m 的双曲拱坝，以及左右岸地下厂房、坝身泄洪孔口和泄洪洞等。坝址河道顺直，岸坡陡峻，河谷宽高比为 2，呈对称窄“U”形。两岸山体雄厚、地形完整，坝基岩体为多期喷溢的玄武岩，强度高，整体块状结构，风化卸荷影响深度不大，岩体风化卸荷界限大体与河谷形态相近。坝区无较大断层和软弱带切割，发育于玄武岩各岩流层中的层间层内错动带是坝基岩体主要构造痕迹，与大坝基础相关的共有 10 个岩流层，层厚 25～40m。层间、层内错动带较为发育，产状多平缓，破碎带一般厚 5～10cm，浅表可达 20～30cm。坝址地质条件总体较好，适于修建高混凝土拱坝。但建基面嵌深的合理性，一直是工程设计的关键。由于基本对称的“U”形河谷，风化卸荷界限基本与河谷形态一致。

3.5.2　边坡稳定性计算

3.5.2.1　计算区域

选择坝址区横Ⅱ剖面左岸作为本次计算对象，选取范围海拔 200～770m。本区岸坡顶部分布第四纪覆盖层，最大厚度约 50m，下部分布角砾熔岩、含斑玄武岩和斑状玄武岩。地层层理基本水平，与水平面呈 2°～3°。发育有 3 条层间错动带，海拔分别为 620m、510m 和 340m。可研阶段进行了大量的现场地质调查及多方法分析研究工作，提出了左岸微新的Ⅱ级岩体 12%，弱风化Ⅲ、Ⅳ级岩体 15%，其力学指标见表 3.10。

表 3.10　坝区综合岩体质量分级及其力学参数建议值

岩级	亚级		岩体结构类型	声波纵波速 V_P/(m/s)	变形模量 E_0/GPa		弹性模量 E/GPa		容重/(kN/m³)	垂直面泊松比 μ	强度参数						
											岩体/岩体				混凝土/岩体		
											抗剪断强度		抗剪强度		抗剪断强度		抗剪强度
					水平	垂直	水平	垂直			f'	c'/MPa	f	c/MPa	f'	c'/MPa	f
Ⅱ			块状结构	4800～5500	17～26	12～16	22～30	16～22	28.5	0.20	1.35	2.50	0.99	0	1.26	1.23	0.95
Ⅲ	$Ⅲ_1$	3、4、6 层顶部的含凝灰质角砾熔岩	块状—次块状结构	4000～5200	10～12		14～20	13～16	28.5	0.25	1.22	2.20	0.92	0	1.10	1.00	0.85
		玄武岩、角砾熔岩			11～16	9～11											
	$Ⅲ_2$		镶嵌结构	3500～4500	5～7	4～6	7～9	5～8	27.5	0.28	1.20	1.40	0.84	0	1.00	0.95	0.80
Ⅳ	$Ⅳ_1$		碎裂结构	2700～4000	3～4	2.5～3.5	4～5	3.5～4.5	26.0	0.30	1.02	1.00	0.70	0	0.90	0.70	0.70
	$Ⅳ_2$		碎裂结构	2500～4000	0.9～2	0.5～1	1.0～2.6	0.7～1.2	26.0	0.30	0.70	0.50	0.56	0	0.70	0.50	0.56

3.5.2.2 雾化雨分区及其雨强的确定

南科院陈惠玲等对溪洛渡水电站枢纽进行了泄洪雾化物理模型试验。雾化雨模型试验工况分为以下5种：①设计洪水，表孔、深孔及泄洪洞全开联合泄洪（以下简称“设计工况”）；②校核洪水，表孔、深孔及泄洪洞全开联合泄洪；③百年洪水，深孔和泄洪洞联合泄洪；④表孔泄洪；⑤深孔泄洪。各种工况下，不同位置、不同高程处的雨强是不同的，具体雨强分布及雨区见参考文献[101]。本次雾化雨入渗分析将重点依据设计工况下的试验结果进行分析。

由于缺乏更详尽的雾化雨资料，根据雾化雨模型试验结果假设雾化雨的雨强不随时间而变化，即假设雾化雨为等强型。雾化雨雨强分区根据见参考文献[101]按高程分为下述3个雾化雨区：①高程440m以下区域；②高程440～500m范围内区域；③高程500～560m范围内区域。此外，高程560m以上区域，即自然降雨入渗区定为第④区。设计工况下的雾化雨分区及其雨强汇总于表3.11。

表3.11　　设计工况下的雾化雨分区及其雨强

工况	雨区号	高程	雨强/(mm/h)
设计工况	①	440m以下	1000
	②	440～500m	150
	③	500～560m	10

由于泄洪一般在雨季进行，因此为使分析结果更符合实际情况，在进行雾化雨入渗分析时需联合考虑自然降雨的入渗。

溪洛渡坝区的自然降雨主要集中在5—8月，日降雨量最大为130mm，相当于5.4mm/h。由于没有典型的暴雨过程线，假设降雨为等强型，其强度取5.4mm/h。

3.5.2.3 饱和/非饱和裂隙岩体渗流

雾化雨入渗同降雨入渗一样，是一个有地表入渗的饱和、非饱和渗流过程。把裂隙岩体等效为连续介质来处理，在建立基本微分方程之前，先需定义裂隙岩体的等效水力参数。由于等效饱和渗透张量（或等效饱和渗透系数）以往讨论得较多，已有公认的定义，故这里不再赘述。下面主要叙述等效非饱和水力参数的定义。

取一表征单元体（水力学性质不再有尺寸效应的最小体积；对于裂隙较发育的岩体，一般认为存在表征单元体且不是太大），其体积为V；记表征单元体内裂隙所占的体积为V^J（根据体积裂隙率求得），岩块所占的体积为V^R，$V^R=V-V^J$。上标R，J分别表示与岩块和裂隙有关的量（下同）。假设垂直于水流方向的平面上裂隙内水头与岩块内水头相等，则可在流量等效的前提下，根据裂隙和岩块各自的非饱和水力参数及体积比重，通过均化方法来确定裂隙岩体的等效非饱和水力参数。即等效相对渗透率 $k_r = \dfrac{k_r^J k_s^J V^J + k_r^R k_s^R V^R}{k_s^J V^J + k_s^R V^R}$，其中 $k_s^J = \sqrt[3]{k_{sx}^J k_{sy}^J k_{sz}^J}$，$k_s^R = \sqrt[3]{k_{sx}^R k_{sy}^R k_{sz}^R}$，$k_{sx}^J$，$k_{sy}^J$，$k_{sz}^J$，$k_{sx}^R$，$k_{sy}^R$，$k_{sz}^R$ 分别为表征单元体内裂隙网络（等效为各向异性的连续介质）和岩块的饱和渗透张量的 3 个主值；等效比容水度 $C = \dfrac{C^J V^J + C^R V^R}{V}$；等效单位贮存量 $S_s = \dfrac{S_s^J V^J + S_s^R V^R}{V}$。

把裂隙岩体等效为连续介质来处理，就可用下述方程来描述裂隙岩体饱和、非饱和渗流：

$$\sum_{i=1}^{3}\sum_{j=1}^{3}\frac{\partial}{\partial x_i}\left[k_r(h)k_{ij}\frac{\partial}{\partial x_i}(h+x_3)\right]-[C(h)+\beta S_S]\frac{\partial h}{\partial t}-S=0$$

式中：k_r——等效相对渗透率（假设裂隙岩体等效非饱和渗透张量的每一分量与等效饱和渗透张量的同一分量间均服从同一关系，则等效相对渗透率为一标量），它是压力水头的函数，为一变量；

k_{ij}——等效饱和渗透张量；

h——压力水头；

x_i——坐标轴，其中 x_3 为正向向上的铅直轴；

C——等效比容水度；

β——在非饱和区 $\beta=0$，在饱和区 $\beta=1$；

S_S——等效单位贮存量；

t——时间；

S——源（汇）项。

3.5.2.4　Geo Studio 简介

Geo Studio 是加拿大 Geo Slope 公司研制的岩土分析软件，它包含边坡稳定性分析模块 Slope/W、岩土应力应变分析模块 Sigma/W、地下水渗流分析模块 Seep/W 以及地震应力应变分析模块 Quake/W 等一系列的分析模块。其中，Slope/W 的计算原理采用极限平衡法，包括瑞典条分法、Bishop 法、Janbu 法、Morgenstern-Price 法等，能计算考虑孔隙水压力情况下的边坡稳定性。

3.5.2.5　建模与计算

利用 Geo studio 软件中的 seep 和 slope 模块对横Ⅱ剖面左岸进行了建模

(图 3.60),利用 seep 模块计算出各个时段(0~48h)的非稳定渗流,并在此基础上加载 slope 模块进行边坡稳定性分析,各种材料参数取值见表 3.12,非饱和介质水力传导系数和含水量函数则由参考文献[102]确定。雾化雨强度及分区依据书中来确定。由于缺乏更详尽的雾化雨资料,假设雾化雨为等强型,按图 3.60 高程可分为下述 4 个雾化雨区。第 1 区:高程 440m 以下区域,雨强为 1000mm/h;第 2 区:高程 440~500m 区域,雨强为 150mm/h;第 3 区:高程 500~560m 区域,雨强为 10mm/h;第 4 区:高程 560m 以上区域,即自然降雨入渗区。

本次计算共分无防护、抗滑桩加固、混凝土衬砌和浆砌石护坡 4 种情况。抗滑桩抗剪力 300kN,设计安全系数 1.5,贯穿强风化层。降雨强度 1 区,即 440m 以下为混凝土护坡,其渗透系数为 0,浆砌石护坡的范围和混凝土护坡的范围一致,其雨水入渗率按无防护时入渗率的 50%折减。每种情况在 9 个不同时间段分别计算边坡稳定性,工况表见表 3.13,其中,不考虑混凝土衬砌和浆砌石衬砌的强度,只考虑其止水功能,则工况 28、工况 19 和工况 1 一致。

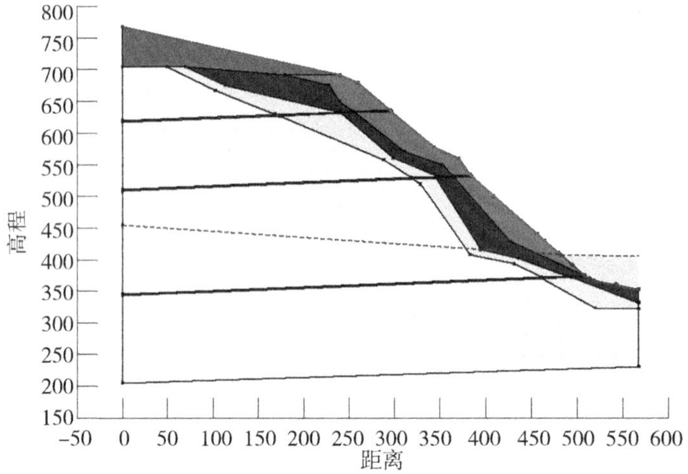

图 3.60 Seep 模块计算模型(单位:m)

表 3.12 模型材料力学参数取值

类别	新鲜岩层	弱风化层	中风化层	强风化层	第四纪覆盖层	错动带
容重/(kN/m^3)	28.50	28.50	28.00	26.00	17.15	20.00
黏聚力/kPa	3000	2500	1700	40	25	17
摩擦角/°	50	40	35	30	18	17

表 3.13　　　　计算工况

工况	防护情况	持续降雨					降雨停止			
		0h	1h	10h	24h	48h	60h	72h	84h	96h
1	无防护	√								
2			√							
3				√						
4					√					
5						√				
6							√			
7	无防护							√		
8									√	
9										√
10	抗滑桩加固	√								
11			√							
12				√						
13					√					
14						√				
15							√			
16								√		
17									√	
18										√
19	混凝土衬砌	√								
20			√							
21				√						
22					√					
23						√				
24							√			
25								√		
26									√	
27										√

续表

工况	防护情况	持续降雨					降雨停止			
		0h	1h	10h	24h	48h	60h	72h	84h	96h
28	浆砌石护坡	√								
29			√							
30				√						
31					√					
32						√				
33							√			
34								√		
35									√	
36										√

3.5.3 计算结果及分析

3.5.3.1 渗流场计算结果

无防护和有衬砌条件下，利用 Seep 模块计算的不同时段渗流场见图 3.61 至图 3.85，并以此作为 slope 模块计算条件，其中有抗滑桩条件下的渗流场没有单独计算，因抗滑桩对渗流影响不明显，故直接选用无防护条件下的渗流场作为边坡稳定性计算的初始条件。

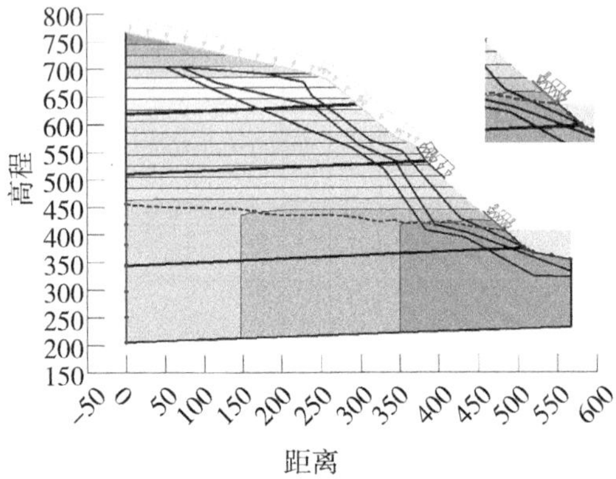

图 3.61　防护连续降雨条件下 0h 时渗流场(单位:m)

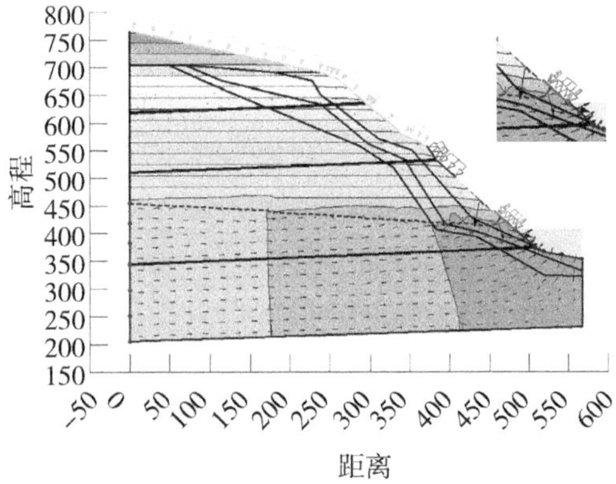

图 3.62　防护连续降雨条件下 1h 时渗流场(单位:m)

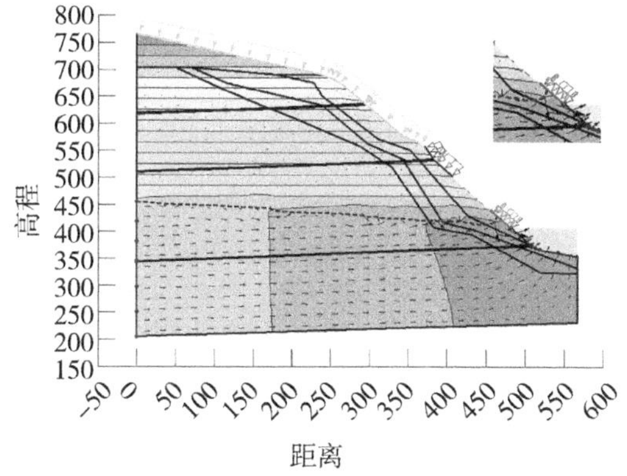

图 3.63　防护连续降雨条件下

10h 时渗流场(单位:m)

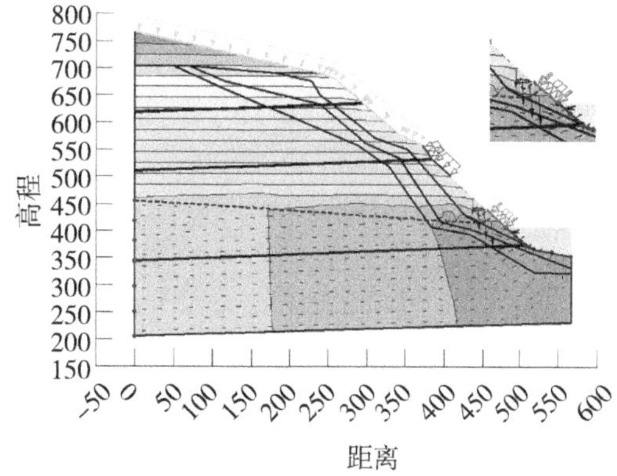

图 3.64　防护连续降雨条件下

24h 时渗流场(单位:m)

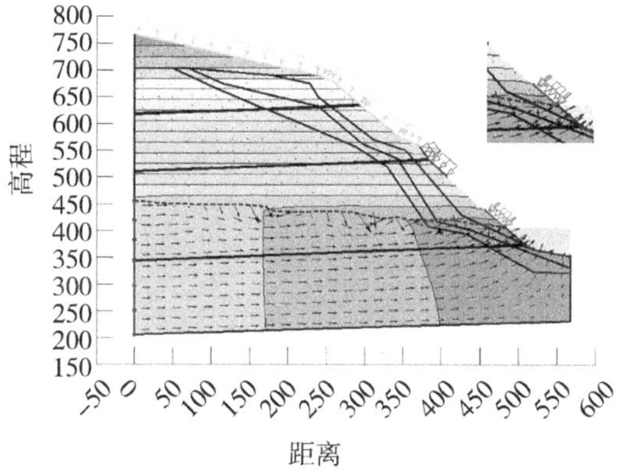

图 3.65　防护连续降雨条件下

48h 时渗流场(单位:m)

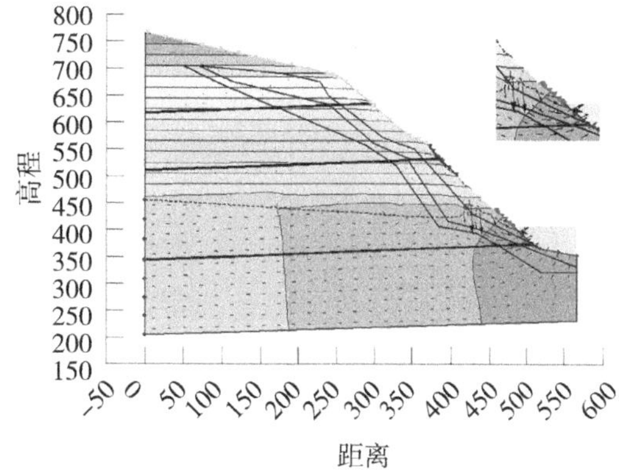

图 3.66　无防护条件下,降雨停止后

12h 的渗流场(单位:m)

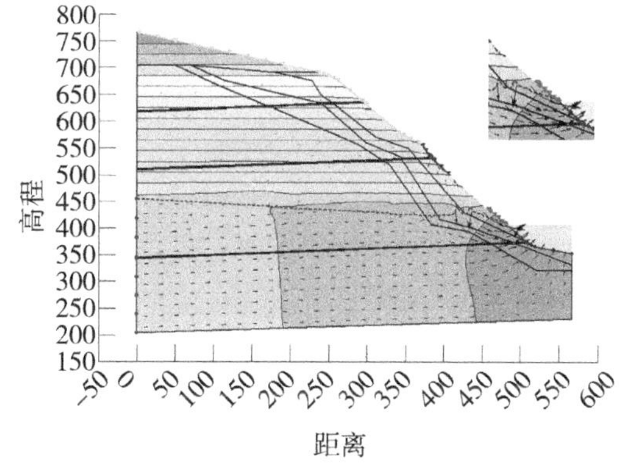

图 3.67　无防护条件下,降雨停止后

24h 的渗流场(单位:m)

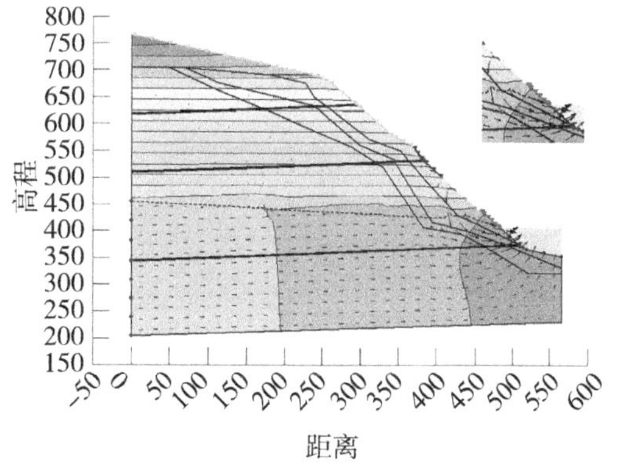

图 3.68　无防护条件下,降雨停止后

36h 的渗流场(单位:m)

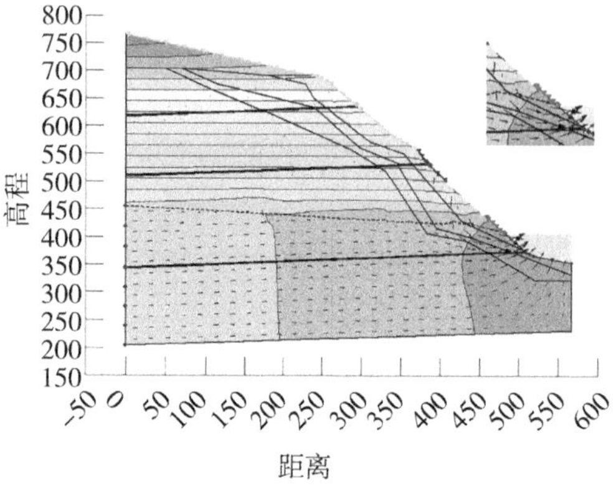

图 3.69　无防护条件下，降雨停止后

48h 的渗流场(单位:m)

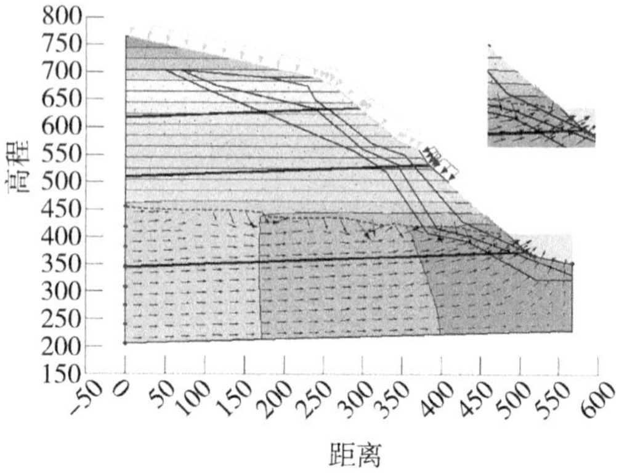

图 3.70　有混凝土衬砌连续降雨条件下，

1h 时的渗流场(单位:m)

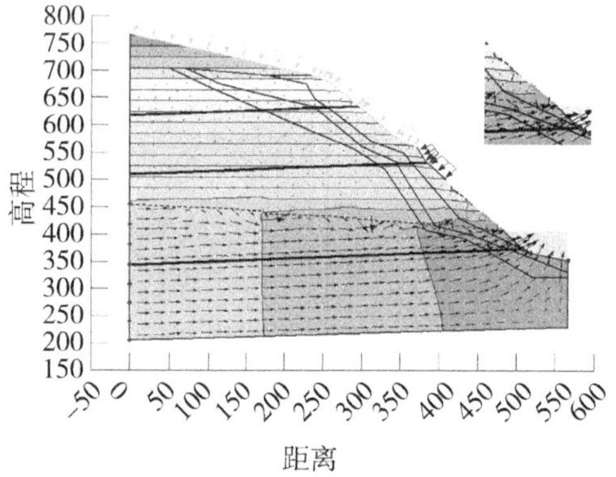

图 3.71　有混凝土衬砌连续降雨条件下，

10h 时的渗流场(单位:m)

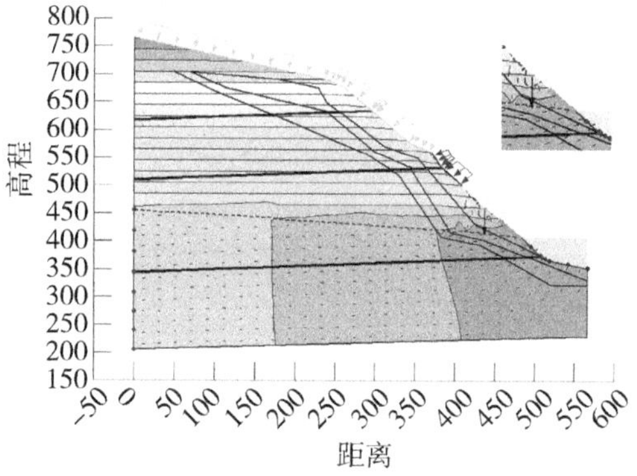

图 3.72　有混凝土衬砌连续降雨条件下，

24h 时的渗流场(单位:m)

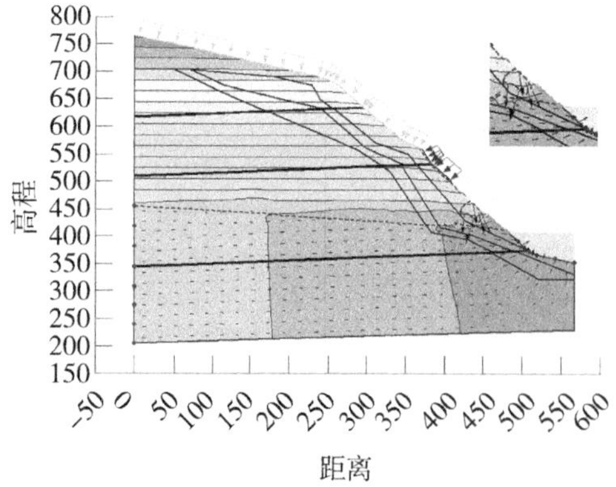

图 3.73　有混凝土衬砌连续降雨条件下，

48h 时的渗流场(单位:m)

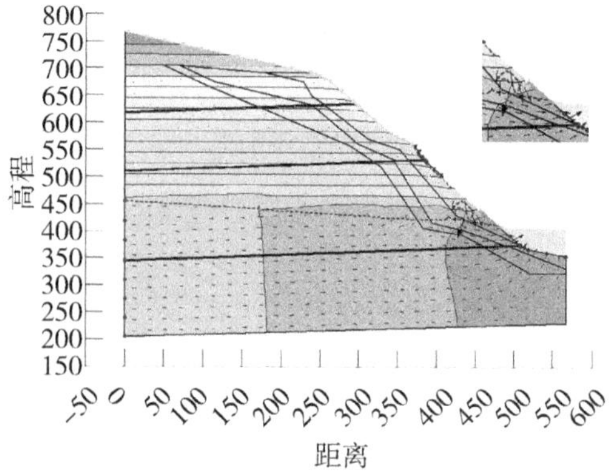

图 3.74　混凝土衬砌条件下，

降雨停止后 12h 的渗流场(单位:m)

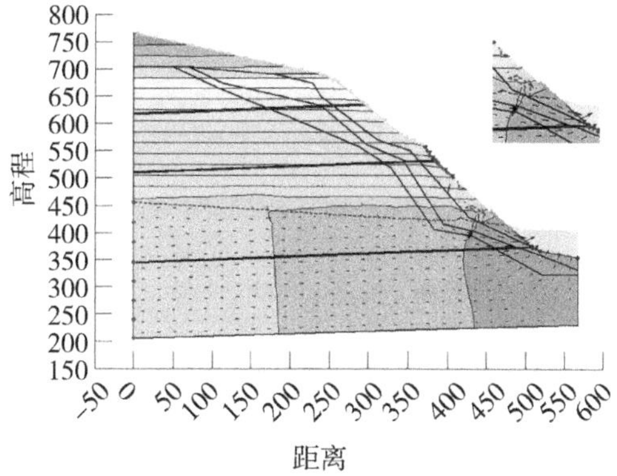

图 3.75 混凝土衬砌条件下，
降雨停止后 24h 的渗流场(单位：m)

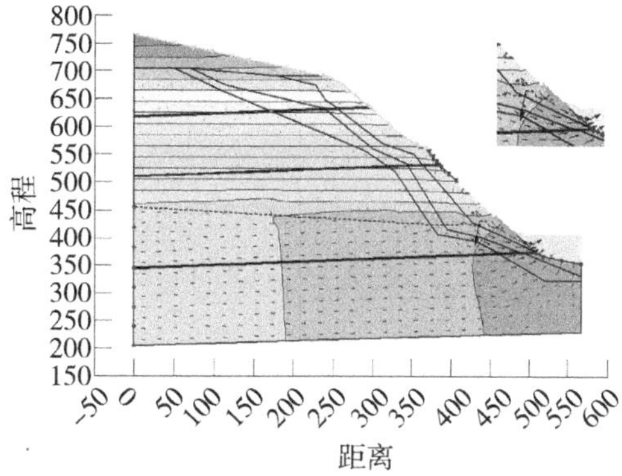

图 3.76 混凝土衬砌条件下，
降雨停止后 36h 的渗流场(单位：m)

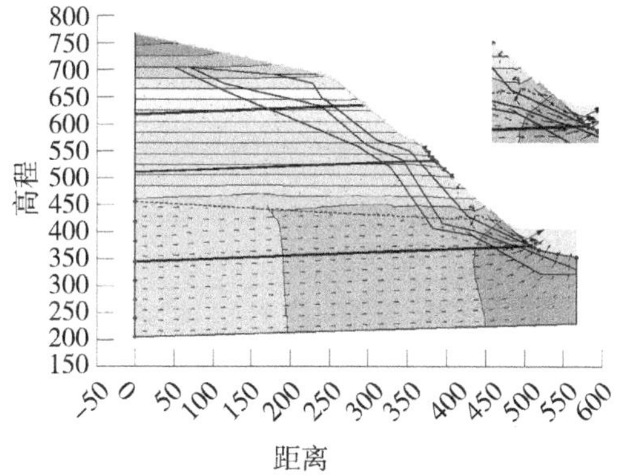

图 3.77 混凝土衬砌条件下，
降雨停止后 48h 的渗流场(单位：m)

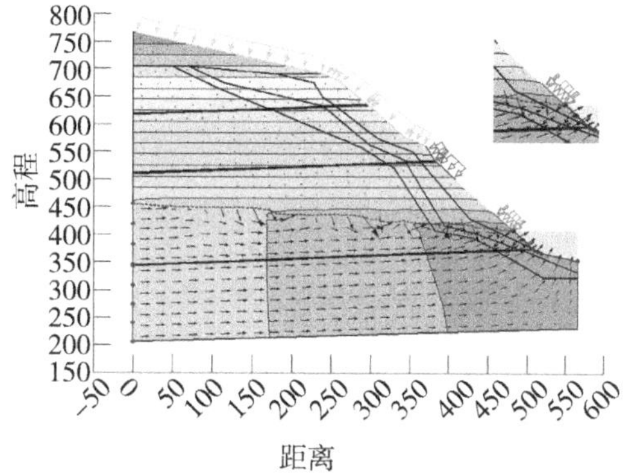

图 3.78 浆砌石护坡连续降雨条件下，
1h 时渗流场计算结果(单位：m)

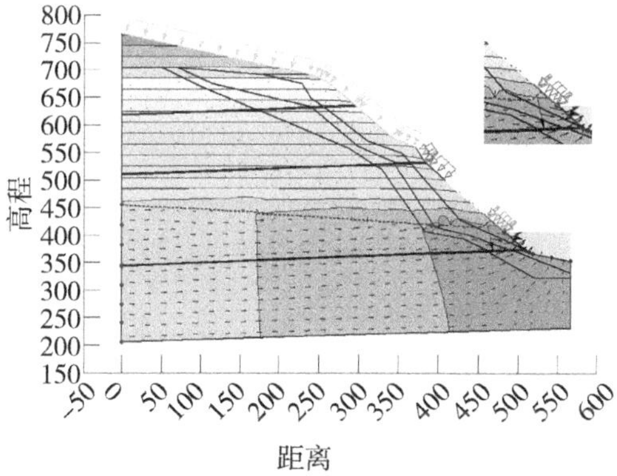

图 3.79 浆砌石护坡连续降雨条件下，
10h 时渗流场计算结果(单位：m)

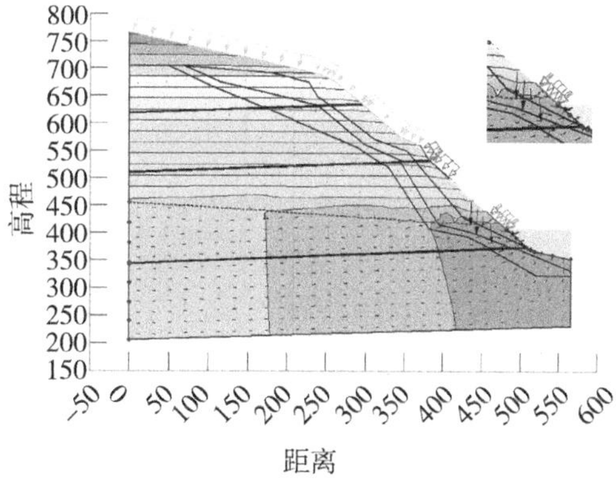

图 3.80 浆砌石护坡连续降雨条件下，
24h 时渗流场计算结果(单位：m)

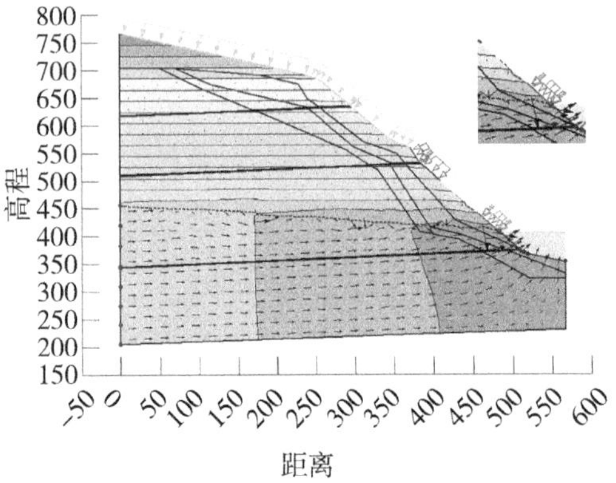

图 3.81　浆砌石护坡连续降雨条件下，48h 时渗流场计算结果(单位:m)

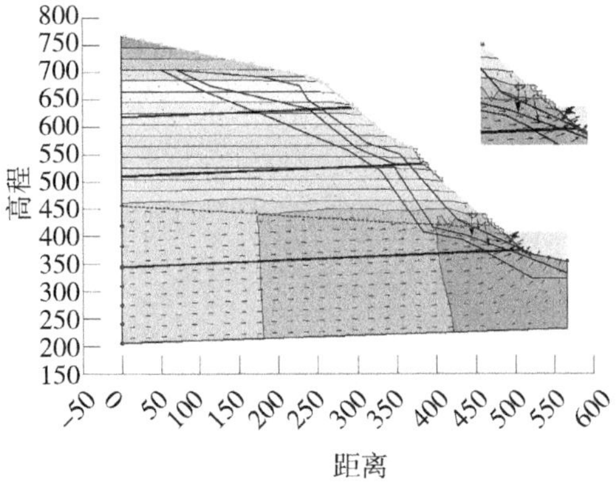

图 3.82　浆砌石护坡，降雨停止后 12h 渗流场计算结果(单位:m)

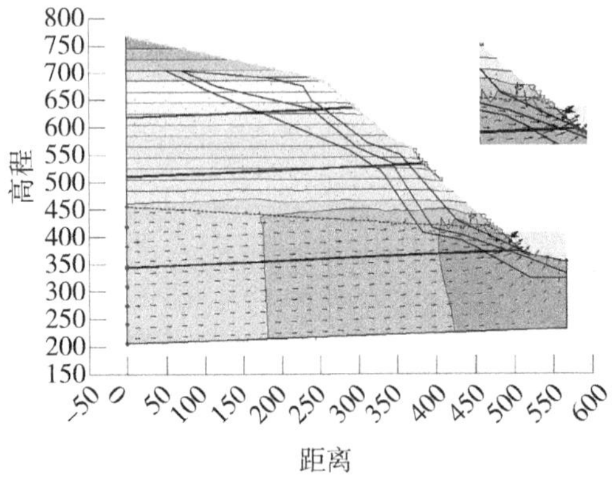

图 3.83　浆砌石护坡，降雨停止后 24h 渗流场计算结果(单位:m)

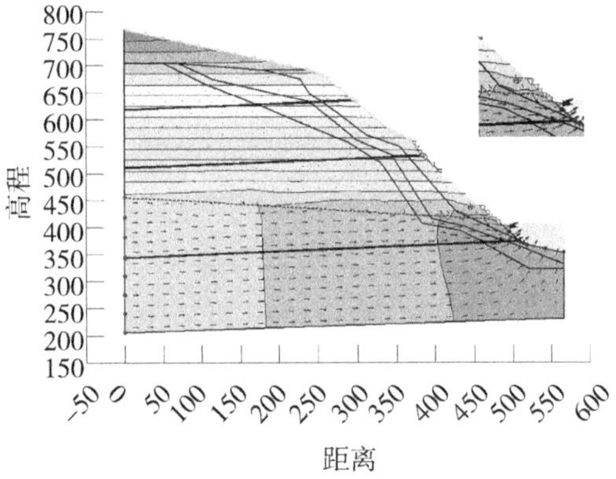

图 3.84　浆砌石护坡，降雨停止后 36h 渗流场计算结果(单位:m)

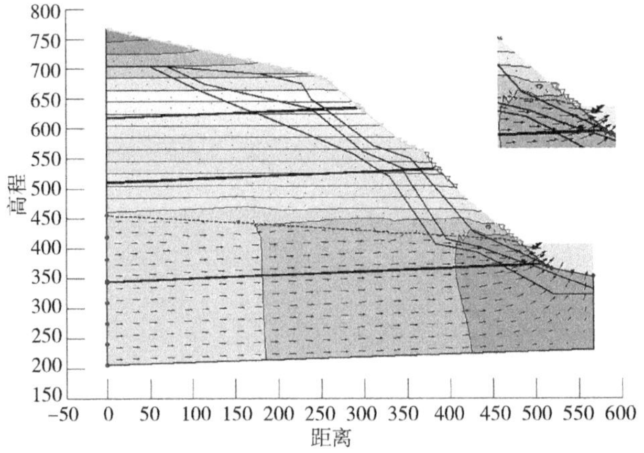

图 3.85　浆砌石护坡，降雨停止后 48h 渗流场计算结果(单位:m)

3.5.3.2　边坡稳定性计算结果

在渗流场计算的基础上，运用 slope 模块对各个工况的边坡稳定性进行了计算，结果见图 3.86 至图 3.119 和表 3.14。

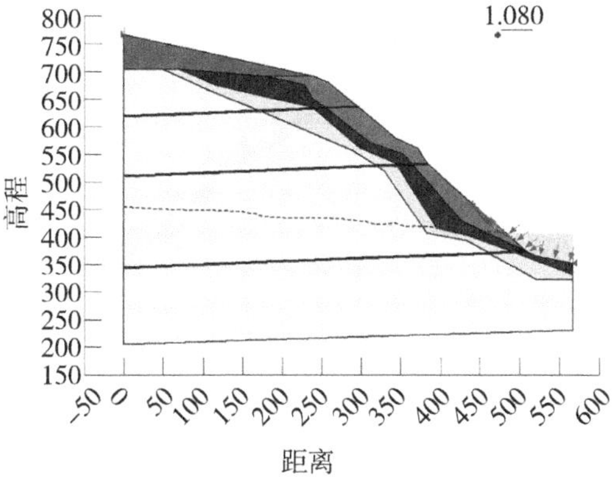

图 3.86 工况 1,无防护连续降雨条件下 0h 时边坡稳定性计算结果(单位:m)

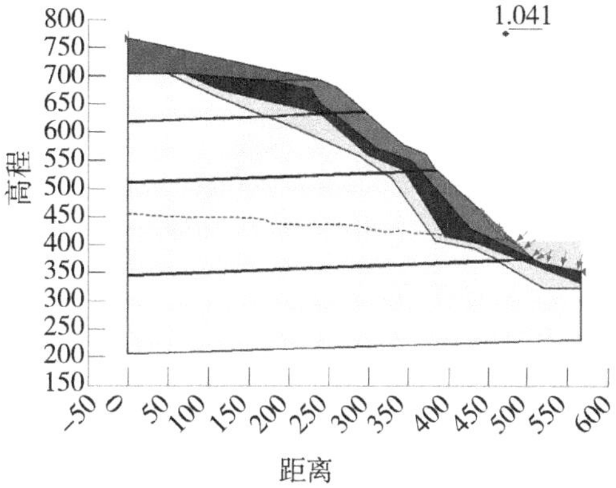

图 3.87 工况 2,无防护连续降雨条件下 1h 时边坡稳定性计算结果(单位:m)

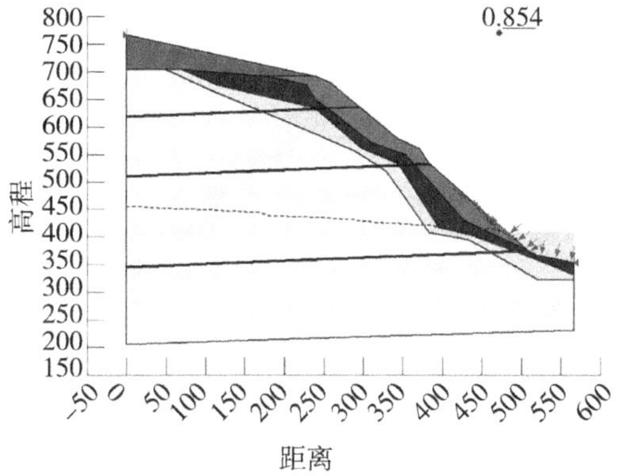

图 3.88 工况 3,无防护连续降雨条件下 10h 时边坡稳定性计算结果(单位:m)

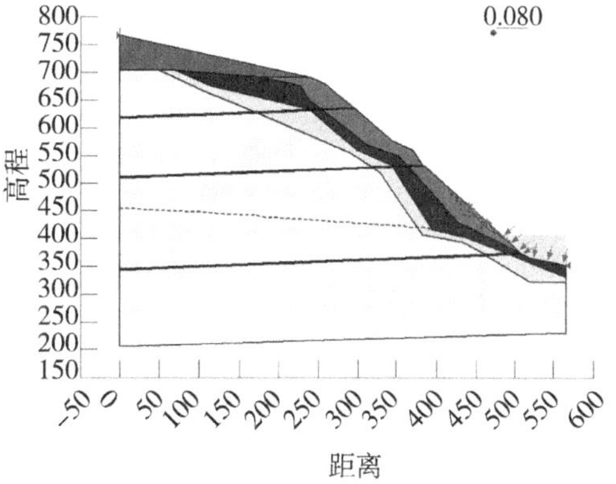

图 3.89 工况 4,无防护连续降雨条件下 24h 时边坡稳定性计算结果(单位:m)

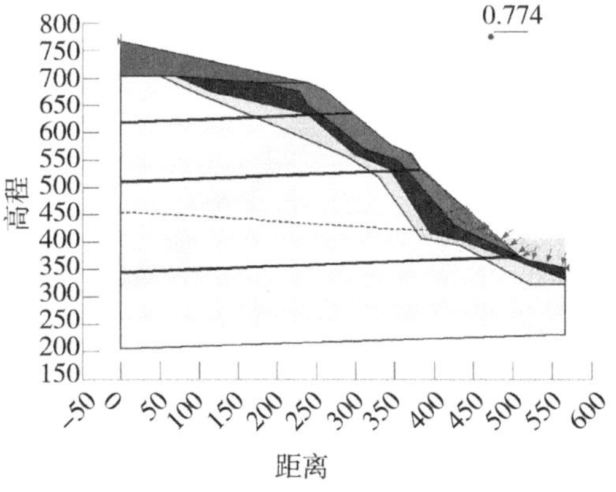

图 3.90 工况 5,无防护连续降雨条件下 48h 时边坡稳定性计算结果(单位:m)

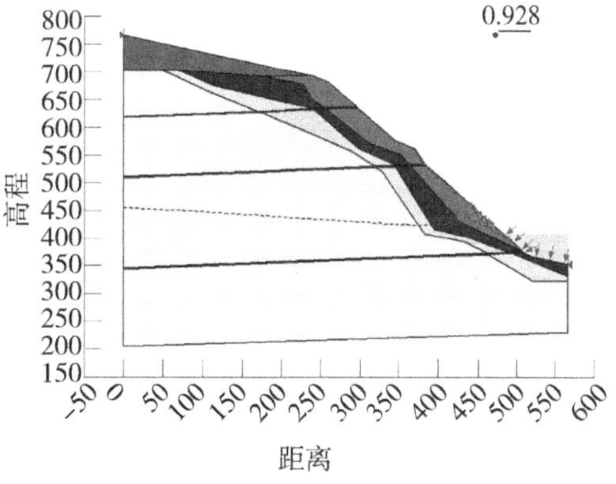

图 3.91 工况 6,无防护条件下降雨停止后 12h 边坡稳定性计算结果(单位:m)

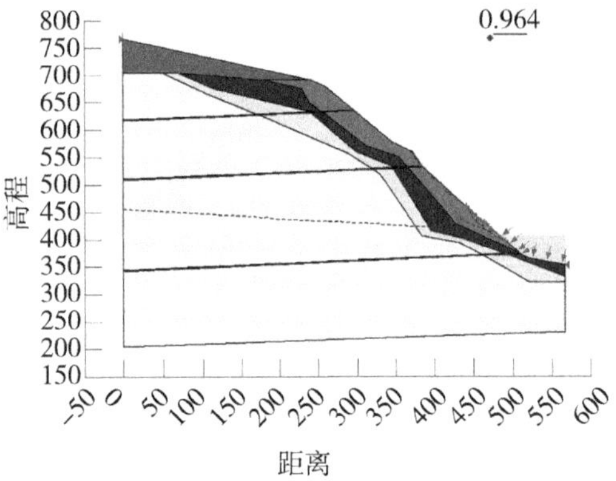

图 3.92　工况 7，无防护条件下降雨停止后 24h 边坡稳定性计算结果(单位:m)

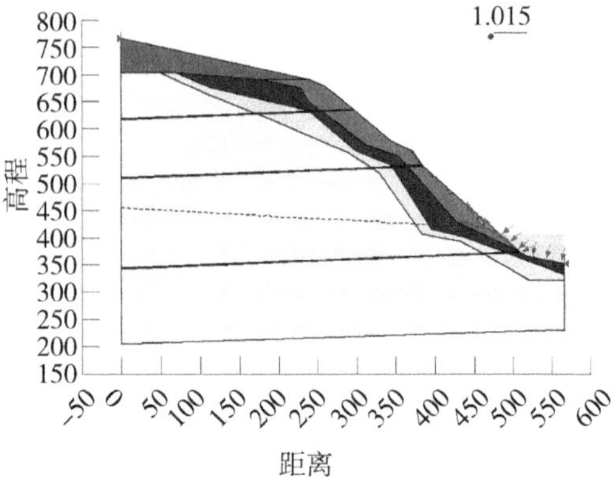

图 3.93　工况 8，无防护条件下降雨停止后 36h 边坡稳定性计算结果(单位:m)

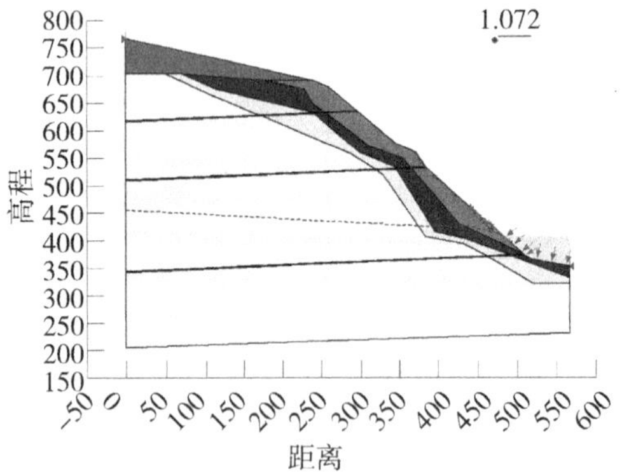

图 3.94　工况 9，无防护条件下降雨停止后 48h 边坡稳定性计算结果(单位:m)

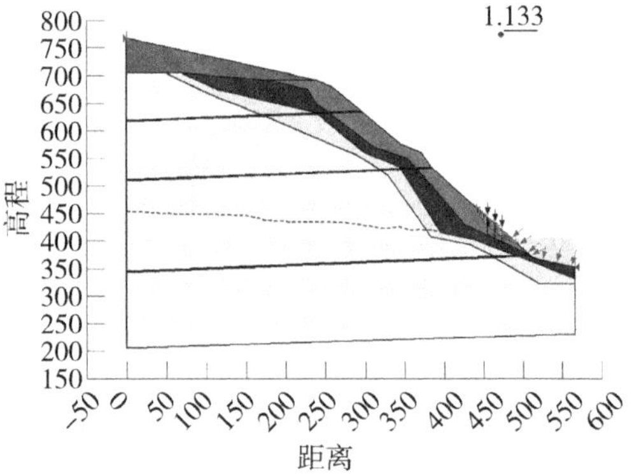

图 3.95　工况 10，有抗滑桩连续降雨条件下 0h 时边坡稳定性计算结果(单位:m)

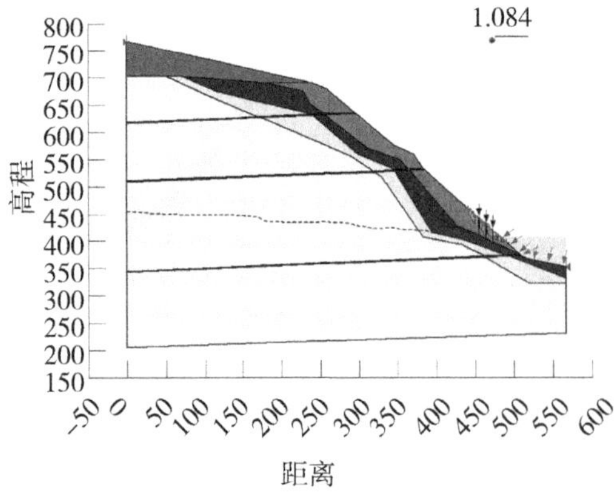

图 3.96　工况 11，有抗滑桩连续降雨条件下 1h 时边坡稳定性计算结果(单位:m)

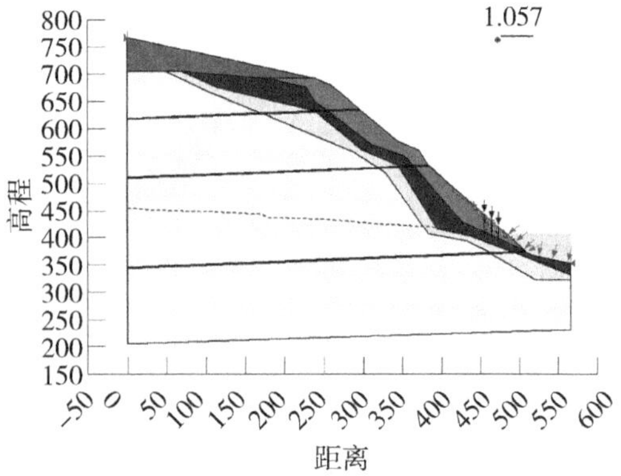

图 3.97　工况 12，有抗滑桩连续降雨条件下 10h 时边坡稳定性计算结果(单位:m)

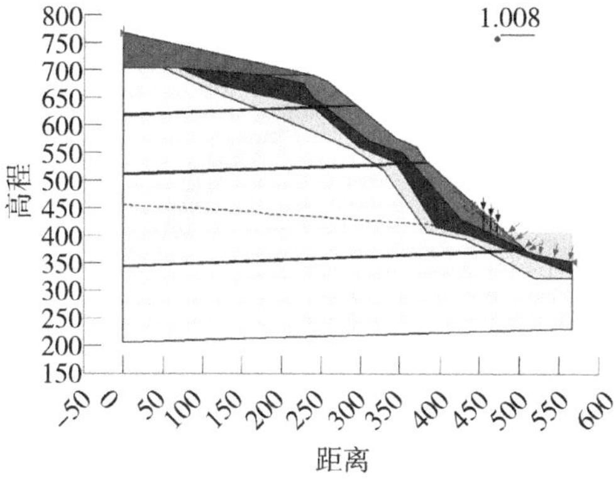

图 3.98　工况 13，有抗滑桩连续降雨条件下 24h 时边坡稳定性计算结果（单位：m）

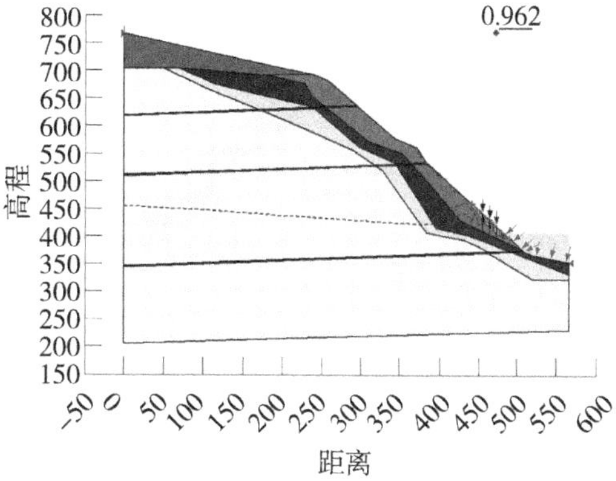

图 3.99　工况 14，有抗滑桩连续降雨条件下 48h 时边坡稳定性计算结果（单位：m）

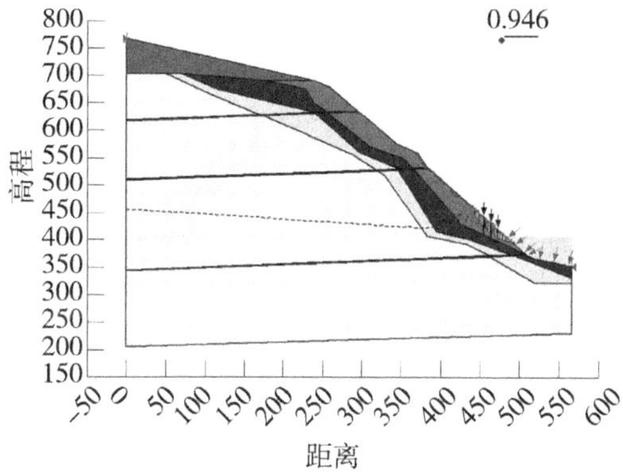

图 3.100　工况 15，有抗滑桩条件下降雨停止后 12h 边坡稳定性计算结果（单位：m）

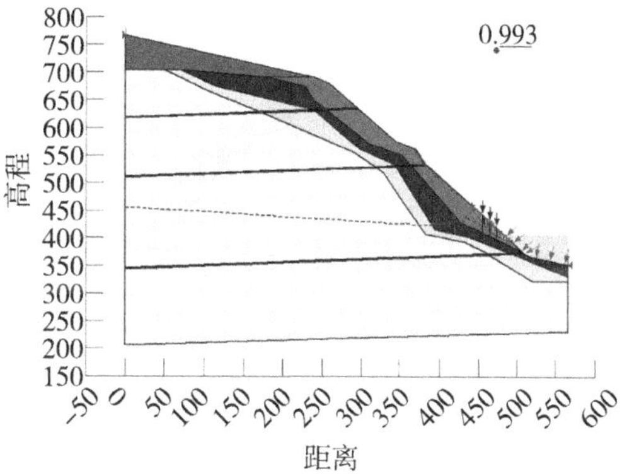

图 3.101　工况 16，有抗滑桩条件下降雨停止后 24h 边坡稳定性计算结果（单位：m）

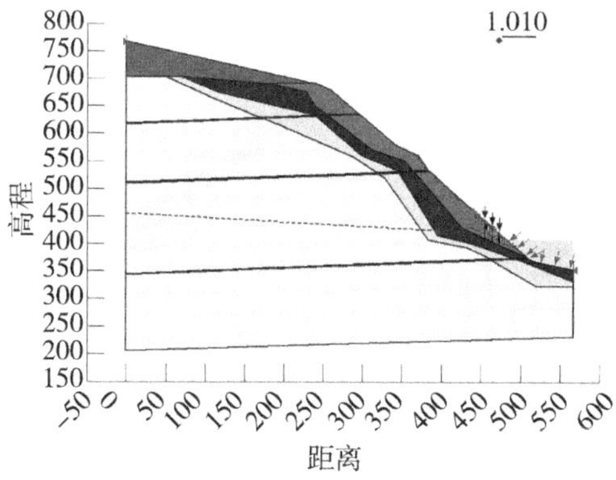

图 3.102　工况 17，有抗滑桩条件下降雨停止后 36h 边坡稳定性计算结果（单位：m）

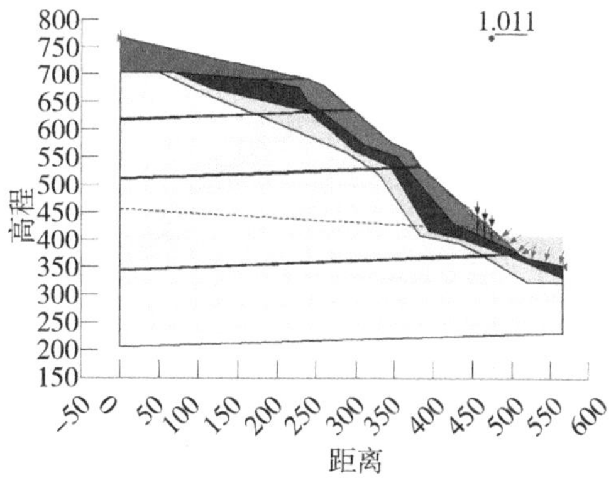

图 3.103　工况 18，有抗滑桩条件下降雨停止后 48h 边坡稳定性计算结果（单位：m）

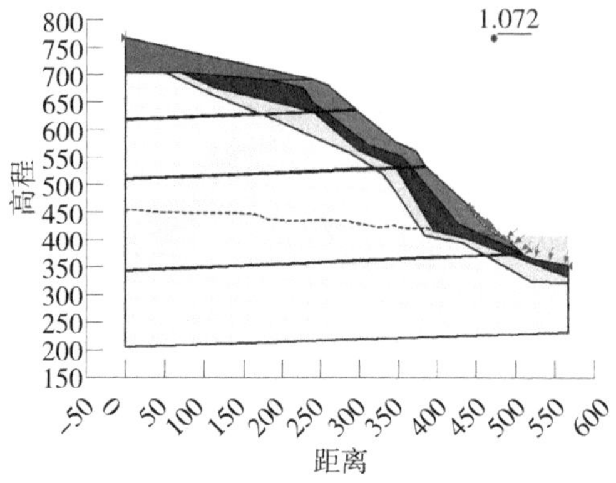

图 3.104　工况 20，混凝土衬砌连续降雨条件下 1h 时边坡稳定性计算结果（单位：m）

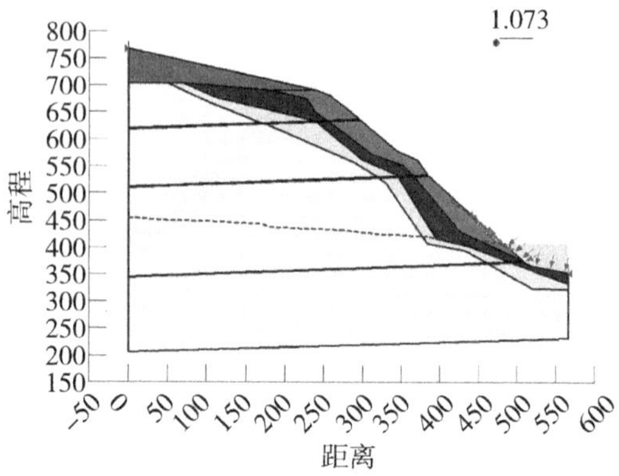

图 3.105　工况 21，混凝土衬砌连续降雨条件下 10h 时边坡稳定性计算结果（单位：m）

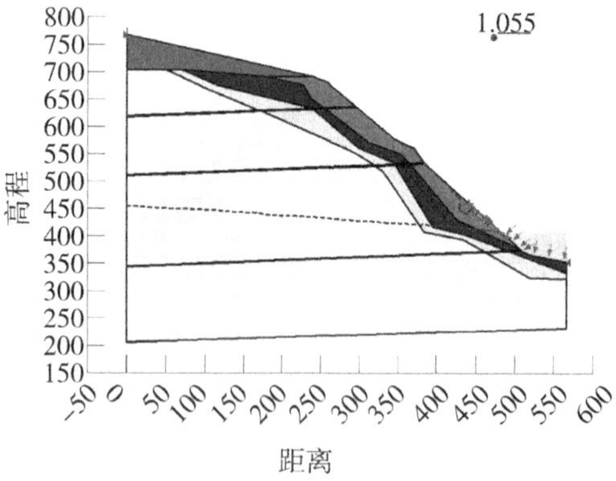

图 3.106　工况 22，混凝土衬砌连续降雨条件下 24h 时边坡稳定性计算结果（单位：m）

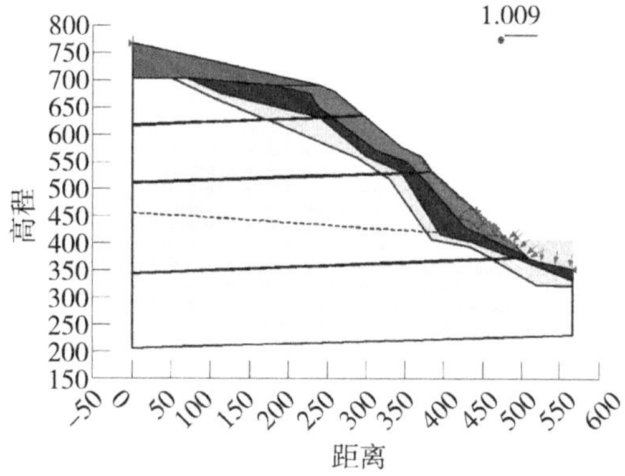

图 3.107　工况 23，混凝土衬砌连续降雨条件下 48h 时边坡稳定性计算结果（单位：m）

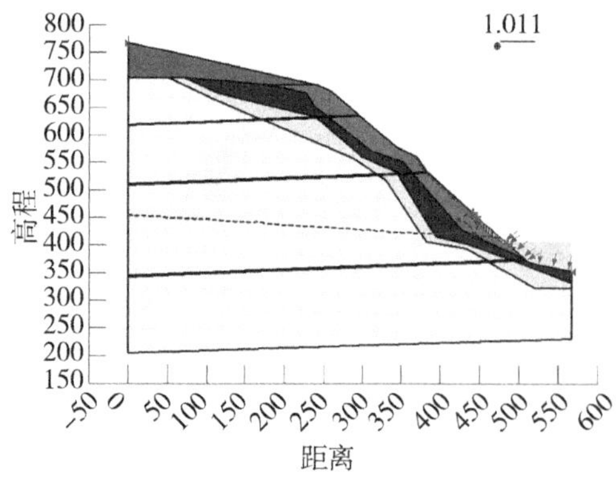

图 3.108　工况 24，混凝土衬砌条件下降雨停止后 12h 边坡稳定性计算结果（单位：m）

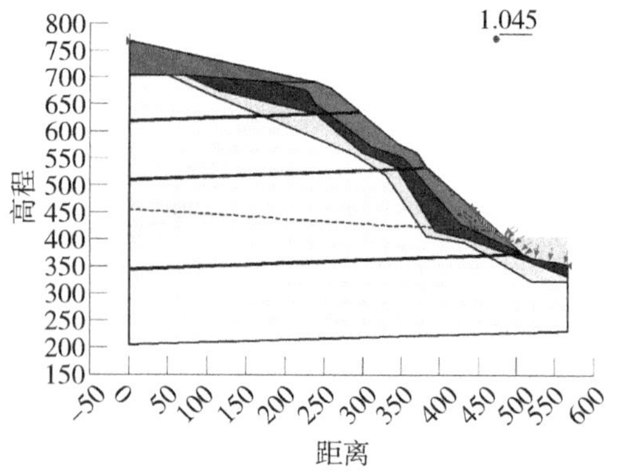

图 3.109　工况 25，混凝土衬砌条件下降雨停止后 24h 边坡稳定性计算结果（单位：m）

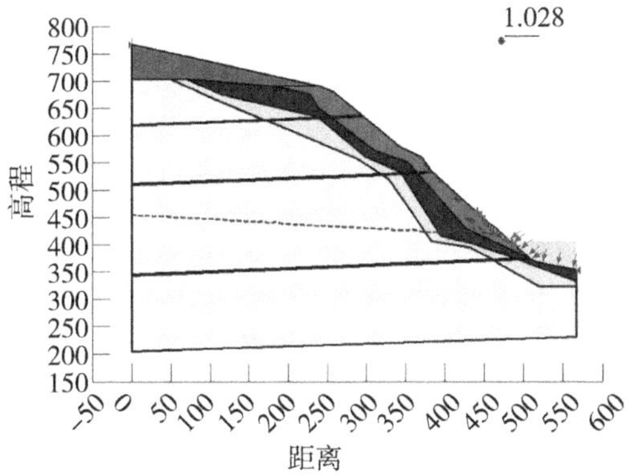

图 3.110　工况 26,混凝土衬砌条件下降雨停止后 36h 边坡稳定性计算结果(单位:m)

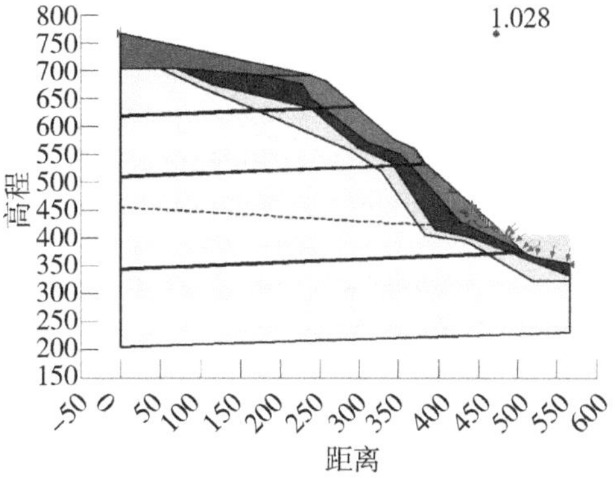

图 3.111　工况 27,混凝土衬砌条件下降雨停止后 48h 边坡稳定性计算结果(单位:m)

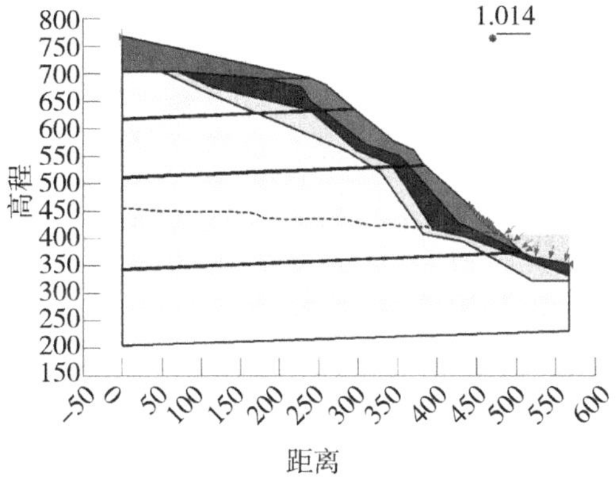

图 3.112　工况 29,浆砌石护坡连续降雨条件下 1h 时边坡稳定性计算结果(单位:m)

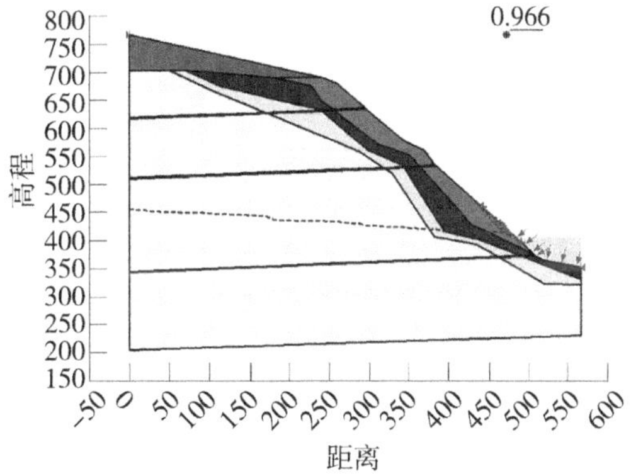

图 3.113　工况 30,浆砌石护坡连续降雨条件下 10h 时边坡稳定性计算结果(单位:m)

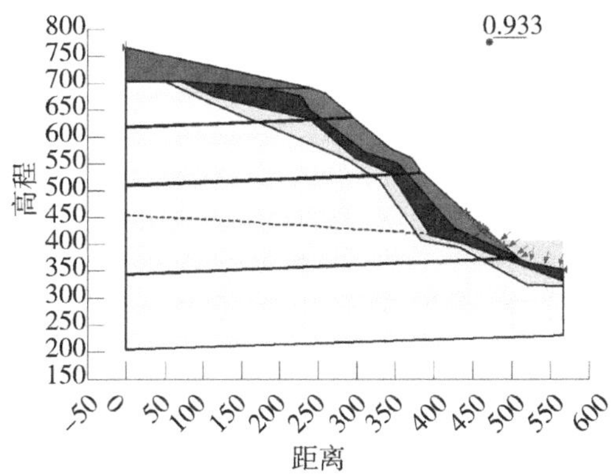

图 3.114　工况 31,浆砌石护坡连续降雨条件下 24h 时边坡稳定性计算结果(单位:m)

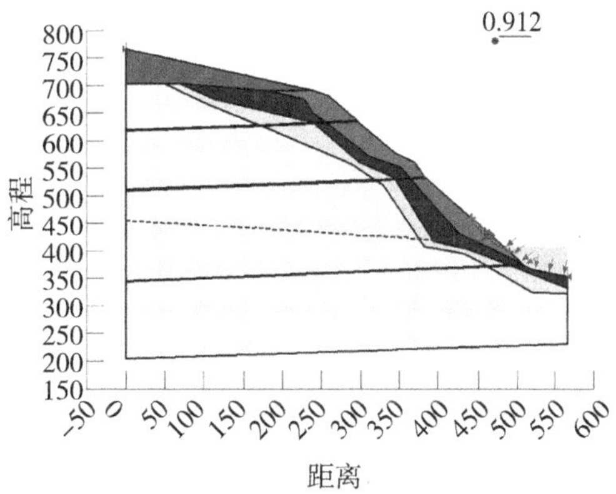

图 3.115　工况 32,浆砌石护坡连续降雨条件下 48h 时边坡稳定性计算结果(单位:m)

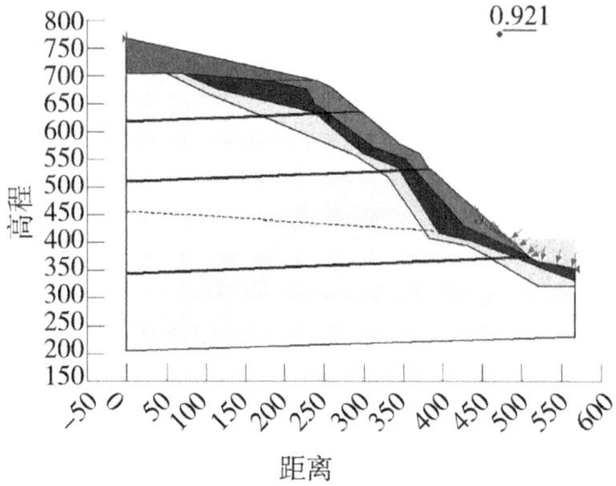

图 3.116　工况 33，浆砌石护坡条件下降雨停止后 12h 边坡稳定性计算结果(单位:m)

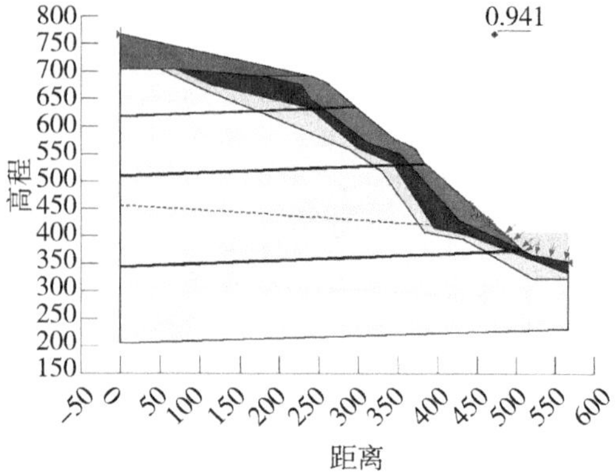

图 3.117　工况 34，浆砌石护坡条件下降雨停止后 24h 边坡稳定性计算结果(单位:m)

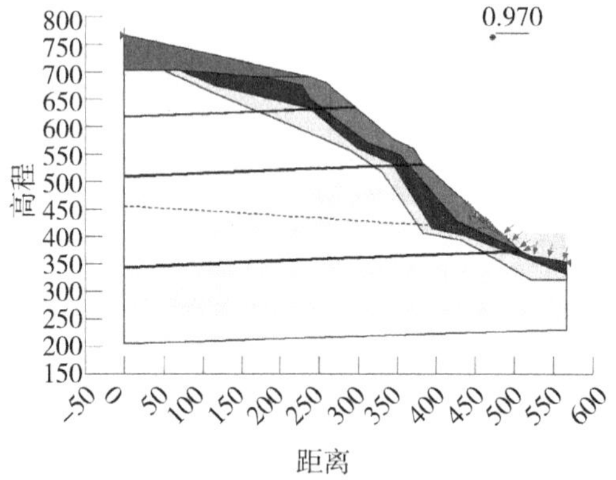

图 3.118　工况 35，浆砌石护坡条件下降雨停止后 36h 边坡稳定性计算结果(单位:m)

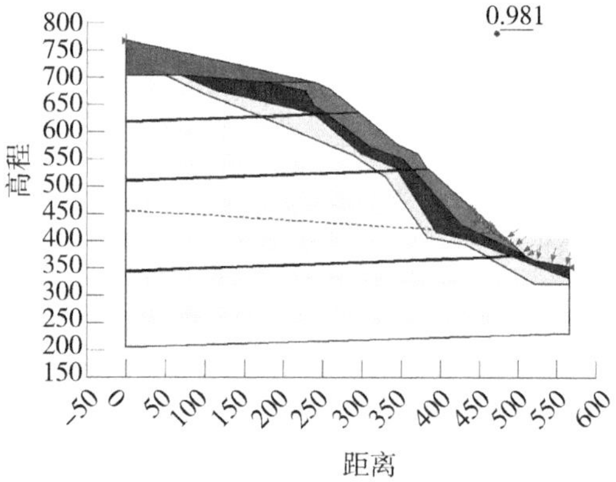

图 3.119　工况 36，浆砌石护坡条件下降雨停止后 48h 边坡稳定性计算结果(单位:m)

表 3.14　　各工况边坡安全系数计算结果

工况	防护情况	持续降雨					降雨停止				边坡安全系数
		0h	1h	10h	24h	48h	60h	72h	84h	96h	
1	无防护	√									1.080
2			√								1.041
3				√							0.854
4					√						0.808
5						√					0.774
6							√				0.928
7								√			0.964
8									√		1.015
9										√	1.072

续表

工况	防护情况	持续降雨					降雨停止				边坡安全系数
		0h	1h	10h	24h	48h	60h	72h	84h	96h	
10	抗滑桩加固	√									1.133
11			√								1.084
12				√							1.057
13					√						1.008
14						√					0.962
15							√				0.946
16								√			0.993
17									√		1.010
18										√	1.011
19	混凝土衬砌	√									1.080
20			√								1.072
21				√							1.073
22					√						1.055
23						√					1.009
24							√				1.011
25								√			1.045
26									√		1.028
27										√	1.028
28	浆砌石护坡	√									1.08
29			√								1.054
30				√							0.966
31					√						0.933
32						√					0.912
33							√				0.921
34								√			0.941
35									√		0.97
36										√	0.981

为了更好地将各个工况的安全系数进行比较分析，将其绘制于图3.120中。从该图中可以看出，在无防护、抗滑桩加图、混凝土衬砌和浆砌石衬砌这四种情况下，有抗滑桩时，边坡的初始安全系数最高。由于在此不考虑混凝土衬砌和浆砌石衬砌的强度，因此有衬砌时和无防护措施时，其初始边坡安全系数一致，而实际上有衬砌时

的安全系数应略大于无防护情况的安全系数。在持续降雨 48h 这段时间内，安全系数变化最小的是有混凝土衬砌的工况，其安全系数在 0～10h 变化极小，24h 内略有下降，24～48h 内呈加速下降趋势。这是由于混凝土的止水作用，阻止了降雨量最大的 1 区雨水的入渗，其他未加防护的区域，因降雨量相对较小，入渗的水量有限，无法在短时间内对边坡稳定性产生明显影响，因此在 1 区进行混凝土衬砌防护对维持边坡稳定起了十分明显的作用。相对于其他三种情况，在抗滑桩条件下，抗滑桩的抗剪强度远大于强风化的破碎结构，一定程度上增加了滑块的抗滑力，使得其初始安全系数在所有四种条件下最高，但从图中的趋势来看，约 5h 后，其安全系数小于有混凝土衬砌的工况。这四种条件下，无防护时的边坡安全系数下降最为迅速，且幅度最大。从图 3.120 中可以看出，特别是 0～10h 这个时间段，其安全系数急剧下降，降幅达到 17.96%，往后虽然下降幅度趋缓，但下降绝对幅度仍然是四者中最高的，这是由于无防护条件下，大量的雨水能迅速入渗，使得强风化带局部区域迅速饱和，增加了滑块的滑动力。此时，有抗滑桩工况的内部渗流情况虽然和无防护工况一致，但抗滑桩的存在在一定程度上阻止了边坡滑动面的形成，其潜在滑块的抗滑力为无防护时滑块的抗滑力与所有起作用的抗滑桩的抗剪力之和，因此其相对于无防护工况具有明显抗滑优势。

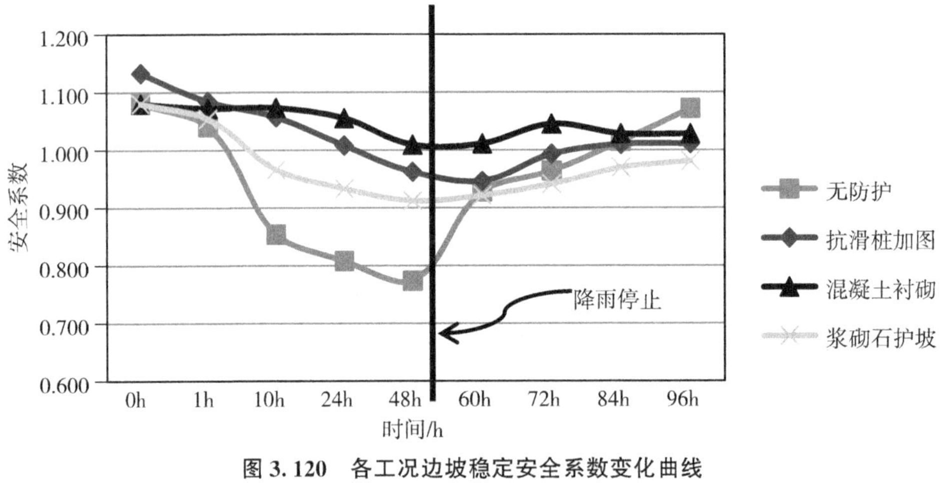

图 3.120　各工况边坡稳定安全系数变化曲线

降雨停止后 12h(总时间 48～60h)内，无防护和有衬砌情况下的安全系数均出现回升，尤其是无防护条件下，因其中的水能相对有衬砌条件时更为迅速地排出，因此回升速度较快。衬砌的存在使得排水受到一定的阻碍，表现在边坡稳定性计算结果上，则造成安全系数回升出现一定程度的滞后。有抗滑桩的条件下，安全系数持续降低，但降幅较小，只有约 1.66%，再往后，其安全系数整体趋于上升，但上升速度较无防护条件时更为缓慢。这是由于与无防护工况相比，虽然内部渗流情况相同，但在前期安全系数下降变化小，幅度有限，因此在回升时显得更为平缓。经过48h，无防护条件下的安全系数几乎已经恢复到降雨前的状态，但有抗滑桩时，则需要更长的时间。而有混凝土衬砌时，在降雨停止后24h(总持续时间48～72h)内，安全系数出现回升。但在24～36h(总持续时间72～84h)，则出现下降，36～48h(总持续时间84～96h)时，下降趋缓，这是由于其排水受阻，边坡上部局部区域仍有一定量的雨水缓慢下渗，造成边坡安全系数在一定程度上出现小幅下降。

综上所述，这几种计算工况，虽然无防护时，安全系数在降雨停止后能迅速回升，但由于其在降雨时，下降幅度大，下降速度快，总体安全性偏低，对于那些安全系数比1略高的边坡，降雨入渗将会造成严重威胁。有抗滑桩时，因为抗滑桩的布置位置和布置数量对安全系数影响较大，合理布置抗滑桩的尺寸和间距，能极大地提高潜在滑动体的抗滑能力。浆砌石护坡条件下，其安全系数与混凝土条件相比，对降雨更为敏感，安全系数变化响应更为迅速，但总体下降幅度有限。浆砌石护坡的入渗率如果过小，将影响边坡的排水能力，内部阻滞的水将提高静水压力，进而威胁边坡的稳定性。而在混凝土衬砌条件下，安全系数变化幅度最小，且在此次计算中，其所有工况的安全系数均大于1，显示其在有雾化雨入渗条件下，对边坡安全防护具有十分明显的作用。需要指出的是，在有混凝土衬砌时，为了能使其发挥最大的保护作用，安全排水设置仍然十分重要。

因此，在采取固化防护措施时，下部设排水管对于边坡稳定意义重大。如果不设排水措施，则不能及时排水，对边坡稳定的潜在威胁较大。

3.6 小结

本书以细砂、黏土为研究对象，采用模型试验研究降雨条件下的边坡稳定性，全程监测坡内含水率、孔压、坡面位移物理量的变化，观察不同雨强、坡度下边坡的破坏现象。通过归纳和分析试验数据，对含水率、孔压变化进行深入研究，进一步揭示降雨入渗对边坡破坏的机理和过程，得出如下几点结论：

①随着雨强的增大，含水率发生变化的时间越早，因为雨强增大，边坡容易饱和，而饱和渗透系数大于非饱和渗透系数，所以随着雨强增大，水分入渗也快。

②随着雨强的增大，孔压发生变化的时间越早，增加的梯度相对也大，但最终所达到的最大值基本相同。这说明雨强增大，饱和带形成时间越早，而孔压最终的大小不是由雨强决定的，小雨强长历时也能形成较大孔压，从而较大降低土体的有效应力和抗剪强度，降低边坡稳定性。

③雾化雨入渗条件下，边坡坡脚、下部首先产生水压力且由坡面至坡底增加。随着降雨入渗，饱和区域向下发展，饱和区域亦从在边坡底部由坡外向坡内发展，孔压

区域因此向下部和内部发展，即水压力区域在竖直和水平方向上均会发展。最终，整个坡体均产生孔压，边坡表层处孔压等值线密集，说明表层水压力变化梯度大，水分的势能变化大；在边坡内部，水压力在坡外向坡内的方向上增加，在竖向上也是增加，最终在边坡上部的底部区域有最大孔压。

④陡坡的整个坡面区域均有较大孔压，而缓坡中部至顶部的坡面区域的孔压要较小，它们在靠近坡底的区域孔压均较大，从陡坡孔压分布说明其破坏除了重力的分量增大外还有孔压的影响导致破坏规模大和连续性强。

⑤有限元模拟分析结果表明，虽然无防护时，安全系数在降雨停止后能迅速回升，但由于其在降雨时，下降幅度大，下降速度快，总体安全性偏低。有抗滑桩时，因为抗滑桩的布置位置和布置数量对安全系数影响较大，因此此次计算情况并不能完全反映其对边坡安全系数的影响，具有一定的局限性，如果布置准确，抗滑桩能极大地提高潜在滑动块的抗滑能力。浆砌石护坡条件下，其安全系数与混凝土条件相比，对降雨更为敏感，安全系数变化响应更为迅速，但总体下降幅度有限。浆砌石护坡的入渗率如果过小，将影响边坡的排水能力，内部阻滞的水将提高静水压力，进而威胁边坡的稳定性；反之，则无法对大量降雨起到有效的阻渗作用。而在混凝土衬砌条件下，安全系数变化幅度最小，且在此次计算中，其所有工况的安全系数均大于1，显示其在有雾化雨入渗条件下，对边坡安全防护具有十分明显的作用。需要指出的是，在有混凝土衬砌时，为了能使其发挥最大的保护作用，安全排水设置仍然十分重要。

参考文献

[1] 林鸿州，于玉贞，李广信，等．降雨特性对土质边坡失稳的影响[J]．岩石力学与工程学报，2009，28(1)：198-204.

[2] 徐邦栋. 滑坡分析与防治[M]. 北京：中国铁道出版社，2001.

[3] 孙广忠．中国典型滑坡[M]．北京：科学出版社，1998.

[4] 李媛，孟晖，董颖，等．中国地质灾害类型及其特征——基于全国县市地质灾害调查成果分析[J]. 中国地质灾害与防治学报，2004，15(2)：29-31.

[5] 中华人民共和国国土资源部．全国地质灾害通报(2010 年 1—6 月)[中国地质环境信息网]．[2010- 07- 20]．访问路径：http://www. cigem. gov. cn Read News. asp News ID= 30769.

[6] SCHUSTER R L. The 25 most catastrophic landslides of the 20thcentury in Chacon[C]//Landslides Proceedings of the 8thInternational Conference and Field Trip on Landslides. Rotterdam A. A. Balkema，1996：1-18.

[7] 段永侯．中国地质灾害的基本特征与发展趋势[J]. 第四纪研究，1999，19(3)：208- 216.

[8] 王思敬．工程地质学的任务与未来[J]. 工程地质学报，1999，7(3)：195-199.

[9] 段永侯．中国西部地质灾害现状趋势和对策[J]. 经济研究参考，2000，58(2)：12-18.

[10] 蒋承崧．中国地质灾害的现状与防治工作[J]. 中国地质，2000(4)：3-5.

[11] 殷跃平．中国地质灾害减灾回顾与展望[J]. 国土资源科技管理，2001，18(3)：26-29.

[12] Ellison W D. Soil Erosion Study[M]. Agric：Eng，1947.

[13] Meyer L D Forster. Effect of FIow-Eate and Canopy on Rill Erision[J]. ASAE，1975(5).

[14] Hudson N W. Soil Conservation[M]. Iowa State University，1995.

[15] 郑粉莉．坡面降雨侵蚀和径流侵蚀研究[J]. 水土保持学报，1998(6)：17-21.

[16] 罗先启．滑坡模型试验理论及其应用[D]. 上海：上海交通大学，1-2.

[17] 孙永帅．降雨对边坡稳定性的模型试验及数值模拟研究[D].

[18] 石崇喜．云南红土型滑坡室内试验研究[D].

[19] 李 波．降雨条件下松散粉土边坡稳定性研究[D].

[20] 林鸿州．降雨诱发土质边坡失稳的试验与数值分析研究[D]. 博士学位论文．

[21] 林鸿州，于玉贞，李广信，等. 降雨特性对土质边坡失稳的影响[J]. 岩石力学与工程学报，2009，28(1)：198-204.

[22] 罗先启，葛修润. 滑坡模型试验理论及其应用[M]. 北京：中国水利水电出版社，2008：44-75，105-157.

[23] 文高原，姚鹏运，曾宪明，等．降雨前、后夯实填土边坡破坏模式试验研究[J]．岩石力学与工程学报，2005，24(5)：747-754.

[24] 黄晏，相群．关于降雨结构对岩基水流影响的试验研究[J]. 水土保持科技情报，2003(3)：11-13.

[25] 朱宝龙，胡厚田，陈强，等，降雨条件下固体废弃物边坡变形及破坏模式试验研究[J]. 工程地质学报，2004，12(3)：312-317.

[26] 黄润秋，许强. 典型灾难性滑坡[M]. 北京：科学出版社，2008：2-16.

[27] Sandra G. Catane，Mark Albert H. Zarco，et al. Laboratory Experiments on Steady State Seepage-Induced Landslides Using Slope Models and Sensors[J]. Science Diliman，2011，23：1，17-30.

[28] Adrin Tohari, Makoto Nishigaki, et al. Laboratory Rainfall-Induced Slope Failure with Moisture Content Measurement[J]. Journal Of Geotechnical and geoenvironmental Engineering, ASCE. 2007, 133(5): 575-587.

[29] Ching Chuan Huang , She, Chieh Yuin. Experimental investigation of rainfall criteria for shallow slope failures[J]. Geomorphology, 2010(120): 326-338.

[30] Ching Chuan Huang, Chien Li Lo b, Jia Shiun Jang, et al. Internal soil moisture respons to rainfall-induced slope failures and debris discharge[J]. Engineering Geology, 2008, 101: 134-145.

[31] Sergio D, N, Lourencoa, Kyoji Sassa, et al. Failure process and hydrologic response of a two layer physical model. Implications for rainfall-induced landslides[J]. Geomorphology, 2006, 73: 115-130.

[32] Govind Acharya, Tom Cochrane, Tim Davies, et al. Quantifying and modeling post-failure sediment yields from laboratory-scale soil erosion and shallow landslide experiments with silty loess[J]. Geomorphology, 2011, 129: 49-58.

[33] Raj H, Sharma, Heinz Konietzky. Instrumented failure of hillslope models with soil-pipes[J]. Geomorphology, 2011, 130: 272-279.

[34] Lee Min Lee, Azman Kassim, Nurly Gofar. Performances of two instrumented laboratory models for the study of rainfall infiltration into unsaturated soils [J]. Engineering Geology, 2011, 117: 78-89.

[35] Egeli I, Firat Pulat H. Mechanism and modelling of shallow soil slope stability during high intensity and short duration rainfall[J]. Scientia Iranica A, 2011, 18 (6): 1179-1187.

[36] 常晓军,王德伟,唐业旗. 中国滑坡降雨试验的研究现状与发展趋势[J]. 沉积与特提斯地[J]. 2010, 30(1): 99-101.

[37] 龙万学,吴俊,傅鹤林. 降雨型滑坡现场模拟试验研究 [J]. 贵州工业大学学报(自然科学版), 2008, 37(3): 20-23.

[38] 洪勇,郑孝玉,王越红. 地下侵蚀对结晶片岩滑坡活动的影响以日本善德滑坡为例[J]. 吉林大学学报(地球科学版), 2011, 41(2): 493-497.

[39] 詹良通,吴宏伟,包承纲,等. 降雨入渗条件下非饱和膨胀土边坡原位监测[J]. 岩土力学, 2003, 24 (2): 151-152.

[40] 谢妮,王钊,等. 非饱和土边坡的监测和人工降雨试验[J]. 武汉大学学报(工学版), 2008, 41 (2): 81-85.

[41] 张家发,张伟.朱国胜,等.三峡工程永久船闸高边坡降雨入渗实验研究[J].岩石力学与工程学报,1999,18(2):137-141.

[42] 胡明鉴,张平仓,汪稔.降雨对滑坡的激发作用实验研究——以蒋家沟流域滑坡堆积坡地为例[J].水土保持学报,2001,15(5):116-118.

[43] 魏丽,陈双溪,边小庚.暴雨型滑坡灾害因素分析及预测试验研究[J].应用气象学报,2007,18(5):682-688.

[44] 周中,傅鹤林,刘宝琛,等.堆积层边坡人工降雨致滑的原位监测试验研究[J].中国铁道科学,2006,27(4):11-16.

[45] 靳德武, 牛富俊, 陈志新, 等. 冻土斜坡模型试验相似分析[J].地球科学与环境, 2004,26(1) : 29-32.

[46] Rahardjo, Lee T T, Leong E C,et al. Response of a residual soil slope to rainfall [J] . Canadian Geot echnical Journal, 2005, 42: 340- 351.

[47] Johnson K A. Sitar N. Hydrologic conditions leading to debris-flowinitiation [J]. Can. Geotech. J,1990,27(6):789-801.

[48] Okura Y, Kitahara H, Ochiai H,et al. Landslide fluidization process by flume experiments [J]. Engineering Geology,2002,66(1):65-78.

[49] Moriwaki H, Inokuchi T, Hattanji T,et al. Failure processes in a full-scale landslide experiment using a rainfall simulator [J]. Landslides, 2004, 1(4): 277-288.

[50] Ochiai H, Okada Y, Furuya G,et al. A fluidized landslide on a natural slope by artificial rainfall[J]. Landslides, 2004, 1(3):211-219.

[51] Moriwaki H. Inokuchi T. Hattanji T K,et al. Failure Processes in a Full-scale Landslide Experiment Using a Rainfall Simulator [J]. Landslide, 2004: 277-288.

[52] 雷志栋,杨诗秀,谢森传 . 土壤水动力学[M]. 北京:清华大学出版社,1988.

[53] Green W H,Ampt G. Studies on soil physics,flow of air and water through soilsE[J]. J. Agr. Sei,1911,76(4);1-24.

[54] Philip J R. The theory of infiltration:5. the influence of the initial moisture contentr[J]. Soil Science,1957,84:329-339.

[55] Hillel D. Crust formation in Lassies soils[J]. International Soil Science,1960,29(25):330-337.

[56] Jia Z J,Wang G P,Li J Y,Study on the effect of soil moisture on runoff and in-

filtration into cropland on slopes. Soil and Water Conservation in China, 1987 (9): 25-27.

[57] Xie W Y, Fan G S. Influence of moisture content on infiltration characteristics in field soils. Journal of Taiyuan University of Technology, 2004, 35(3): 272-275.

[58] Liu J T, Li X P, Chen X, et al. Distriburion characteristics of initial soil water content in profile during hiatus rainfall-infiltration ecents and its effects on infiltration [J]. Journal of Soil and Water Conservation, 2009, 23(5): 96-100.

[59] 冯锦萍,樊贵盛. 土壤水分入渗年变化特性的试验研究[J]. 太原理工大学学报, 2003, 34(1): 16-19.

[60] 王全九,叶海燕,史晓南,等. 土壤初始含水量对微咸水入渗特征影响[J]. 水土保持学报, 2004, 18(1): 51-53.

[61] Yu X X, Zhao Y T, Zhang Z Q, et al. Characteristics of soil water infiltration in sub-alpine dark coniferous ecosytem of upper reaches of Yangtze River [J]. Chinese Journal of Applied Ecology, 2003, 14(1): 15-19.

[62] Zeng C, Wang Q J, Fan J. Effect of initial water content on vertical line-source infiltration characteristics of soil [J]. Transactions of the Chinese Society of Agricultural Engineering, 2010, 26(1): 24-30.

[63] Dyke C G, Dobereiner L. Evaluating the Strength and Deform Ability of Sandstones[J]. Quarterly Journal of Engineering Geology, 1991, 24: 121-134.

[64] Hawkins A B, McConnell B J. Sensitivity of Sandstone Strength and Deformabilit-y to changes in Moisture Content[J]. Quarterly Journal of Engineering geology, 1992, 25: 115-130.

[65] 李爱国,岳中琦,等．土体含水率和吸力量测及其对边坡稳定性的影响[J]．岩土工程学报, 2003, 25(3): 278-282.

[66] 姚裕春,姚令侃,等．中国铁道科学[J]．降雨条件下边坡破坏机理离心模型研究, 2004, 25(4): 64-67.

[67] 陈海明,班凤其,刘小伟．非饱和土抗剪强度指标 c、φ 值与含水量 ω 的关系[J]. 合肥工业大学学报(自然科学版). 2006, 29(6): 736-739.

[68] 凌华,殷宗泽．非饱和土强度随含水量的变化[J]．岩石力学与工程学报, 2007, 26(7): 1499-1503.

[69] 凌华,殷宗泽,等．非饱和土的应力—含水率—应变关系试验研究[J]．岩土力

学,2008,29(3):651-655.

[70] 李金玉,杨庆,等．非饱和抗剪强度指标 c、φ 值与含水量 ω 的关系[J]. 岩土工程技术,2010,24(5):243-247.

[71] 刘纪峰,卢明师．含水率对边坡土性及其稳定性的影响[J]. 河南科技大学学报(自然科学版),2010,31(3):63-66.

[72] 累志栋．土壤水动力学[M]. 北京:清华大学出版社, 1988.

[73] 徐永福,傅德明．非饱和土的结构强度的研究[J]. 工程力学,1999,16(4):73-77.

[74] Bishop A W,Blight G E. Some aspects of effective stressin saturated and partly saturated soils[J]. Geotechnique,1963,13(3):177-197.

[75] Bishop A,W Donald I B. The experimental study of partly saturated soil in the triaxial apparatus. In Proeeedings of the 5th International conference on Soil Mechanics and Foundation Engineering[J]. Paris. Franee,1961,6(1):13-21.

[76] Redlund D G,Morgenstem N R,Widger R A. The shear strength of unsaturated soils[J]. Canadian Geotechnical Journal,1978,15(3):1313-321.

[77] VanaPali S K,Fredlund D G,Pufall D E,et al. Model for Predietion of shear strength with respect to soil suction[J]. Canadian Geotechnical Journal,1996,33(3):379-392.

[78] 沈珠江. 理论土力学[M]. 北京:中国水利水电出版社,2000.

[79] 龚壁卫,詹良通,刘艳华,等,非饱和膨胀土的抗剪强度特性研究[J]. 长江科学院院报,2006,17(5),19-22.

[80] 黄润秋,吴礼舟．非饱和土抗剪强度的研究[J]. 成都理工大学学报(自然科学版). 2007,34(3):221-224.

[81] 凌华．非饱和土强度变形实用计算方法[D]. 南京:河海大学,2006.

[82] Toll D G. A framework for unsaturated soil behavior[J]. Geotechnique,1990,40(1):31-44.

[83] 张原丁. 论黄土的湿陷敏感性[J]. 岩土工程学报,1996,18(5):79-83.

[84] 孙长龙,王保田,殷宗泽,等. 宁夏膨胀土地基浸水变形规律试验研究[J]. 河海大学学报,1997,25(2):82-85.

[85] 陈忠伟. 膨胀土的膨胀势系数和地基胀缩变形量的估算[J]. 工程勘察,1983,3:35-41.

[86] 李顺群,朱怀庆．含水量变化时非饱和土的变形研究[J]. 武汉理工大学学报,

2005,27(2):24-27.

[87] 李广信,司韦,张其光．非饱和土的清华弹塑性模型[J]. 岩土力学,2008(29)8:2033-2037.

[88] 孙永帅,贾苍琴,王贵和．降雨对边坡稳定性影响研究综述[J]. 施工技术,2012,372(41):63-66.

[89] 周辉,吴时强,陈惠玲．泄洪雾化的影响及其分区和分级防护初探[C]// 中国水利学会水力学专业委员会,第二届全国水力学与水利信息学学术大会论文集[C]. 成都:四川大学出版社,2005:89-94.

[90] Jackson P. An electrical-resistivity method for evaluating the in-situ porosity of clean marine sands[J]. Marine Geotechnical, 1975, 1(2): 91-115.

[91] Rhodes J, Raats P, Prather R. Effect of liquid-phase electrical conductivity, water content, and surface conductivity on bulk soil electrical conductivity[J]. Soil Science Society of America Journal, 1976, 40: 651-655.

[92] Archie G E. The electric resistivity log as aid in determining some reservoir characteristics [J]. Trans,American Institute of Mining,Metallurgical and Petroleum Engineers,1942,146:54-61.

[93] Arulanandan K,Muraleetharan K K. Level ground soil liquefaction analysis using in situ properties, Part I [J] . Geotech,J. Engrg. Div. ,ASCE,1988,114(7),771-790.

[94] Rhoades J D,van Schilfgaarde J. An electrical conductivity probe for determining soil salinity[J]. Soil Sci. Soci. Am. J. ,1976,40:647-651.

[95] 查甫生, 刘松玉．土的电阻率理论及其应用探讨[J]. 工程勘察,2006(5):10-15.

[96] Ernest T. Selig,relationship of soil moisture to the dielectric property[J]. Journal of the Geotechnical Engineering Division,1975:755-767.

[97] James K. Mitchell Fundamentals Of Soil Behavior[M]. U. S. A,1976.

[98] Arulmoli K. Review of an electrical method for evaluation of stress ratio required to cause liquefaction and dynamic modulus[J]. Dynamic Geotechnical Testing,1994,118-130.

[99] Kandiah Arulanandan. Electrical dispersion in relation to soil structure[J]. Journal of Soil Mechanics and Foudations Division,1973,94:1113-1128.

[100] Sillers W,S and Fredlund D,G. Statistieal assessment of soil water charaeter-

istic curve models for geoteehnieal engineering[J]. Canadian Geoteehnieal Journal,2001,38:1297-1313.

[101] 卢廷浩. 土力学[M]. 南京:河海大学出版社,2005.

[102] 陈惠玲,黄国情. 溪洛渡水电站枢纽泄洪雾化物理模型试验报告[R]. 南京水利科学研究院水工研究所,2000.

[103] 毛昶熙,段祥宝,李祖贻,等. 渗流数值计算与程序应用[M]. 南京:河海大学出版社,1999.

[104] 胡云进,速宝玉,詹美礼. 溪洛渡水垫塘区岸坡雾化雨入渗数值分析[J]. 岩石力学与工程学报,2003:1291-1296.

第4章　泄洪雾雨对坝区环境影响的评价

4.1　研究目标及研究内容

4.1.1　研究目标

揭示泄洪雾雨对坝区温度、湿度、土壤微生物群落、植被格局的影响，建立泄洪雾雨环境影响评价指标体系，并为“泄洪雾化工程安全与环境影响评价技术研究”提供相应支撑。

4.1.2　研究内容

在掌握雾雨源强及分布的基础上，分析坝区局部区域内雾雨对周边环境的影响方式、影响程度和影响范围，研究泄洪雾雨对该区域内人类生产生活以及动植物环境的影响机制。具体研究内容包括：泄洪雾雨对坝区温度、湿度等环境要素的影响；泄洪雾雨对坝区动植物生境的影响；泄洪雾雨对坝区人居环境的影响；泄洪雾雨环境生态影响评价指标体系。

4.2　技术路线

本书以某高坝为研究对象，在雾雨区和对照区，根据雾雨梯度选定样方，每年按照四个季节进行为期两年的监测，监测指标包括温度、湿度、土壤含水量、土壤微生物群落、植物光合作用速率、植被格局等，分析这些指标空间上的差异和时间上的变化；从温度和湿度要素评价雾雨对动物/人的舒适度影响，从植物光合作用速率及植被格局差异研究雾雨对植被的影响；从土壤含水量和土壤微生物群落结构差异研究雾雨对土壤生态的影响。在以上研究成果的基础上提出科学、实用的泄洪雾化环境影响评价方法，建立泄洪雾雨环境影响评价指标体系。

4.3 泄洪雾化区湿度变化对物种入侵风险的影响

基于样带法调查了岸边带主要的草本植物群落；发现其存在潜在入侵物种——香菇草（*Hydrocotyle vulgaris L.*），并采集优势草本群落草种进行了温室控制实验。通过模拟香菇草入侵初期形态，探究了泄洪雾化区水分增加可能导致的入侵性风险的增加，对当地草本群落演替的影响；入侵植物香菇草在草本植物群落影响下的种内关系的变化，对其定居能力的影响，并基于以上内容对香菇草入侵造成的区域环境水文过程的影响进行了初步研究。

4.3.1 实验设计

实验采用双因素交互设计，研究香菇草（*Hydrocotyle vulgaris L.*）繁殖体压力对于本身定居的影响，构建了由草本植物优势种早熟禾、匍匐翦股颖、高羊茅和黑麦草构成的草本群落作为模式群落，探究香菇草繁殖体压力增加对入侵本地草本群落后建种的影响。实验因素一：繁殖体压力设置了两个梯度（一株植株和五株植株），实验因素二：入侵建种地状况设置了两种情况（有本地草坪植被群落幅覆盖和无本地草坪覆盖）。同时设置了空白土壤处理和空白草坪群落处理作为对照。每个处理有五个重复设置（图 4.1）。

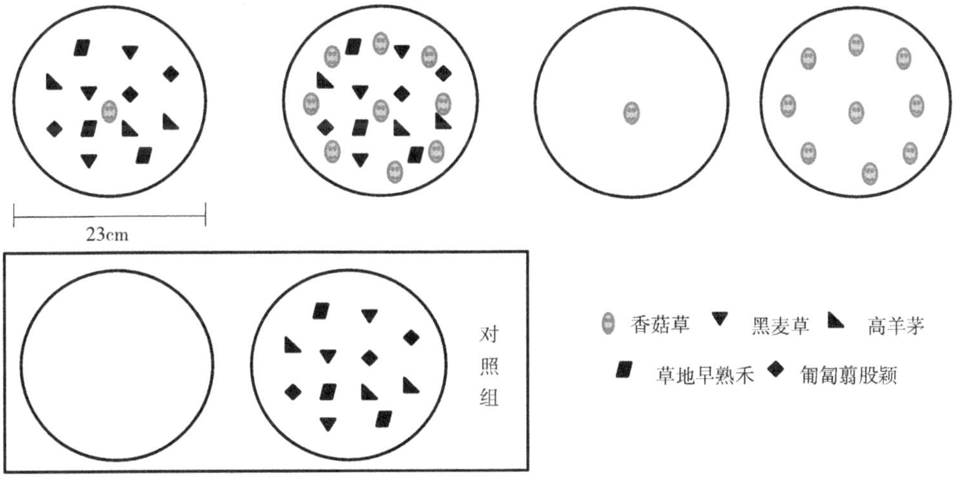

图 4.1 实验设计

4.3.2 实验方法

香菇草从研究区采集进行培养后，于 2011 年 12 月 28 日统一选取 60 株第二代高度一致的材料(16.10 ± 0.12 cm,平均值±标准误,$N=6$)进行试验。模式草坪种由种子(购置于北林科技有限公司)开始萌发,萌发 2 个月之后统一进行移栽。实验于 2012 年 2 月 1 日在中国科学院生态中心温室开始到 5 月 1 日结束,其间每 3 天对容器施加 900mL 水分保证每次处理的水分总量一致性。考虑到实验开展过程中日长时间的变化,对温室进行钠灯光照补充(3000lux)来保证每天的昼夜时间比为 14∶10(昼∶夜)。实验过程中,温室的平均温度为 16.37 ± 0.19 ℃(平均值±标准误),湿度为 53.01 ± 1.14 %(平均值±标准误)。由 Hygrochron 测度计每小时发回数据测得。实验过程及状况见图 4.2。

图 4.2　实验过程及状况

4.3.3　实验收获

我们测量每个香菇草的节点数、分枝数、匍匐茎长、叶生物量、匍匐茎生物量、根生物量、总生物量。所有的植物将按照结构分为叶柄、叶片、匍匐茎、根和繁殖器官（花和花柄）进行分离，然后在 70℃烘箱进行烘干并在 72h 后才进行测量干重。其中的繁殖器官部分在实验分析中被舍弃。

4.3.4 实验结果

①泄洪雾化区水分增加可能导致香菇草入侵性风险的增加，对当地草本群落演替的影响构建了由草本植物优势种早熟禾、匍匐翦股颖、高羊茅和黑麦草构成的草本群落作为模式群落，探究香菇草入侵对群落结构的影响（图 4.3）。

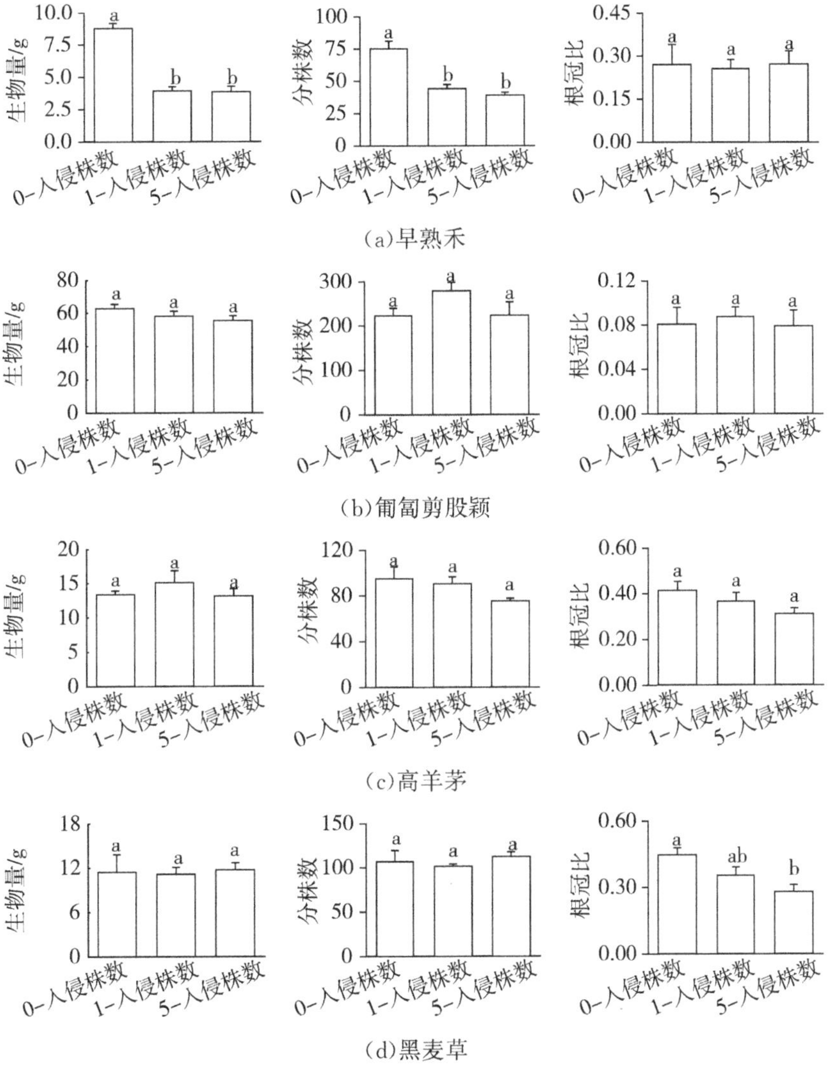

图 4.3 香菇草初始入侵株数分别为 0,1,5 时，构建的草本群落中四种草本植物生物量、分株数、根冠比（图中标注了平均值和标准误差）

实验结果表明,在香菇草入侵的初级阶段,除了黑麦草生长状况减弱之外,其他草种未发生明显变化(图 4.3)。但是草本群落的均匀度在有少量入侵时有了明显的下降,但是随着入侵的增加,均匀度有增加的趋势(图 4.4)。但是如果入侵达到一定的数量之后,最终的均匀度还是会下降。

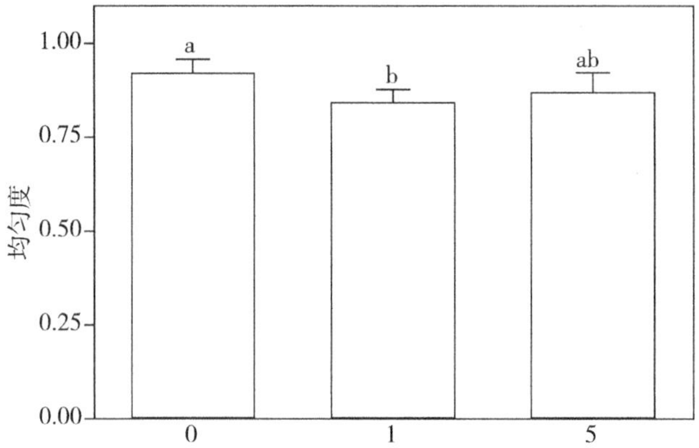

图 4.4　香菇草初始入侵株数分别为 0,1,5 时,草本群落的均匀度

(图中标注了平均值和标准误差)

②入侵植物香菇草在草本植物群落影响下的种内关系的变化及其对其定居能力的影响。

生境水文因子的改变增加目标物种香菇草入侵风险后,本地草本群落也对其入侵个体种内关系的影响直接影响到其定居能力。为研究香菇草种内关系在入侵后的改变情况,设置了一个双因素的控制实验分为 4 个处理,每个处理有 5 个重复:一株入侵个体和五株入侵个体在有无草本群落中,种内关系的改变情况,实验进行 3 个月后对其进行收获。

结果发现:香菇草在入侵后,种内竞争有了明显的下降且有显著的交互作用。入侵植物在入侵初期会改变种内竞争和种间竞争的分配,来使得本身能够更快地定居(表 4.1 和图 4.5)。香菇草入侵到新生境时会分配更多的能量到叶柄上,通过增加叶柄长来获取更多的光照资源(表 4.2 和图 4.6)。

表 4.1　香菇草初始株数和入侵与否处理中的各项生长指标

生长指标	初始株数(C)		入侵与否(R)		$C\times R$	
	$F_{1,16}$	P	$F_{1,16}$	P	$F_{1,16}$	P
总生物量	60.9	<0.001	228.0	<0.001	64.2	<0.001
分株数	33.7	<0.001	123.1	<0.001	31.6	<0.001
叶面积	57.8	<0.001	173.2	<0.001	59.0	<0.001

续表

生长指标	初始株数(C)		入侵与否(R)		C×R	
	$F_{1,16}$	P	$F_{1,16}$	P	$F_{1,16}$	P
节间长	138.4	<0.001	368.5	<0.001	135.2	<0.001

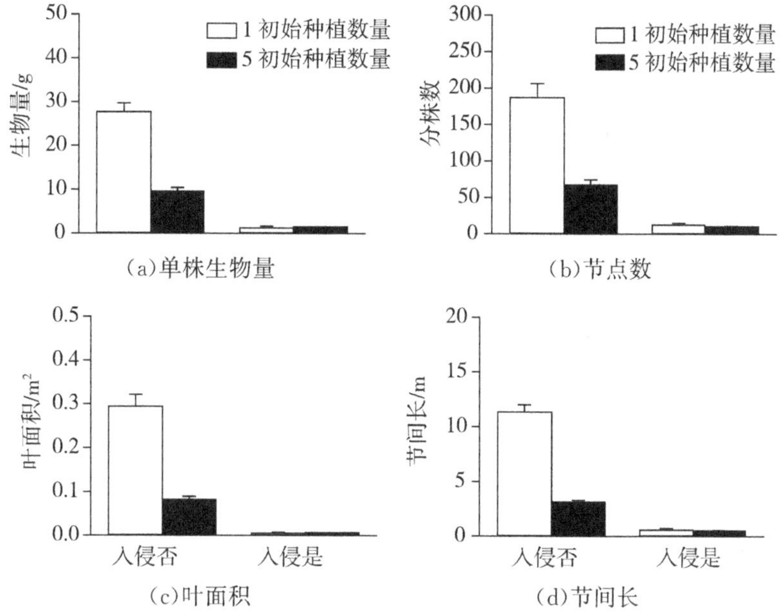

图 4.5 初始香菇草种植数量分别为 1,5 在入侵草本群落与否的处理中的单株生物量(A),节点数(B),叶面积(C)和节间长(D)(图中标注了平均值与标准误差)

表 4.2 香菇草初始株数和入侵与否处理中的各项形态指标

形态指标	初始株数(C)		入侵与否(R)		C×R	
	$F_{1,16}$	P	$F_{1,16}$	P	$F_{1,16}$	P
平均叶面积	0.48	0.498	97.5	<0.001	8.92	0.009
比叶面积	0	0.997	0.61	0.446	0.45	0.512
叶柄长	5.29	0.035	47.92	<0.001	0.36	0.559
比叶柄长	0.73	0.407	1.49	0.24	1.80	0.199

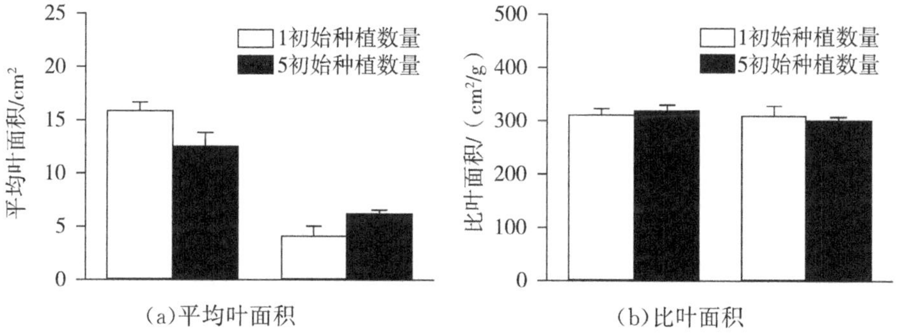

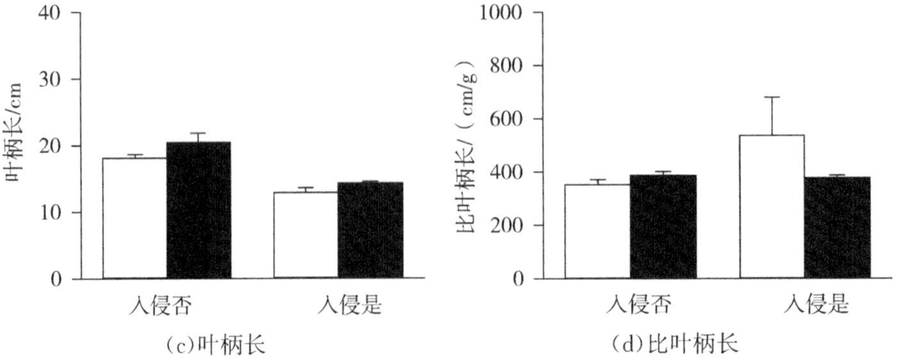

图 4.6 初始香菇草种植数量分别为 1,5 在入侵草本群落与否的处理中的平均叶面积(A),比叶面积(B),叶柄长(C)和比叶柄长(D)(图中标注了平均值与标准误差)

③香菇草入侵造成的区域环境水文过程的影响。

同样通过控制实验,观测入侵后的区域对水文过程中的蒸散发的影响。通过用土壤水分测定仪,对实验容器进行日测定。

结果发现,若只有香菇草时,不论是初始量为 1 株还是 5 株,土壤蒸散量与裸土之间没有发生太大的差异。但是随着入侵的加剧,5 株香菇草入侵草本群落的土壤表面的蒸散发量有了显著的增高(图 4.7)。这说明香菇草本身对水分需求量不大,但是它的增多会刺激本地草本群落对水分的利用,增加了土壤表面的蒸散发量。

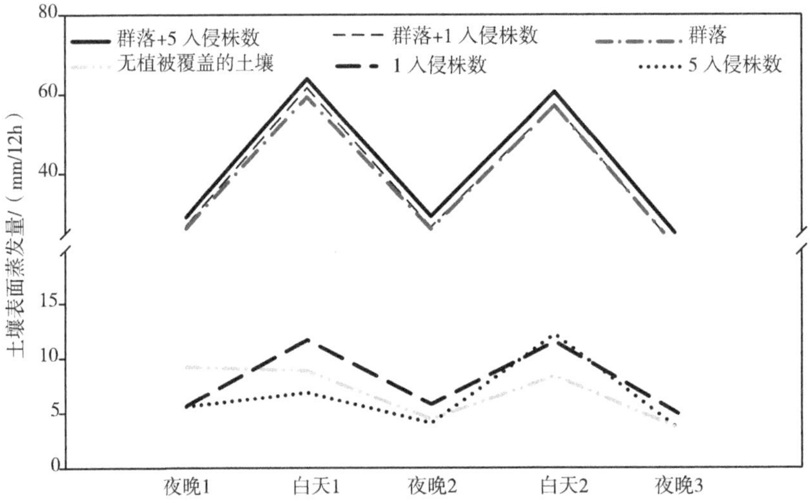

图 4.7 不同处理下的土壤表面蒸散量

4.4 泄洪导致的人为淹没对岸边带生态系统的影响

当面临水淹胁迫和种间竞争者时,分株聚集分布可能有利于种群的生长,并且降低个体尺寸之间的差异。通过现场模拟实验去探索:①在不水淹(空白)环境下,聚丛格局可能有利于缓解株高、生长能力快、水淹能力强的植物对株矮、生长能力慢、水淹能力弱的植物竞争压力；②在水淹的环境下，水淹可能削减聚丛格局的作用(即聚丛格局环境下，株高、生长能力快、水淹能力强的植物对株矮、生长能力慢、水淹能力弱的植物竞争压力不会受到缓解)。

4.4.1　实验物种

竹节草(*Chrysopogon aciculatus*)，为禾本科金须茅属下的一个植物种。升马唐(*Digitaria ciliaris*)均为一年生，产于我国西南地区，为水淹常发生地的常见物种。

4.4.2　实验设计

设计了一个双因素的实验方案，其中包括种间竞争处理和分株的初始分布处理。每个处理有 5 个重复(图 4.8)。实验过程及状况见图 4.9。

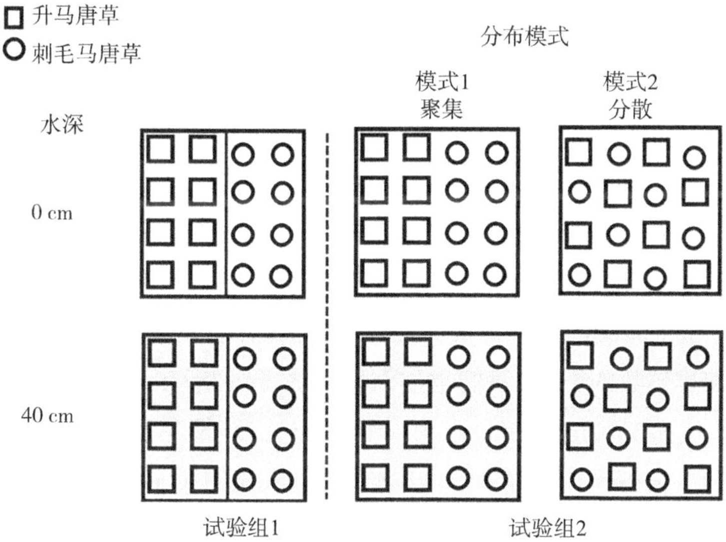

图 4.8　实验设计

(a)　　(b)

（c）　　（d）

图 4.9　实验过程及状况

4.4.3　数据处理

在分析数据之前，我们首先计算每个处理的升马唐和竹节草生长指标，包括节点数、分枝数、匍匐茎长、总生物量。所有的实验处理使用方差分析（ANOVAs）进行检验。我们用双因素方差分析（Two-way ANOVA）比较了水淹处理（水位梯度 0cm 和 40cm）和分株分布处理（聚集和分散）对两种实验草种的生长指标（节点数、分枝数、匍匐茎长、总生物量）和变异系数（节点数的 C_V、分枝数的 C_V、匍匐茎长的 C_V、总生物量的 C_V）的影响。我们用双因素方差分析（Two-way ANOVA）比较了水淹处理（水位梯度 0cm 和 40cm）和分株分布处理（聚集和分散）对两种实验草种单独种植的生长指标和变异系数的影响；我们也用双因素方差分析（Two-way ANOVA）比较了水淹处理（水位梯度 0cm 和 40cm）和分株分布处理（聚集和分散）对两种实验草种在有草区域的生长指标和变异系数的影响。另外，我们用重复检验（Repeated-measures ANOVAs）比较了水淹处理（水位梯度 0cm 和 40cm）和分株分布处理（聚集和分散）对两种实验草种的所有生长指标和变异系数的影响所有的分析均在 SPSS 16.0 上进行（SPSS，Chicago，IL，USA）。

4.4.4　实验结果

结果发现，水淹对升马唐和竹节草种群总生物量和分株数有显著的抑制作用，同时竹节草在 40cm 淹没处理中由于强度过大，导致死亡。升马唐的根茎比在 40cm 水淹处理中有了明显的增加（表 4.3 和图 4.10）。

表 4.3 水淹状态(0cm vs. 40cm)和种内聚集状态(聚集 vs. 分散)对植株种群生长指标和尺寸的双因素方差检验结果

指标	df	总生物量		植株数		根径比	
		F	P	F	P	F	P
植株 S	1,16	49.6	<0.001	38.8	<0.001	0.9	0.359
淹水程度 W	1,16	23.8	<0.001	39.8	<0.001	12.5	0.003
交叉检验	1,16	13.2	0.002	0.5	0.479	49.7	<0.001

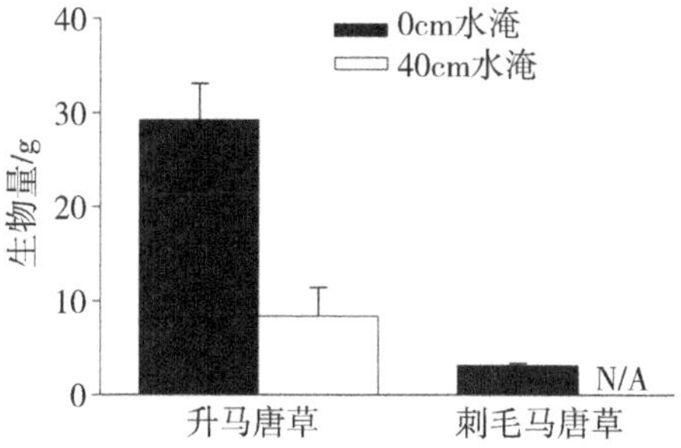

(a)整个群落生物量

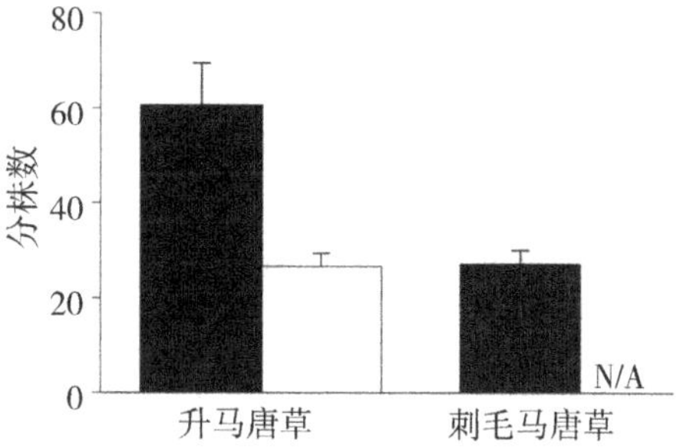

(b)分株数

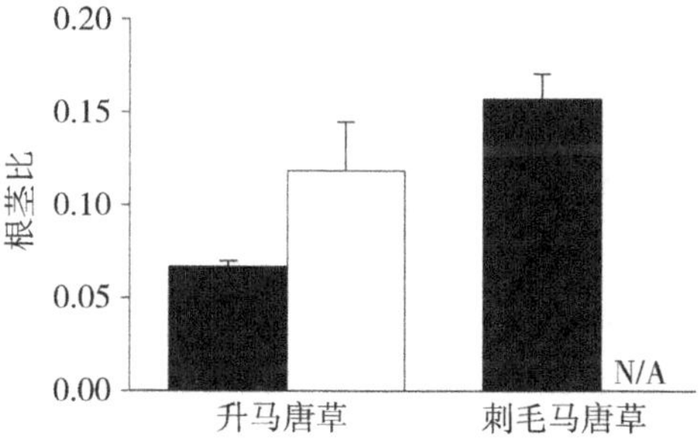

(c)根茎比

图 4.10 水淹状态(0cm vs. 40cm)和种内聚集状态(聚集 vs. 分散)对整个群落生物量(A),分株数(B)和根茎比(C)的影响(图中柱体和竖线分别代表平均值和标准误差)

结果发现,在 0cm 水淹处理中,升马唐生长在聚合时分株种产生了更多的总生物量和分株数,但是在 4cm 处理中生长的趋势正好相反。生物量变异系数均在分散状态下大,但是分株数的变异系数和分株数在不同聚集方式的生长趋势一样(表 4.4 和图 4.11、图 4.12)。

表 4.4 水淹状态(0cm vs. 40cm)和种内聚集状态(聚集 vs. 分散)对升马唐生长指标和尺寸的重复方差检验结果(数据经过对数转换)

指标	水淹状况 W		分布模式 A		W×A	
	$F_{1,16}$	P	$F_{1,16}$	P	$F_{1,16}$	P
生物量	62.147	<0.001	7.4	0.015	9.225	0.008

续表

指标	水淹状况 W		分布模式 A		$W\times A$	
	$F_{1,16}$	P	$F_{1,16}$	P	$F_{1,16}$	P
植株数	58.627	<0.001	0.153	0.701	0.578	0.458
生物量变异系数	86.437	<0.001	5.721	0.029	0.071	0.794
植株数变异系数	8.66	0.01	0.007	0.936	1.148	0.3

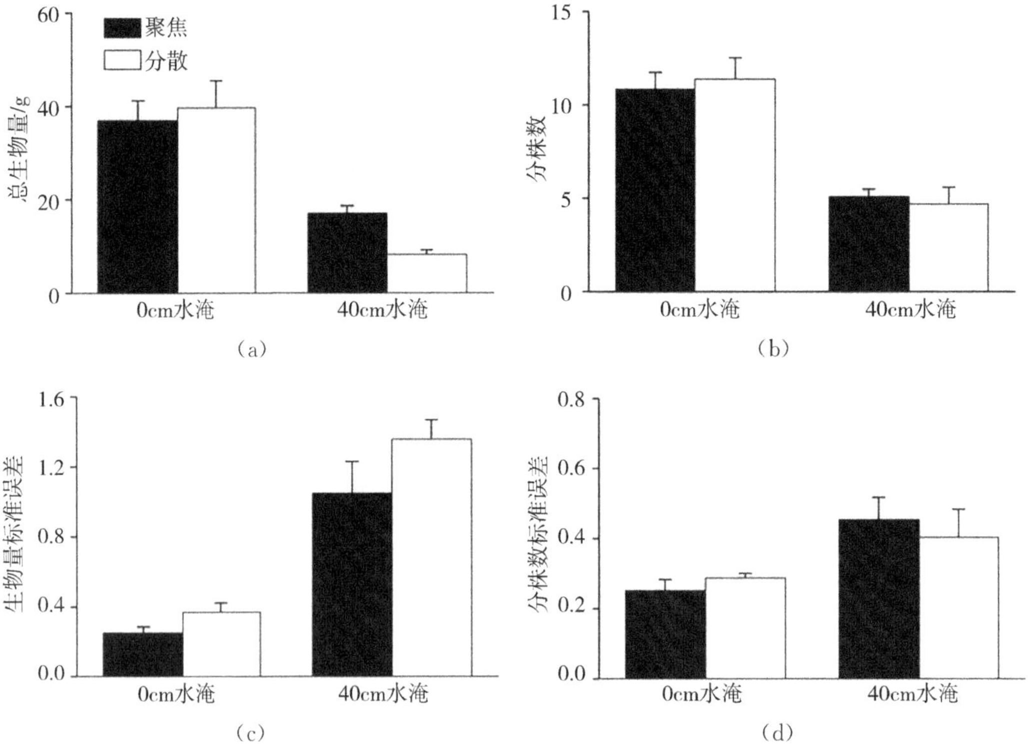

图 4.11　水淹状态(0cm vs. 40cm)和种内聚集状态(聚集 vs. 分散)对升马唐种群生长指标 (a—b) 和尺寸(c—d) 的影响(图中柱体和竖线分别代表平均值和标准误差)

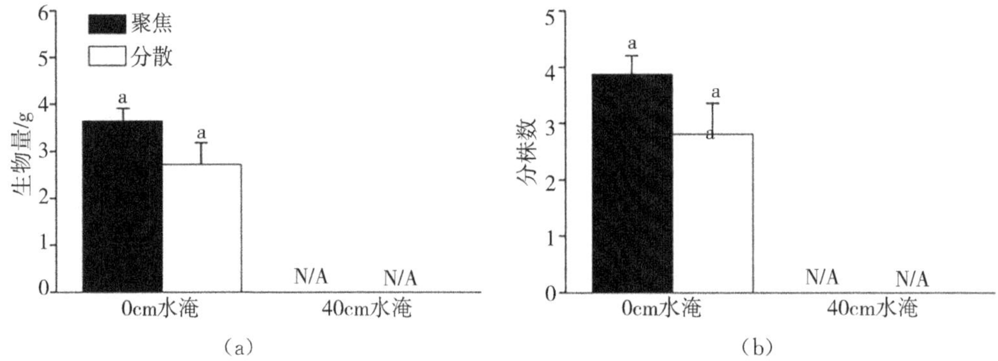

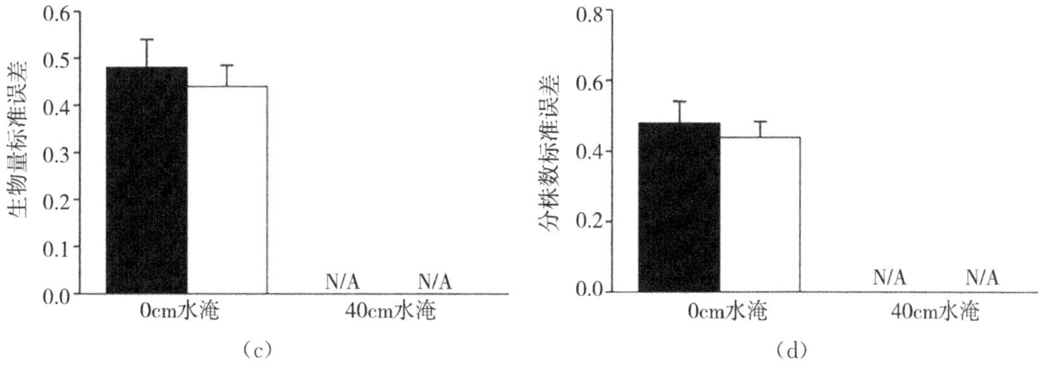

图 4.12　水淹状态(0cm vs. 40cm)和种内聚集状态(聚集 vs. 分散)对竹节草种群生长指标(a—b) 和尺寸(c—d) 的影响(图中柱体和竖线分别代表平均值和标准误差，标准误差上相同字母代表无差异($p<0.05$))

结果发现，在 0cm 水淹处理时，不论在聚集状态下还是在分散状态下。竹节草生长指数(总生物量和分株的数量)和大小的变化(总生物量和分株的数量变异系数)并无显著变化。

4.4.5　结果分析

不是所有的物种都在扰动同样受到影响，因为有些物种可能更能适应干扰造成的压力。那么，干扰的程度是物种之间的竞争和容忍之间的权衡。在 40cm 水淹处理中，根部的生长抑制较弱，是为了储存能量用于水淹后的繁殖后代。在淹水处理淹没河岸的植物可能已经消耗比没有淹水植物更多的碳水化合物和能量，从而导致严重减少碳水化合物供应的增长。此外，有限氧气供应可能恶化根功能。

在压力的条件(40cm 水淹)，升马唐的聚集有利于它们的成长。在非压力条件(0cm 水淹)下，分株聚集明显降低生升马唐的生长，这表明分株聚合是不利升马唐在舒适环境下生长。这是因为当种间竞争相对较弱或不存在，后代分株的聚集加剧，增加影响力的重叠区的相同或不同子株之间的种内竞争中的不同分株之间的竞争。然而，当种间竞争比种内竞争强，分株聚集是为了与其他物种的竞争有益。

聚集与否对竹节草在适宜环境下的生长并没有产生影响，另一个角度说明了竹节草是一个不善于合作的种群，也导致了在压力条件下的全部死亡。

4.5　泄洪雾化对雾化区生态环境影响评价指标

通过对实验数据的分析，结合观测，初步提出了泄洪雾雨环境生态影响评价指标体系，包括：雾雨区湿度变率及其持续时间、雾雨区温度变率及其持续时间，雾雨区人为淹没强度及其持续时间。

参考文献

[1] Kenwick R A, Shammin M R, SullivanW C. Preferences for riparian buffers[J]. Landscape and Urban Planning,2009,91(2): 88-96.

[2] Marzolf GR. Reservoirs as environments for zooplankton. In: Thornton K W, Kmmel B L&Payne F E(eds), Reservoirlimnology: EeologicalPersPeetives. John Wiley&Sons, Inc. NewYork,1990.

[3] Nogueira M G. Zooplankton composition, dominance and abundance as indicators of environmental compartmentalization in Jurumirim Reservoir (Paranapanema River), Sao Paulo, Brazil[J]. Hydrobiologia,2001,455:1-18.

[4] Urabe J. Stable horizontal variation in the zooplankton community structure of a reservoir maintained by predation and competition[J]. Limnology and oceanography,1990,35(8):1703-1717.

[5] 冯义龙，先旭东，莫正国．库区消落带植物群落恢复的植物选择——以奉节县竹衣河为例，南方农业,2008,2(12): 68-72.

[6] 刘宣烈，安刚，姚重达．泄洪雾化机理和影响范围的探讨[J]. 天津大学学报，1991,S1:30-36.

[7] 罗福海，李伟，向光红．水布垭电站泄洪雾化影响分析及防护设计[J]. 水利水电快报,2009,30(11),37-39.

[8] 韩喜俊，渠立光，程子兵．高坝泄洪雾化工程防护措施研究进展[J]. 长江科学院院报,2013,30(8),63-69.

[9] 权威,张新乐,曹海,等. 泄洪雾化降雨对上田滑坡体的渗流影响及稳定性分析[J]. 水电能源科学,2012,30(3),114-117.

[10] 苏建明，李浩然．二滩水电站泄洪雾化对下游边坡的影响[J]. 水文地质工程地质,2002,2:22-24.

[11] 孙双科，刘之平．泄洪雾化降雨的纵向边界估算[J]. 水利学报,2003,12:53-58.

[12] 王锋辉．二滩水电站泄洪雾化及防护[J]. 大坝安全,2011,5: 42-46.

[13] 袁辉．三峡库区消落带对水环境影响分析及利用模式研究[J]. 重庆大学，2006.

第 5 章 泄洪雾化工程安全与环境影响综合评价技术研究

泄洪雾化影响的大小和雾流降雨强度成正比,因此需要对水电站泄洪雾化的强度进行计算和评价。在已有的雾流降雨强度研究中,往往都是分析雾化降雨的某个或某些因素,如降雨强度、降雨边界等,这种单因素的评价不能反映出环境中各个影响因素的综合作用的结果。

在实际的工程规划阶段,需要从宏观的角度对泄洪雾化可能发生的强度进行一个预估和评价。但雾化水流运动既受泄洪水头、流量和泄洪方式等因素的影响,又受地形、气象等条件的制约,雾流降雨潜在的危害程度也受到这些因素的影响。这给雾流降雨潜在的危害程度综合评价带来了不确定性和复杂性。同时,在规划阶段进行泄洪雾化计算的资料一般都较少,所以通常需要依靠专家的经验和直觉进行一个预估。

有鉴于此,本书基于模糊数学综合评判方法,综合考虑影响雾流降雨强度的各个因素,建立了雾流降雨潜在危害程度的模糊综合评判模型,并采用层次分析法计算各指标权重。模糊数学方法的一个突出优点是能较好地描述与效仿人的思维方式,总结和反映人的体会与经验,对复杂事物和系统可进行模糊度量和判断。而层次分析法也能利用实际经验,利用较少的信息反映决策者的决策思维过程。

5.1 潜在危害程度分级

按照雾流降雨可能发生的强度,将雾流降雨潜在危害程度分为三级,即很大、较大及不大。则等级论域为:

$$V=\{V_1,V_2,V_3\}=\{很大,较大,不大\}$$

5.2 指标体系的建立

5.2.1 指标体系的选取

雾化区内某点的雾流降雨的危害程度不仅与降雨量有关，还与当时当地的气象、地形等有关，因素论域为：

$$U=\{U_1,U_2,\cdots U_8\}=(Q_w/Q,\Delta Z/\Delta Z_0,Fr,Re,We,\xi,\zeta,\eta)$$

将这些影响因素用式(5-1)表示：

$$F(Q_w/Q,\Delta Z/\Delta Z_0,Fr,Re,We,\xi,\zeta,\eta)=0 \tag{5-1}$$

式中：Q_w ——总泄洪流量中的可雾化量。

Q——总泄洪流量。

ΔZ ——上、下游水位差。

ΔZ_0——特征水位差，取为 50m。

Fr 、Re、We ——Froude 数、Reynolds 数和 Weber 数。

ξ ——地形条件系数。该系数比较复杂，影响该系数的主要因素是河床的宽深比 L/H ，还有河床两岸是否对称等因素也对 ξ 有一定的影响。

ζ ——气象条件系数，这也是一个综合性的系数，可由当地气象部门所提供，主要与当地降雨情况、湿度、最大风速、风向等有关；

η ——其他水流条件系数(由挑坎的出口形式等来确定)。

在影响雾流降雨强度的诸多因素中，有些因素具有确定的特征。例如：上下游水位差 ΔZ 值、Froude 数、Reynolds 数、Weber 数等，在某一工程的具体的一次泄洪时均为确定性的因素。而有些因素则具有不确定的、模糊的特征，如地形条件系数 ξ 、气象条件系数 ζ 、其他水流条件系数 η 等。

5.2.2 隶属函数的构造

模糊概念是客观事物本质属性在人们头脑中的反映，是人类社会在长期发展过程中约定俗成的东西。模糊性的根源在于客观事物的差异之间存在着中间过渡，存在着亦此亦彼的现象，但是在亦此亦彼的东西，在下一层次中可能又是非此即彼。隶属函数是对模糊概念具有客观性的一种量度，正确地确定隶属函数，是利用模糊集合恰如其分地定量表现模糊概念的基础。

可是，由于存在于自然界里的模糊概念何止万千，要确定反映模糊概念的模糊集合的隶属函数，无法找到统一的途径可循。而对于一个模糊概念，不同的人又往往使用不同的隶属函数。隶属函数的具体确定，确实包含着人脑的加工，其中包含着某种心理过程。但心理学的大量试验表明，人的各种感觉所反映出来的心理是与外界刺激的物理量之间保持着相当严格的关系。这些仅在客观上对隶属函数进行了某种限定，使得隶属函数是对模糊概念具有客观性的一种量度，不能主观任意地捏造。只要隶属函数能反映该模糊概念，尽管形式不同，但在解决处理模糊信息的问题中仍能殊途同归。要正确地确定隶属函数，既要深刻地认识它所反映的模糊概念，又要找到定量地反映模糊概念的恰当形式，因而是困难的。而应用模糊数学来解决实际问题，往往归结为寻找一个或几个隶属函数，这个问题解决了，其他问题也就迎刃而解。隶属函数的确定过程，本质上是客观的，但又包含有一定的人为技巧。下面便是本问题的各种隶属函数及其确定。

(1) Q_w/Q 的隶属函数

Q_w/Q 是可雾化量 Q_w 占总泄洪流量 Q 的比例，规定其隶属函数如下：

$$\mu(Q_w/Q)=\begin{cases}1 & \left(\dfrac{Q_w}{Q}\geqslant 0.05\right)\\ 1-\dfrac{1}{1+\alpha_{Q_w/Q}\left(\dfrac{Q_w}{Q}\right)^2} & \left(\dfrac{Q_w}{Q}<0.05\right)\end{cases} \tag{5-2}$$

式中：$\alpha_{Q_w/Q}$ ——经验系数，取 10^5。

(2)水位差 $\Delta Z/\Delta Z_0$ 的隶属函数

很明显，水位差 ΔZ 值越大，流经孔口(或挑坎)的流速也越大，紊动也越强烈，雾化的可能性越大。为此，根据高、中、低水头建筑物的分类，规定其隶属函数如下：

$$\mu(\Delta Z/\Delta Z_0)=\begin{cases}1 & (\Delta Z>50\text{m，高水头})\\ \dfrac{1}{1+\alpha_{\Delta Z/\Delta Z_0}\left(\dfrac{\Delta Z}{\Delta Z_0}-1\right)^2} & (\Delta Z<50\text{m，中、低水头})\end{cases} \tag{5-3}$$

式中：$\alpha_{\Delta Z/\Delta Z_0}$ ——经验常数，取 10^{-5}。

(3)Froude 数、Reynolds 数的隶属函数

从直观的角度来看，Fr 数越大，水流越急，发生雾化的可能性也越大。相应地，Re 越大，紊动越剧烈。但在自然条件下，泄洪水流都是紊流，故不考虑 Re 数的影响。规定 Fr 的隶属函数如下：

$$\mu(Fr)=\begin{cases}0 & (Fr<1)\\ 1-\dfrac{1}{1+\alpha_{Fr}(Fr-1)^2} & (Fr\geqslant 1)\end{cases} \tag{5-4}$$

式中：α_{Fr} ——经验常数，取 0.03。

(4)Weber 数的隶属函数

同样地,因为实际工程的流速越高,水的表面张力所起的作用越小,故而,规定 Weber 数的隶属函数如下:

$$\mu(We)=\begin{cases}1 & (We\leqslant 500)\\ 0 & (We>500)\end{cases} \tag{5-5}$$

(5)地形条件系数 ξ 的隶属函数

该系数的主要影响因素是 L/H 值的大小。L/H 的值越小,表明该处的河床越深窄,密集的水雾也越来越难以扩散。因而,发生雾化的可能性也就最大,雾雨强值亦可能最大。规定其隶属函数如下:

$$\mu(\xi)=\begin{cases}1 & \left(\dfrac{L}{H}\leqslant 3,\text{河谷深窄}\right)\\ \dfrac{1}{1+\alpha_{\xi}\left(\dfrac{L}{H}-3\right)^{2}} & \left(\dfrac{L}{H}>3,\text{河谷}\right)\end{cases} \tag{5-6}$$

式中:α_{ξ} ——经验系数,取 0.0125。

(6)气象条件系数 ζ 的隶属函数

气象条件主要是指大气环境的影响,包括自然降雨、大气湿度、自然风等。其中,影响最大的是自然风,研究表明:自然风对于由于 0.01mm 的水雾起转移作用,但是对较大颗粒的雨滴却无什么影响,因而气象条件系数的隶属函数可定义为:

$$\mu(\zeta)=\begin{cases}0.3 & (\text{在水舌破碎和水})\\ 1 & (\text{在流降雨})\end{cases} \tag{5-7}$$

(7)其他水流条件系数 η 的隶属函数

除了出口水流的 Froude 数,其他的一些因素,如挑坎的型式以及出口水流的紊动程度等都对水流雾化有影响,我们用系数 η 来反映这些因素的综合影响。影响 η 值的最重要因素之一是鼻坎的型式,根据实际工程经验,规定 η 的隶属函数如下:

$$\mu(\eta)=\begin{cases}1 & (\text{鼻坎大差等异型鼻坎})\\ 0.85 & (\text{鼻坎式挑流型式等})\\ 0.75 & (\text{孔口出流})\end{cases} \tag{5-8}$$

在雾流降雨工程安全与局域环境影响评价指标体系中,指标层中指标高边坡稳定现状、高边坡稳定影响以及高边坡稳定影响处理三个要素可以参见已有的高边坡稳定研究,将其作为定量化指标分析,指标层中其余指标皆根据实际经验,作为定性指标分析。准则层中指标可由指标层中指标与其对应权重计算得到。

对于本书所涉及的两个评价模型,其主要步骤都是先选取指标体系并通过相应方法量化，再通过层次分析法确定各指标权重，最后将各指标乘以其权重并相加得到一个评价指标，判断其属于何种等级。

5.2.3 指标权重的设置

指标权重的确定有主观法和客观法两大类。主观法是由决策分析者对各指标的主观重视程度而赋权的一类方法，主要有专家调查法、循环评分法、二项系数法、层次分析法等。客观赋权法则依据评价对象中各指标的数据，按照某个数学上的计算准则得出各评价指标权重，如熵值法、最小二乘法和最大方差法等。虽然主观法基于对指标的主观偏好方法，免不了带有一定程度的主观随意性，但由于雾化影响评价的复杂性和模糊性，用精确的数学模型来求取评价因素的权重难度很大。此外，事件的系统分析不够时，过于相信数学模型，反而使权重不尽合理。因此，在雾化影响评价系统中，根据专家的经验判断，有时结论还较为可靠，本书采用层次分析法确定指标权重。

层次分析评价法(Analytic Hierarchy Process，AHP)是美国运筹学家Saaty于20世纪70年代提出的，于80年代初期引进到我国，已成为一种常用的多目标决策方法。这种方法把一个复杂问题分解成梯阶层次结构，将下一层次各因素相对于上一层次各因素进行两两比较，对系统中各指标进行优劣评判，并利用这种评判结果来综合计算各指标的权重系数。层次分析法原理简单，有较严格的数学依据，广泛应用于复杂系统的分析与决策。

层次分析法确定权重的工作程序如下：

(1)通过两两比较，构造判断矩阵 $A=(a_{ij})$，i、$j=1,2,\cdots,n$

判断矩阵的值直接反映了人们对各因素的相对重要性的认识，其正确与否关系到评价结果的准确度。在AHP法中，传统的做法是采用Satty最初设计的比例9标度(1～9比例标度，见表5.1)，a_{ij} 的实际意义是指 i 单位(A_i)的重要性是第 j 单位(A_j)重要性的倍数，也即

$$a_{ij}=\frac{A_i\text{ 的重要性分数}}{A_j\text{ 的重要性分数}}=\frac{W_i}{W_j} \tag{5-9}$$

表5.1　　AHP比例9标度的评分标准

重要性分数 a_{ij}	意义
1	i 与 j 一样重要
3	i 比 j 略为重要
5	i 比 j 明显重要
7	i 比 j 强烈重要

续表

重要性分数 a_{ij}	意义
9	i 比 j 极端重要
2,4,6,8	介于上述相邻重要程度之间
上述比例的倒数	上述 j 与 i 的比例，即 a_{ji}

(2)计算判断矩阵 A 的最大特征值 λ_{max} 及最大特征向量 W

即求解以下行列式：

$$|\lambda A - I| = 0 \tag{5-10}$$

求得最大特征根值 λ_{max}，计算 λ_{max} 所对应的特征向量 W，即

$$(\lambda_{max} I - A) = 0 \tag{5-11}$$

式中：I ——与 A 同阶的单位矩阵；

W ——列向量。

λ_{max} 和 W 的计算可采用方根法或幂乘法。

采用方根法近似计算判断矩阵的最大特征值与特征向量，计算步骤如下：

1)计算判断矩阵每个元素的几何平均值

$$\overline{W_i} = \sqrt[n]{\prod_{i=1}^{n} a_{ij}} \qquad (i = 1,2,3,\cdots,n) \tag{5-12}$$

得到 $\overline{W} = (\overline{W_1}, \overline{W_1}, \overline{W_1}, \cdots, \overline{W_1})^T$。

式中：a_{ij}—— 判断矩阵第 i 行第 j 列元素。

2)将 $\overline{W_i}$ 归一化，即计算

$$W_i = \frac{\overline{W_i}}{\sum_{i=1}^{n} \overline{W_i}} \qquad (i = 1,2,3,\cdots,n) \tag{5-13}$$

得到 $W = (W_1, W_2, W_3, \cdots, W_n)^T$。

幂乘法过程如下：

第一步，设定一个归一化的初始向量 $\overline{W}_{(0)}$，比如取如下等权重的向量：

$$\overline{W}_{(0)} = (1/n、1/n, \cdots, 1/n)$$

第二步，递归以下计算过程：

$$W_{(1)} = A\overline{W}_{(0)}$$

对 $W_{(1)}$ 进行归一化，得到 $\overline{W}_{(1)}$，其各分量为：

$$\overline{W}_{(1)i} = \frac{W_{(1)i}}{\sum_{i=1}^{n} W_{(1)i}} \qquad (i = 1,2,\cdots,n)$$

依次进行计算，得到 $W_{(k)}=A\overline{W}_{(k-1)}$ 及经过归一化的全向量 $\overline{W}_{(k)}$ 。

第三步，根据预先给定的控制精度 ε ，若

$$\max\left|\overline{W}_{(k)i}-\overline{W}_{(k-1)i}\right|<\varepsilon$$

则停止计算，取 $W=W_{(k)}$ ；否则重复第二步。式中 $\overline{W}_{(k)i}$ 表示向量 $\overline{W}_{(k)}$ 的第 i 个分量。由此得到最大特征根值为：

$$\lambda_{\max}=\frac{1}{n}\sum_{i=1}^{n}\frac{W_{(k)i}}{W_{(k-1)i}}$$

(3)对判断矩阵进行一致性检验

由于客观事物的复杂性以及人们对事物认识的模糊性和多样性，判断矩阵不可能完全保持一致，但如不一致性过于严重，则据之所构成的权重系数将出现明显的不合理情况，因此有必要检验判断矩阵的一致性。定义随机一致性比率：

$$CR=\frac{CI}{RI} \tag{5-14}$$

式中：CI——判断矩阵一致性指标。

其计算公式为：

$$CI=\frac{1}{n-1}(\lambda_{\max}-n) \tag{5-15}$$

式中：n ——判断矩阵的阶数；

RI ——同阶次的平均随机一致性指标。

一般情况下，当 CR 不超过 10%时，可认为该判断矩阵具有满意的一致性，各评价指标的权重值可以接受；否则，认为 A 中的不一致性较严重，尤其当 CR 超出 20%后，否则需要调整判断矩阵各元素取值，直到符合一致性为止，随机一致性指标 RI 取值见表 5.2。

表 5.2　　随机一致性指标 RI 取值

n	1	2	3	4	5	6	7	8	9	10
RI	0.00	0.00	0.58	0.90	1.12	1.24	1.32	1.41	1.45	1.49

根据表 5.1 的 9 标度标准，参考专家意见，取雾流降雨潜在危害程度的判别矩阵为：

$$A_1=\begin{bmatrix}1 & 2 & 3 & 7 & 3 & 4 & 4\\ 1/2 & 1 & 2 & 5 & 2 & 3 & 3\\ 1/3 & 1/2 & 1 & 3 & 1 & 2 & 2\\ 1/7 & 1/5 & 1/3 & 1 & 1/3 & 1/2 & 1/2\\ 1/3 & 1/2 & 1 & 3 & 1 & 2 & 2\\ 1/4 & 1/3 & 1/2 & 2 & 1/2 & 1 & 1\\ 1/4 & 1/3 & 1/2 & 2 & 1/2 & 1 & 1\end{bmatrix}$$

对于给出的A_1，可以算出$\lambda_{max}=7.046$，归一化的特征向量$W_1=(0.341,0.218,0.127,0.041,0.127,0.073,0.073)$，根据式(3.15)，$CI=0.003$，查表3.2，$RI=1.32$，由式(3.14)，$CR=0.006<0.1$，一致性满足要求。

根据指标体系框架和指标之间的逻辑关系与数学关系，建立了如下计算雾化影响综合指数的数学模型：

5.3 评价方法

建立雾流降雨潜在危害程度判别公式：

$$D_L=\sum_{i=1}^{n}w_i r_i \tag{5-16}$$

式中：w_i——判别因子的权向量；

r_i——判别因子的作用指数。

根据表5.3，判断雾流降雨潜在危害程度等级。

表5.3　雾流降雨潜在危害程度等级判别

雾流降雨潜在危害程度等级	V_1	V_1	V_1
判别指数D_L	0.85～1.00	0.50～0.85	0～0.50

5.4 实例分析

在雾流降雨工程安全与局域环境影响评价指标体系中，指标层中指标高边坡稳定现状、高边坡稳定影响以及高边坡稳定影响处理三个要素可以参见已有的高边坡稳定研究，将其作为定量化指标分析，指标层中其余指标皆根据实际经验，作为定性指标分析。准则层中指标可由指标层中指标与其对应权重计算得到。

我们选取香客岩水电站的原观资料对雾流降雨潜在危害程度评价模型进行验证。香客岩水电站为一低水头电站。根据实际观测，该电站的雾流降雨强度不大。

表5.4为1988年汛期香客岩水电站泄洪雾化原型观测资料，香客岩水电站采用连续式鼻坎挑流消能，$L/H=9.74$，为浅宽型河谷，其余指标见表5.4。

表5.4　香客岩水电站泄洪雾化原型观测试验结果

项目	组次			
	1	2	3	4
闸门开启情况	全开	全开	1#、3#、5#、7#开	1#、3#、5#、7#开
闸门开度/m	0.2	0.5	0.3	0.6

续表

项目	组次			
	1	2	3	4
总泄量/(m^3/s)	89.6	229.6	76.0	152.8
上、下游水位差/m	16.72	16.89	16.73	16.79
出口处 Fr 值	7.97	8.01	7.97	7.98

通过各指标的隶属函数可得到，各指标作用指数为：

$$R=(0.615,0.043,0.595,1.000,0.629,0.300,0.850)$$

由式(5-16)计算得到，$D_L=0.459$。

根据表 5.3，香客岩水电站的雾流降雨潜在危害程度属于 V_3 级，不大，与实际结果是一致的。

5.5 泄洪雾化对工程安全与局域环境的影响综合评价方法

在工程设计及运行管理中，需要对泄洪雾化对工程安全及局域环境的影响进行科学的评价。目前，国内外在泄洪水流雾化机理和数学模型计算方面取得了较好的成果，但是研究重点都是在泄洪雾化本身，对泄洪雾化给工程安全及局域环境所带来的影响研究很少，且没有同时考虑高边坡稳定、坝区交通、电厂发电和局域环境的综合评价模型。泄洪雾化对工程安全及局域环境的影响涉及多个层面，包括安全现状、泄洪雾化可能带来的影响，以及对这些影响进行处理带来的影响。每个层面都包含了多种因素，包括边坡稳定、发电安全、坝区交通和局域环境等，这给其评价带来了不确定性和复杂性。本研究综合考虑影响泄洪雾化强度的各个因素，以 PSR 为概念框架，建立了泄洪雾化工程安全与环境影响评价模型，模型采用层次分析法计算各指标权重。

5.5.1 影响等级的划分

将雾流降雨工程安全与局域环境影响分为四类，即安全、轻度危险、危险及极度危险，则评判集为：

$$v=\{v_1、v_2、v_3、v_4\}=\{\text{安全、轻度危险、危险、极度危险}\}$$

5.5.2 评价指标体系的建立

5.5.2.1 指标体系的选取

(1)建立评价体系的原则

雾化影响评价指标体系是由若干相互联系、相互补充、具有层次性和结构性的指标组成的有机整体，在选择指标构建指标体系时，必须遵循如下原则：

1)全面性和独立性相结合的原则

所选择的指标既要尽量全面地反映雾化影响这一复合系统的各个方面，又要求精炼，避免信息重复，从而影响评价结果的精度。

2)整体性原则

雾化影响评价指标体系既要有反映雾化对高边坡稳定、坝区交通、电厂发电与局域环境影响的指标，还要有反映上述各子系统相互协调程度的指标。

3)定性与定量相结合原则

指标体系应尽量选择可量化指标，难以量化的重要指标可采用定性描述指标。

4)可比性原则

指标尽可能采用标准的名称、概念、计算方法，做到与国际指标的可比性，同时又要考虑我国的历史情况。

5)简明、实用、可行性原则

指标体系要充分考虑到资料的来源和现实可能性。

(2)指标体系层次与指标体系的建立

由于雾化影响评价的复杂性，本书将其综合评价指标体系分为4个层次，即目标层、准则层、指标层和分指标层(表5.5)。目标层(R)为雾化影响综合评价指数；准则层(R_i)由现状条件、工程实施后雾化影响、削减雾化影响措施3个指标组成；指标层(R_{ij})包括高边坡稳定现状、坝区交通现状、局域环境现状、高边坡稳定影响、坝区交通影响、电厂发电影响、局域环境影响、高边坡稳定影响处理、坝区交通影响处理、电厂发电影响处理与局域环境影响处理共11个指标，见表5.6。

表5.5　　雾化影响指标体系的层次

名称	层次	作用
R	目标层	综合表征雾化影响整体状况
R_i	准则层	按PSR框架分解目标，分别表征雾化影响的压力、状态和响应总体状况
R_{ij}	指标层	按雾化影响层次、压力类型、保护措施类型分解雾化影响的压力、状态和响应，分别表征压力、状态和响应中某一部分的总体状况
P_i	分指标层	根据评价的需要，分别表征压力、状态和响应中某一部分的某一属性或特征，是指标体系的最小组成单位

表5.6　　雾化影响评价指标体系

目标层(R)	准则层(R_i)	指标层(R_{ij})	分指标层(P_i)
雾化影响综合评价指数	现状条件	高边坡稳定现状	详见(3)
		坝区交通现状	
		局域环境现状	
	工程实施后雾化影响	高边坡稳定影响	
		坝区交通影响	
		电厂发电影响	
		局域环境影响	
	削减雾化影响措施	高边坡稳定影响处理	
		坝区交通影响处理	
		电厂发电影响处理	
		局域环境影响处理	

(3)分指标层指标及其构成

1)高边坡稳定现状

高边坡稳定现状由18个分指标组成,分别表征:

①工程地质特性:岩土类型,坡体结构,结构面发育程度,岩土风化程度,岩土层透水性(渗透系数,(m/d),岩土抗剪性(内摩擦系数)。

②地形地貌:坡体形态,边坡高度,边坡坡度,软弱面与边界临空面关系,冲沟发育及切割程度。

③工程因素:爆破效果,排水减压,锚固支护。

④赋存环境:多年平均降水量,地下水埋深,植被覆盖率,地震烈度。

2)坝区交通现状

坝区交通现状由7个分指标组成,分别表征:

①水路:能见度,能见度突变,能见度监测、预报、提示。

②陆路:能见度,能见度突变,能见度监测、预报、提示,车辆制动距离。

3)局域环境现状

局域环境现状由9个分指标组成,分别表征:

①自然环境。局地气候:气温、降水、蒸发、湿度、风、雾等;水文:水位、水深、流量、流速等;环境地质:诱发地震、库岸稳定等;土壤环境:土壤肥力、土壤侵蚀、土壤演化等;陆生生物:野生动物、珍稀动物等;水生生物:鱼类、珍稀水生生物等。

②社会环境。人群健康:自然疫源性疾病、虫媒传染病、地方性疾病等;重要设施:政治设施、军事设施、交通设施等;生产生活:人口状况、土地及水域利用、生产条

件、生活水平等。

4)高边坡稳定影响

高边坡稳定影响由5个分指标组成,分别表征:

①工程地质特性:岩土风化程度;岩土抗剪性(内摩擦系数)。

②赋存环境:多年平均降水量;地下水埋深;植被覆盖率。

5)坝区交通影响

坝区交通影响由7个分指标组成,分别表征:

①水路:能见度,能见度突变,能见度监测、预报、提示。

②陆路:能见度,能见度突变,能见度监测、预报、提示,车辆制动距离。

6)电厂发电影响

电厂发电影响由3个分指标组成,分别表征:绝缘子的污闪;雨凇、雾凇对输电线的影响;厂房及变电站安全。

7)局域环境影响

局域环境影响由9个分指标组成,分别表征:

①自然环境。局地气候:气温、降水、蒸发、湿度、风、雾等;水文:水位、水深、流量、流速等;环境地质:诱发地震、库岸稳定等;土壤环境:土壤肥力、土壤侵蚀、土壤演化等;陆生生物:野生动物、珍稀动物等;水生生物:鱼类、珍稀水生生物等。

②社会环境:人群健康:自然疫源性疾病、虫媒传染病、地方性疾病等;重要设施:政治设施、军事设施、交通设施等;生产生活:人口状况、土地及水域利用、生产条件、生活水平等。

8)高边坡稳定影响处理

高边坡稳定影响处理由4个分指标组成,分别表征:

①工程因素:排水减压,锚固支护。

②赋存环境:地下水埋深,植被覆盖率。

9)坝区交通影响处理

坝区交通影响处理由3个分指标组成,分别表征:

①水路:能见度监测、预报、提示。

②陆路:能见度监测、预报、提示,增大路面摩擦,减少车辆制动距离。

10)电厂发电影响处理

电厂发电影响处理由3个分指标组成,分别表征:绝缘子的污闪处理;雨凇、雾凇对输电线的影响处理;厂房及变电站安全影响处理。

11)局域环境影响处理

局域环境影响处理由5个分指标组成,分别表征:

①自然环境影响处理:环境地质影响处理;土壤环境影响处理。

②社会环境影响处理:人群健康:自然疫源性疾病、虫媒传染病、地方性疾病等;重要设施:政治设施、军事设施、交通设施等;生产生活:人口状况、土地及水域利用、生产条件、生活水平等。

5.5.2.2 指标体系的量化

指标间的不可公度问题是多目标决策指标体系必须解决的问题。所谓指标间的不可公度性指的是各指标没有统一的度量标准,因而无法进行直接对比。因此,在使用指标体系进行综合评价前,必须将各具体指标的属性值进行规范化。评价指标分为定性指标与定量指标两类,定性指标需要量化,定量指标需要无量纲化和归一化。数据无量纲化是为了使全部数据具有统一的可比性,首先对全部要素层各指标原始数据进行标准化计算,从而使所有数据全部转化为 0～1 的数值;属性归一化是根据不同属性指标对整体目标的影响方向不同,对全部指标属性进行正向化处理,属性归一化后全部数据的大小变化趋势才能反映出与整体目标相同的大小变化趋势。

(1)定性指标的量化

定性指标由于缺乏明确的测度方法,至今还没有公认的量化模式,一般采用专家评分法,通常为 5 个等级,即将影响由低到高划分为极低、低、中、高和极高,依次取量化值为 1、2、3、4、5。

(2)定量指标的量化

影响评价指标可以分为:成本型、效益型、固定型和区间型 4 类。成本型指标是指属性值越小越好的指标;效益型指标是指属性值越大越好的指标;固定型指标是指属性值既不太大又不太小的最佳指标;区间型指标是属性值以落在某个固定区间内为最佳的指标。

对于评价指标 $v_i \in u$,设其论域为 $d_i = [m_i, M_i]$,其中 m_i 和 M_i 分别表示评价指标 v_i 的最小值与最大值,定义:

$$r_i = u_{d_i}(x_i) \qquad (i = 1、2,\cdots, n)$$

为评价者对评价指标 u_i 的属性值 x_i 的无量纲化值,且 $r_i \in [0,1]$,其中 $u_{d_i}(x_i)$ 是定义在论域为 d_i 上的指标 u_i 的无量纲化标准函数。根据评价指标的类型,构建下列 4 种无量纲化标准函数。

1)成本型指标无量纲化和归一化的标准函数

$$r_i = u_{d_i}(x_i) = \begin{cases} 1 & (x_i \leqslant m_i) \\ \dfrac{M_i - x_i}{M_i - m_i} & (x_i \in d_i) \\ 0 & (x_i \geqslant M_i) \end{cases} \tag{5-17}$$

2)效益型指标无量纲化和归一化的标准函数

$$r_i = u_{d_i}(x_i) = \begin{cases} 1 & (x_i \geqslant M_i) \\ \dfrac{x_i - m_i}{M_i - m_i} & (x_i \in d_i) \\ 0 & (x_i \leqslant m_i) \end{cases} \tag{5-18}$$

3)固定型指标无量纲化和归一化的标准函数

固定型指标有如下两种无量纲化和归一化的标准函数:

当 $m_i \leqslant x_i \leqslant M_i$ 时,为效益型,当 $x_i \geqslant M_i$ 时为固定值,即

$$r_i = u_{d_i}(x_i) = \begin{cases} \dfrac{x_i - m_i}{M_i - m_i} & (m_i \leqslant x_i \leqslant M_i) \\ 1 & (x_i > M_i) \end{cases} \tag{5-19}$$

当 $m_i \leqslant x_i \leqslant M_i$ 时,为成本型,当 $x_i \geqslant M_i$ 时为固定值,即

$$r_i = u_{d_i}(x_i) = \begin{cases} \dfrac{M_i - x_i}{M_i - m_i} & (m_i \leqslant x_i \leqslant M_i) \\ 1 & (x_i > M_i) \end{cases} \tag{5-20}$$

4)区间型指标无量纲化和归一化的标准函数

$$r_i = u_{d_i}(x_i) = \begin{cases} \dfrac{x_i - m_i}{c_i - m_i} & (m_i \leqslant x_i \leqslant c_1) \\ 1 (c_1 \leqslant x_i \leqslant c_2) & \\ \dfrac{M_i - x_i}{M_i - c_2} & (c_2 \leqslant x_i \leqslant M_i) \end{cases} \tag{5-21}$$

其中 $c_1 < c_2$,且 $c_1 \in [m_i, M_i]$,$c_2 \in [m_i, M_i]$。

在雾流降雨工程安全与局域环境影响评价指标体系中,指标层中指标高边坡稳定现状、高边坡稳定影响以及高边坡稳定影响处理三个要素可以参见已有的高边坡稳定研究,将其作为定量化指标分析,指标层中其余指标皆根据实际经验,作为定性指标分析。准则层中指标可由指标层中指标与其对应权重计算得到。

根据 5.2.3 中介绍的方法,可以得到雾流降雨工程安全与局域环境影响权值,表 5.7 及表 5.8 分别为层次单排序结果、层次总排序结果,可以看出,层次排序的一致性满足要求。

表5.7　　雾流降雨工程安全影响评价层次单排序结果

排序层	W	λ_{max}	CI	RI	CR
$R-R_i$	$(0.540,0.297,0.163)^T$	3.01	0.005	0.58	0.01
R_1-R_{1j}	$(0.738,0.170,0.092)^T$	3.06	0.032	0.58	0.06
R_2-R_{2j}	$(0.557,0.054,0.280,0.108)^T$	4.17	0.057	0.90	0.06
R_3-R_{3j}	$(0.561,0.064,0.282,0.093)^T$	4.16	0.052	0.90	0.06

表5.8　　雾流降雨工程安全影响评价层次总排序结果

层次 R_{ij}	层次 R_i			总排序权重
	R_1	R_2	R_3	
	0.540	0.297	0.163	
R_{11}	0.738	0	0	0.399
R_{12}	0.170	0	0	0.092
R_{13}	0.092	0	0	0.049
R_{21}	0	0.557	0	0.166
R_{22}	0	0.054	0	0.016
R_{23}	0	0.280	0	0.083
R_{24}	0	0.108	0	0.032
R_{31}	0	0	0.561	0.091
R_{32}	0	0	0.064	0.010
R_{33}	0	0	0.282	0.046
R_{34}	0	0	0.093	0.015
$CI=0.043$　$RI=0.727$　$CR=0.059$				

5.5.3 评价方法

（1）指标之间的关系

评价指标之间的关系和作用是不同的，根据其贡献可以分为累加关系、连乘关系和替代关系。

1)指标的累加关系

当指标之间互不依赖，独立地对上一级指标的大小做出贡献，称这些指标之间为累加关系，本研究的若干二级指标之间为累加关系，其计算公式为：

$$R_i=\frac{\sum_{j=1}^{m}W_iR_{ij}}{\sum_{k=1}^{n}W_k} \tag{5-22}$$

式中：R_i ——一级指标；

R_{ij} ——二级指标；

W_i ——权重。

2）指标的连乘关系

当指标之间相互依存，共同对上一级指标的大小做出贡献，称这些指标之间为连乘关系，本研究的一级指标之间即为连乘关系，其计算公式为：

$$R = \sqrt[m]{\prod R_i} \tag{5-23}$$

式中：R ——综合评价值。

3）指标的替代关系

当某一指标为最大时，即可替代其他的同级指标对上一级指标的贡献，称这些指标之间为替代关系，其计算公式为：

$$R_i = \max(R_{i1}, R_{i1}, \cdots, R_{im}) \tag{5-24}$$

（2）雾化影响评价数学模型

1）指标层与准则层指标的确定

根据指标体系框架和指标之间的逻辑关系与数学关系，建立了如下计算雾化影响综合指数的数学模型：

将分指标（P_i）由参数[P'_j：($j = 1, 2, \cdots, m$)]表示，也即 $P_i = \{P'_1, P'_2, \cdots, P'_m\}$，得到指标层指标为：

$$R_{ij} = \frac{W_i P_j}{\sum_{k=1}^{n} W_k} \tag{5-25}$$

准则层指标由指标层指标构成，归一化后为：

$$R_i = \frac{\sum_{j=1}^{m} W_i R_{ij}}{\sum_{k=1}^{n} W_k} \tag{5-26}$$

2）雾化影响综合指数的确定

由于反映雾化影响的各个指标具有不同的量纲，而且其绝对值的数量级也相差很大，为了比较其大小，需要对其各分量进行归一化处理。将归一化后的指标乘以各自的权重，然后分层加总，就可以得到雾化影响综合指数。

$$R = \frac{\sum_{j=1}^{m} W_i R_i}{\sum_{k=1}^{n} W_k} \tag{5-27}$$

雾化影响综合指数与工程建设雾化影响潜在风险呈正相关,得分越高,潜在风险越大。评价结果对应的风险等级尚缺乏实测资料。

5.6　结论

通过对本章的研究,我们有了如下的结论和认识:

对雾流降雨潜在危害程度的评价进行了研究,得出如下认识:①雾化区雾流降雨潜在危害程度受多个因素影响,具有不确定性及模糊性,因而模糊数学综合评判方法是雾流降雨潜在危害程度评价分析的有效途径之一,值得推广运用。②本书仅讨论影响雾化区内雾流降雨潜在危害程度的 7 个主要因素,其中一些因素对于某一电站某一次泄洪雾化是确定的,另外一些因素是不确定的,但一般情况下,这 7 个因素已能较好地反映雾流降雨潜在危害程度。对于十分特殊的问题,可适当增加考虑的关联因素,扩展评价指标体系,即可进行模糊综合分析。③指标体系及其权重的选取都是在广泛调查及实际工程经验的基础上得出的,有较为扎实的基础,通过对工程实例的评价分析,所得结果与实际吻合较好,验证了模型的有效性。

建立了泄洪雾化对工程安全及局域环境影响的综合评价方法,其具有如下特点:①以 PSR 为概念框架,综合考虑影响工程安全及局域环境的各个层面和多种因素,能较好地反映出泄洪雾化对工程的危害以及对危害进行处理后的影响的一个综合评价结果;②指标体系的选取都是在广泛调查及实际工程经验的基础上得出的,有较为扎实的基础;③在权重计算中仅将指标体系扩展到指标层,在实际应用中可根据需要,扩展指标体系,或将指标层进一步细化,使得评价结果更加精确;④利用层次分析法计算指标权重,可以充分利用专家经验。

参考文献

[1] 许百立. 中国的坝工建设[J]. 大坝与安全,1999,1:1-8.

[2] 李瓒. 龙羊峡水电站挑流水雾诱发滑坡问题[J]. 大坝与安全,2001,3:17-29.

[3] 孙双科, 刘之平. 泄洪雾化降雨的纵向边界估算[J]. 水利学报, 2003,12: 53-57.

[4] 苏建明,李浩然. 二滩水电站泄洪雾化对下游边坡的影响[J]. 水文地质工程,2002,2:22-24.

[5] 刘进军,韩爽,孔德勇,等. 白山电站泄洪雾化原型观测与模型试验研究[J]. 东北水利水电,2002,20(212):41-46.

[6] 邢林生,李涛．泄洪雨雾对水电站运行的影响及对策[J]. 大坝与安全,2010,1:1-14.

[7] 张宇鹏，黄国兵，徐勤勤．挑流泄洪雾化降雨强度的模糊综合评判预报[J]. 长江科学院院报，2007，1:1-3.

第 6 章 泄洪雾化影响对策研究

西南地区水电工程具有高水头、大流量、高流速、窄河谷、巨泄洪功率等特点，泄洪消能大多采用挑流消能，因水舌裂散、入水激溅，造成较严重的雾化现象，对消能建筑物或下游岸坡形成破坏，甚至危及枢纽运行安全。

本章以专题 2、3、4 的研究成果为基础，研究工程防护措施与雾雨强度的对应性，提出泄洪雾雨灾害不同分类和不同分级条件下增强工程安全与减小生态环境影响的综合性防护对策。

6.1 雾化的影响及危害

挑射水流引起下游局部地区雾化不可避免，给工程带来不利影响，部分国内已建工程泄洪雾化的雾化影响及防治统计见表 6.1。根据国内一些已建工程运行时泄洪雾化的破坏情况来看，泄洪雾化对工程的危害可概括为以下几个方面：

(1)威胁电厂正常运行

如果水电站厂房位于泄洪雾化暴雨区范围内，泄洪时将形成暴雨径流，若对泄洪雨强认识不足或厂房排水不畅，极易引起积水致使厂房进水。黄龙潭水电站在 1980 年 6 月 24 日泄洪时，洪峰流量为 11300m^3/s，约为 50 年一遇，历时 33 小时，水舌经差动鼻坎射向空中，水雾密集，水舌入水点在厂房附近，受未充分考虑泄洪雾化影响，厂房基本被强降雨笼罩，厂房被淹，厂内电机室水深达 3.9m，停止发电 49 天，少发电 2 亿 kW·h。雾化防护工程措施：加强洪水预报，通过调度优化泄流方式；在厂房前修建挡水门，泄洪时关闭。

(2)损坏机电设备

浓雾暴雨区空气含水量大，易使输变电线路放电、闪络、跳闸等，给正常运行带来困难。如新安江水电站 1983 年泄洪时，因雾化降雨，使距坝下 150m 左右处 220kV 变压器 T 型跨中有两跨跳闸，机组被迫停电；刘家峡水电站在春季泄洪时，由于地处寒冷地区，输电铁塔出现由雾化水流引起冰冻、冰挂，迫使线路停电；白山水电站 1986

年泄洪时，挑射水流的水雾飘向空中，笼罩着河床和整个地面开关站，气流卷着雨点扑向开关设备，此时发现各开关支持瓷套有放电现象，晚间可见成片放电火花，且下泄水流冲击河床堆渣，致使飞石将临时辅助开关站、电器设备砸坏十余处。雾化防护工程措施：优化调度方式；修建远离雾化影响区的备用输电线路。

(3)引起滑坡或岸坡垮塌

泄洪雾化形成的强降雨，一方面直接冲蚀下游岸坡；另一方面侵入岩体，增加掩体的滑动力，诱发滑坡。如龙羊峡水电站，在1989年7月泄洪时，泄洪形成的强水雾作用在虎山坡不稳定岩体上，致使岩体全面大规模失稳下滑，失稳方量约为81万 m^3，约17万 m^3 进入河床；李家峡水电站因雾化水流入渗岩体裂缝中，引起泄洪消能区左岸边坡失稳下滑，危及泄洪建筑物的安全。雾化防护工程措施：挖除不稳定岩体，设抗滑桩，加强监测；进行原型雾雨观测。

(4)影响交通

在泄洪浓雾强降雨区，暴雨如注，能见度低，且常伴有大风，致使交通困难或中断。刘家峡水电站，左岸泄水道泄水时，右岸为强降雨区，进厂公路基本中断，为此专修一条200m长的防雾廊道；其他如凤滩水电站、东江水电站、新安江水电站、漫湾水电站等，均出现受泄洪雾化影响进厂公路交通中断现象。雾化防护工程措施：修建防雾廊道。

(5)影响正常工作及生活

柘溪水电站泄洪时，枢纽下游浓雾弥漫，在水流入水点附近形成长约300m的浓雾区，雾流升腾约150m高，向枢纽下游方向逐渐变淡，雾流扩散影响到距大坝约800m的下游山头；工程局办公楼及一部分生活区建在左岸山头，处在雾化影响区内，泄洪时该处出现大风暴雨，影响工作，被迫将办公大楼迁往右岸下游。雾化防护工程措施：办公大楼、生活区易地重建。

(6)影响环境

当泄洪水流中泥沙量较大时，泄洪时随着雾化水流飘散，形成泥雾。如青铜峡水电站在泄洪时产生的泥雾不仅影响环境，还使露天设备、仪器表面蒙上一层泥污，影响设备的正常运行及使用寿命。

表6.1 部分国内已建工程泄洪雾化的雾化影响及防治统计

名称	工程简况	泄洪雾化影响及防治
东风水电站	双曲拱坝，坝高162.0m，最大泄量12400m³/s。泄水建筑物：坝顶3表孔、坝身3中孔、左岸1条溢洪道、1条泄洪洞。 消能工：表孔挑流鼻坎，中孔收缩窄缝，溢洪道曲面贴角鼻坎，泄洪洞扭鼻坎	枢纽建成后，泄水建筑物多次过水。1997年进行原型观测：溢洪道泄洪雾化雨强达1851.0mm/h，造成电厂进厂公路受阻，交通洞进水，为解决雾化问题，将交通洞进口段改线。泄洪洞泄洪，雾化影响右岸部分区域，中孔泄洪雨区集中在水舌两侧岸坡。测到的最大雨强有4063.0mm/h，当雨强大于1680.0mm/h时，可见度低于4.0m
白山水电站	重力坝，最大坝高149.5m，地下厂房装机容量900MW；设计洪水位418.3m，泄量9930 m³/s；校核洪水位420.0m，流量10470m³/s。泄水建筑物：设4个溢流表孔(堰顶高程404.0m)、3个深式泄水洞(进口高程356.0m)相间布置，表孔、深孔鼻坎高程与挑角均各不相等，以利扩散和分层	1983年施工期间，水位367.8m，3个深孔泄洪，雾化影响到坝下350.0m，泄流水舌下方水雾风速达17～22.4m/s，雾流爬高约80.0m，在坝下52.0m处，测得最大降雨强度404.0mm/h；地下厂房进水，开关站、22万V电缆有放电火花。 1986年，泄洪水位曾达到416.5m，最大流量2100m³/s，高程为323.5m的右岸开关站发现70余块飞石，块径0.01～0.03m，315.0m高程面上块石更多，块径最大0.1m，将电器设备砸坏十余处，临时建筑物倒塌，溅流将右岸303.5m高程平面上的重物冲走，岸坡局部被淘空
鲁布革水电站	堆石坝，坝顶高程1138.0m，坝高103.8m，引水式电站装机容量600MW；设计水位为1127.0m，泄量6455.0m³/s； 泄水建筑物：左岸溢洪道、左岸泄洪洞、右岸泄洪洞	1991年泄洪雾化原观，左岸溢洪道泄洪，观测到最大降雨强度113.7mm/h，大坝下游600.0m处的公路桥上仍有水雾，雾流沿右岸山坡升腾高程达1139.0m。左岸泄洪洞泄洪，浓雾沿两岸山坡升腾均达山顶，右岸实测最大降雨强度152.0mm/h，人在右岸公路雾化区内感到呼吸困难。右岸泄洪洞泄洪，下游雾化区偏向左岸，浓雾沿左岸山坡升腾达到1138.0m高程，左岸实测最大降雨强度45.0mm/h
刘家峡水电站	重力坝，最大坝高147.0m，坝顶高程1739.0m，坝后式厂房，装机容量为1225MW，泄水建筑物：溢洪道、泄洪洞、排沙洞；3孔溢洪道设于左岸，采用连续挑流斜鼻坎消能	左岸溢洪道泄洪时，右岸形成强降雨区，造成进厂交通通道受阻，为此特修筑200.0m防雾廊道； 右岸22万V出线洞，洞口降雨强度600.0mm/h，输电设备跳闸已有13次；右洞放水，在左岸山头形成强降雨区，雾流升腾高度百米以上，山谷汇流如小川瀑布，左岸33万V出线洞口降雨强度659.0mm/h。泄洪雾化结冰，曾迫使电厂停电，为此又建造了备用线路；有风影响时水雾飘散至500.0m以远，冬季路面结冰，影响交通(图6.1)

续表

名称	工程简况	泄洪雾化影响及防治
乌江渡水电站	重力坝，坝顶长 368.0m，最大坝高 165.0m，坝顶高程 765.0m； 泄水建筑物：2 边孔采用厂房顶溢流滑雪道型，中间 4 孔为厂房顶挑流式，泄洪流量为 15670.0 m^3/s； 两岸各设 1 条泄洪洞，泄流量均为 4130.0 m^3/s，坝身设有 2 个泄洪中孔，泄流量为 1154.0 m^3/s	1982 年原型观测，雾化范围由坝后 80.0m 至坝后 900.0m，上升高度可达 800.0m 高程，右岸水雾及降雨量均大于左岸，两岸遭强降水区影响，碎石下滚，雾化源主要为溅水，观测得到雾化最大降雨强度为 687.4mm/h，受地形影响，两岸山坳处浓雾，雾流可顺山坡爬行升腾，坝体、开关站、高压线等均在雾化区外，未受影响，不同泄流组合会影响主流，也随之影响最大降水区的部位，雾源主要来自泄流水舌入水喷溅
龙羊峡水电站	重力拱坝，坝高 178.0m，泄水建筑物：坝身底孔、深孔、中孔、溢洪道，最大泄洪水位 2600.0m，泄流量 7165.0m^3/s	1987 年，底孔泄流 600m^3/s，降雨强度 230.0mm/h； 1989 年底孔泄量 854m^3/s，测得雨强大于 100.0mm/h，造成右岸山体滑坡约 87 万 m^3，损失巨大
黄龙滩水电站	重力坝，坝高 170.0m，电站设于左岸，装机容量 150MW；百年一遇泄量 1330.0m^3/s，500 年一遇泄量 1660.0m^3/s；泄水建筑物：胸墙式溢流坝、六孔梯形差动式鼻坎位于河床中部，深孔位于溢流坝左边，采用平滑式鼻坎；非常溢洪道位于溢流坝右边，扭曲式鼻坎	1980 年，6 个胸墙溢流孔和深孔泄流，泄水流量为 1200.0m^3/s，经差动式鼻坎挑流消能，水舌入水点在厂房附近，厂区被密集水雾笼罩（强降雨区），雾化降水淹没厂房，停电 49 天，初步估算仅发电损失就达 100 万元以上，高压线路短路，交通、通信中断。 1982 年汛期原型观测，水雾影响范围大，观测到雨强 78.0mm/h
隔河岩水电站	重力坝，坝高 151.0m。泄水建筑物：表孔、深孔及两级消力池消能。最大泄洪流量 22806.0m^3/s	1993 年原观：7 坝段缺口和 4 深孔过流，泄洪流量 4600.0m^3/s，形成大范围雾雨，左岸有 3～4 级风，雨区超过围堰 270.0m，副厂房 3、4 号机组段有雨雾，强度不大，雨受河势影响偏向左岸
柘溪水电站	重力坝，坝高 104.0m；泄水建筑物：坝身设有 9 个溢流孔，采用差动式鼻坎消能，设计洪水泄量 14160.0m^3/s，校核洪水泄量 15460.0m^3/s	泄洪时，枢纽下游浓雾弥漫，在水流入水点附近形成长约 300.0m 的浓雾区，雾流升腾约 150.0m 高，向枢纽下游方向逐渐变淡，雾流扩散影响到距大坝约 800.0m 的下游山头；工程局办公楼及一部分生活区建在左岸山头，处在雾化影响区内，泄洪时该处出现大风暴雨，影响工作，被迫将办公大楼迁往右岸下游

续表

名称	工程简况	泄洪雾化影响及防治
风滩水电站	重力坝，坝顶高程 211.5m，坝高 112.5m；电站厂房位于左岸，装机容量 400MW；泄水建筑物：设 13 孔溢流堰，堰顶高 193.0m，差动挑流鼻坎消能。设计洪水流量 20400m^3/s；最大泄量 24300.0m^3/s	1981 年 6 月原观，上游库水位 199.68m，下泄流量 12500.0m^3/s；泄洪雾化影响范围：纵向长约 310.0m，横向宽 190.0m，最大高程达 230.0m，超出坝顶高程 17.5m，大坝下游两岸公路上如降暴雨，且风速大，人和车辆在公路上不能够行走，位于大坝下游约 500m 桩号处的交通桥上仍有较大水雾
东江水电站	双曲拱坝，坝高 157.0m；泄水建筑物：3 孔滑雪式溢洪道，右岸采用窄缝式消能，左岸用扭鼻坎消能。左、右两条泄洪洞，最大泄量 6570.0 m^3/s	1992 年 10 月 28—31 日进行原观。左岸滑雪道泄洪，雨强最大有 1458.0mm/h，雾最远达坝下 800.0m，右岸滑雪道左孔泄洪，雨强 1894.0mm/h，右岸滑雪道右孔泄洪，雨强 914.0mm/h，影响到坝下游 640.0m。雾化降雨中断进厂公路交通，两岸山体风化岩及土体滑落
漫湾水电站	重力坝，电站装机容量 1500MW；泄水建筑物：设有 5 个溢流表孔，左岸 1 个泄洪洞、双中孔，左、右各 1 个冲沙底孔	1994 年泄洪雾化原观，3 号表孔泄洪，浓雾升腾扩张横向充斥整个河床，并沿纵向飘移至坝下游 200.0m。9 月 1 日泄洪时，库水位 984.9m，泄流量 940.0 m^3/s，泄洪雾化影响范围不大；9 月 22 日下午泄洪，库水位 991.5m，泄流量 1970.0 m^3/s，受西北风影响，右岸 500.0m 高程的升压站有蒙蒙细雨感觉，观测雾化浓度达 0.7‰～0.9‰。而 5 个表孔和左岸泄洪洞联合泄洪，观测到最大降雨强度 115.0mm/h，水雾影响至坝下游 400.0m。泄洪雾化影响右岸进厂交通公路，为此修筑约 400.0m 长防雾廊道(图 6.2)

图 6.1 刘家峡水电站右岸进厂交通防雾廊道

图 6.2 漫湾水电站泄洪雾化及其防护工程

6.2 典型水电站工程雾化防护措施研究

在 20 世纪 90 年代中后期，由于数值模拟的蓬勃发展及大比尺模型试验研究的应用，对水利工程下游泄洪雾化范围进行预测成为可能。在数值模拟方面，根据物理机制对雾化水流进行分区，对各区建立相应的数学模型，并先后对三峡、隔河岩、漫湾、水布垭、小湾、二滩、小浪底、构皮滩及向家坝等几十项大型水利水电工程进行了雾化水流影响范围预测，同时各大科研院所也开展了大比尺物理模型模拟泄洪雾化试验，如乌江渡、水布垭、江垭、构皮滩等一些水电站，以联合数学模型对泄洪雾化范围进行预测。结合数值模拟及物理模型研究成果，设计部门对相应水利工程下游雾流范围内的山体进行防护，以策安全。以下为典型水电站工程的泄洪雾化防护措施。

(1)白山水电站

白山水电站(图 6.3)位于第二松花江干流上游，在吉林省桦甸市白山镇境内，以发电为主，兼有防洪、养殖等综合效益，是东北电力系统调峰、调频和事故备用的大型水电站。电站枢组布置主要由拦河坝、河床坝段泄洪建筑物、厂房、引水隧洞和开关站等建筑物组成。

图 6.3　白山水电站

大坝为混凝土重力拱坝，最大坝高为 149.5m，坝上设 4 个高孔(孔口 12m×13m)和 3 个深孔(孔口 6m×7m)作为泄洪用。高深孔相间布置，消能采用了水股分层、扩散、碰撞相结合的消能方式。其消能特点是:水流纵向分层、横向扩散、上下对冲、相互碰撞穿射消能，消能率大大提高，减轻了对下游的冲刷，利于坝体稳定，但却引发了严重的溅水雾化问题。白山水电站自建成运行后，先后经历了 6 次泄洪，其中 1986 年泄洪和 1995 年泄洪形成的雾化严重影响了电站的运行。1986 年泄洪时，流量 1200m^3/s，开 17 号坝段深孔泄洪，开深孔泄洪后挑流水舌溅水高达 50m，挟带河床中的碎石一齐飞出，最大飞石直径 10cm，右岸地面开关站绝缘瓷瓶被砸坏 11 个，造成停电，2 台机组停运，仅 3 号机组正常运行；1995 年泄洪时，泄量为 2620m^3/s，采用 4 高孔均匀局部开启，高速水流在坝后峡谷中翻江倒海，一期开关站安全受到严重威胁，发生大面积电晕，左岸地面厂房进水，左、右岸局部山体滑坡，滚石砸坏部分挡墙和通信线路，雾化形成的暴雨还进入左、右岸厂房门口，一期地下厂房的尾水门机移位，两岸305m和312m高程公路遍布碎石和混凝土块。

针对白山水电站泄洪所产生的溅水与雾化的危害，采取在大坝下游预挖消能塘，并对两岸山坡及强溅水降雨区的主要建筑物进行防护，具体防护措施如下：

①预挖消能塘，采用开阔型消能塘。

两岸为复合边坡，底板高程为270m，并去掉一期尾水导墙（拆除至289m高程），消能塘布置分两级池，一级池布置在坝下0+194m～0+320m，底高程270m，长126m，底宽92m，底板及边墙采用混凝土结构，消能塘底板及两岸边墙混凝土与基岩采用锚筋连接；二级池在坝下0+320m～0+383m，长63m，底宽94.46m。

②消能塘采用封闭抽排方案，底板内横、纵各布置排水廊道及排水暗沟，在右岸设置一集水井和泵房将廊道内渗水抽排出来，两侧边墙与岩石接触面处设软式排水管与排水廊道相通将地下渗水排入廊道，考虑排水部分失效对坝体稳定的影响，在距坝脚50m处设置排水幕，孔深35m，间距2.0m。

③消能塘上游侧护至坝脚堆渣公路。

④对左岸山体暴雨区进行混凝土防护。

⑤泄洪时，两岸305m和312m高程公路处于强溅水区和涌浪区，路面应注意防冲，要禁止车辆和人员通行，对一期地下厂房交通口应设置防护措施，防止涌浪进入，淹没厂房。

⑥对水舌入水点下游两岸，为强降雨区，高程350m以下的护面应有一定的抗冲能力，对降雨量大于50mm/h的区域，考虑采用混凝土防护。

（2）李家峡水电站

李家峡水电站（图6.4）位于青海省尖扎县与化隆县交界的李家峡峡谷中段，是黄河流域规划建设的第三座大型梯级电站。大坝为三心圆双曲拱坝，最大坝高165m，装机容量200万kW，年平均发电量59亿kW·h，水库库容16.48亿m^3。1993年4月28日开始浇筑主坝，1996年底主要计划项目基本完工，12月26日水库下闸蓄水，1997年2月第一台40万kW机组正式并网发电。

坝址位于李家峡峡谷中部，为“V”形河谷，两岸基本对称。左坝肩由于下游冲沟切割，山体单薄，呈三面临空状态。右岸山体较厚。坝址基岩由黑云母条带状混合岩、片岩相间组成，并有花岗伟晶岩脉穿插其间，变质岩岩层倾向上游偏右岸，倾角40°～50°。新鲜基岩质地坚硬，完整性较好。坝址区扭性、扭张性高倾角的顺河向断层较为发育。坝址右岸上游有1号切层滑坡，左岸上游有2号顺层滑坡，均为大型滑坡体，还处于蠕变变形中。对1号滑坡考虑采用上部开挖卸荷和利用弃渣填压坡脚的措施处理。2号滑坡顺河分布，位于坝轴线上游750～2035m，在部分地段采用上部开挖卸荷的处理措施，以提高施工期滑坡体的稳定性。

坝址以上流域面积 13.67 万 km^2，多年平均流量 $664m^3/s$，采用千年一遇洪水设计，万年一遇洪水校核。经龙羊峡水库调节后，千年一遇入库洪水流量 $4940m^3/s$，相应库水位 2181.3m；万年一遇入库洪水流量 $7220m^3/s$，相应库水位 2182.6m。正常蓄水位 2180m，相应库容 16.3 亿 m^3，死水位 2178m，调节库容 0.6 亿 m^3，具有日调节性能。电站设计水头 122m，最大水头 135.6m，最小水头 114.5m。

枢纽由混凝土双曲拱坝、泄水建筑物、引水发电建筑物及左右岸灌溉渠首等建筑物组成。混凝土双曲三圆心拱坝，坝顶全长 382m，坝顶高程 2185m，最大坝高 155m，最大顶宽 16m，最大底宽 45m。分 18 个坝段。左岸 2157m 高程以上设有重力墩。泄水建筑物包括 2 个中孔和 1 个底孔。左、右岸各有 1 个中孔，出口弧形闸门孔口尺寸均为 8m×10m，进口底坎高程 2120m，泄槽延伸至厂房下游，单孔最大泄量 $2320m^3/s$，泄槽内最大流速 36m/s。左岸设 1 个底孔，弧形闸门尺寸为 5m×7m，进口底坎高程 2100m，泄槽最大流速 $38m^3/s$，设计泄量 $1110m^3/s$，校核泄流量 $1120m^3/s$。坝体孔段的钢板衬砌弧形闸门墩均采用预应力钢筋混凝土。在明槽段设有掺气坎和通气孔。5 台机组采取双排布置，前排 2 台机组，后排 3 台机组。前排机组厂房长 1108m，后排机组厂房长 1335m，宽度均为 24.25m。混流式水轮机额定容量 40.8 万 kW，转轮直径 6.15m，转速 125r/min，额定流量 $362m^3/s$，额定水头 122m，最大水头 135.6m，最小水头 114.5m。发电机为半伞空冷式，额定容量 444.4MVA。安装间布置于厂房右侧。5 台 45 万 kVA、330kV 三相组合式变压器、330kV 气体绝缘金属封闭电器和副厂房均布置在厂坝间。引水钢管内径 8m，进口底坎高程 2130m，采用坝后背管布置方式。

图 6.4　李家峡水电站

电站于1996年12月26日下闸蓄水，1997年1月20日起左底孔、右中孔交替泄流，泄量200～570m^3/s，至1997年2月13日持续泄水23天。以后为保持库水位不超过2145.5m高程，曾持续泄流。泄水时雨雾影响范围：顺河自尾水平台到下游Ⅲ-2#滑坡上游边缘长约700m，两岸爬升高程达2240m以上，上升高度约200m。降雨强度据目测：在大泄量和有风的情况下，坡体下部大雨，中部中雨，上部小雨；小流量无风情况下，下部大雨，中部小雨，上部毛毛雨或无雨。由于泄水时为李家峡地区气温最低时期，在雾雨的影响范围内，尤其在2220m以上坡面普遍形成了厚度不等的冰层，一般厚为0.8～1.5m，最厚达4.0m。冰层的覆盖和昼夜大温差引起交替冻融现象，导致排水不畅，并增加了地面水的下渗量。泄水后Ⅲ-1#滑坡的Ⅲ区岩体于1997年3月1日凌晨下滑，呈典型的顺层推移式滑坡，总方量约38万m^3。但位于2075马道及以上各监测点均无明显位移，仍呈稳定状态。据初步计算与观测分析，Ⅲ区边坡岩体失稳的主要原因，主要与雾雨入渗岩体裂缝中引起孔隙水压力上升和潜在滑面力学参数下降有关。

鉴于雾化引起的危害严重，受黄河上游建设局委托，国家电力公司西北勘测设计研究院和中国水利水电科学研究院承担了李家峡水电站泄洪雾化的原型观测任务。观测的准备工作于1997年4月开始，至5月底完成观测设备的研制与率定，包括混凝土测墩浇筑和雨量桶加工。并分别于1997年6月10—15日，在左底孔连续泄流条件下，对左、右两岸实施雾雨自动监测和人工监测；于1997年9月29日至10月4日，在右中孔间断泄流的情况下，分别对左、右岸雾化降雨区实施监测。监测的降雨分布规律如下：

左底孔单独泄流。库水位2145.5m，泄量近400m^3/s时，水舌自鼻坎抛出后，在距尾水平台100～180m范围内跌入下游河床，在河道中心溅起大量水雾，水雾垂直升腾高度数十米，随着水舌带起的巨大水舌风飘向空中，向两岸扩散。在到达两岸陡峭山坡地势后，沿山坡爬升而上，同时形成很大范围内的降雨。在右岸，降雨区范围自电站尾水平台，沿右中空出口末端边墙到导流洞出口向上爬升至进料交通洞，形成明显的降雨区，在上坝公路进料交通洞上方也能明显感到雾雨。位于抛射水舌中心线的延长线附近，沿水舌方向由于水舌入水喷溅而形成了一个降雨强度最大区域，实测最大雨强达400mm/h以上，风速达7～8m/s，离开此区域，降雨强度随着距水舌入水点距离的增加而有所减小。在7#～9#测点附近，最大降雨强度仍达90mm/h，为大雨区，再往两侧，降雨强度明显减弱，实测降雨强度在2mm/h以下；同样，水舌入水喷溅在左岸也形成一个强降雨区，实测最大雨强为30mm/h，此区域外，降雨强度随着距水舌入水点距离的增加而减小，在37#测点附近，实测最大降雨强度为10mm/h左右，仍属大雨区，向下游方向雨强渐弱。雨雾的漂流方向受地形条件与当时气象状况的影响较大。

右中孔泄流，雾雨随着泄流量的增加而强度增加扩散范围增大。水舌溅起的大量水雾在水舌风的带动下向两岸扩散，沿两岸山坡爬升而上。在 466m^3/s 泄量时，左岸雨雾爬升高程至 2260m 左右，沿河道方向，自尾水平台向下游范围内，均产生不同强度的降雨。左岸 2059m 平台和 2075m 平台中游正好处于抛射水舌中心线的延长线附近。该区域中心附近产生强烈的溅射水流并伴随着强大的水舌风，能见度极低，降雨强度均超过 50mm/h，最大雨强在 100mm/h 以上。右岸进厂公路上游测点周围，也因为溅射水流而形成浓雾区。在溅射区外为雨雾扩散区，至 35#、29# 测点附近区域，雨强为 13mm/h 左右，为大雨区。沿河道向下游方向，雨雾扩散区明显增大，至施工吊桥附近仍达 2mm/h 左右，可以看出，雨雾在受到山脊坡面的阻挡后，仍然可以河谷向下游扩散。

在小流量时，即使位于溅射区边缘测点，降雨强度力仅 5mm/h 左右。根据泄洪雾化原型观测成果来看，实测最大雨强在 400mm/h 以上，易对下游两岸陡峭的山坡浸融形成滑坡，故重点对下游两岸山体进行了防护，措施如下：

在泄洪消能区左岸及其下游左坝沟滑坡、Ⅲ-1# 滑坡等多个顺层滑坡体和卸荷松动岩体等大部分松动岩体进行开挖，挖除约 190 万 m^3；在冲刷区 2075m 高程以下的岸坡和坡脚进行锚固；在水舌激溅区两侧山体区域设置混凝土防冲护坡；对开挖后的边坡根据地质条件还做了不同深度的锚固处理、坡面保护和地表、地下排水设施，并为边坡变形建立了各种手段的监测系统。

(3)江垭水利枢纽

江垭水利枢纽(图 6.5)位于湖南省慈利县、澧水支流溇水的中游，距慈利县城 57km。全断面碾压混凝土重力坝，最大坝高 131m，总库容 17.41 亿 m^3，装机容量 30 万 kW，保证出力 3.71 万 kW，多年平均年发电量 7.56 亿 kW·h。工程以防洪为主，兼有发电、灌溉、航运、供水等效益。于 1995 年 5 月开工，1994 年 11 月截流，1999 年 5 月第 1 台机组发电。坝址呈“U”形河谷，河床狭窄，岩坡陡峻，混凝土重力坝溢流前缘仅 88.0m，最大坝高达 131.0m，其泄洪单宽流量超过 180 m^3/(s·m)。泄洪消能问题比较突出坝址控制流域面积 3711km^2，多年平均流量 132m^3/s，实测最大流量 6630m^3/s，调查历史最大流量 10000m^3/s。大坝按 500 年一遇洪峰流量 12100m^3/s 设计，5000 年一遇洪峰流量 15600m^3/s 校核，水库正常蓄水位 236m，死水位 188m，防洪限制水位 210.6m，防洪库容 7.4 亿 m^3。枢纽由大坝、地下厂房、升船机等组成。大坝坝顶高程 245m，坝顶长 327m，其中 88m 长的中央坝段为溢流坝段，布置 4 个表孔和 3 个中孔。表孔堰顶高程 224.0m，孔口尺寸 14m×12m，设弧形闸门控制。中孔进口底部高程 180m，孔口尺寸 5m×7m，进口设事故平板检修门，下游出口段设弧形门，采用表中孔高低鼻坎大差动空中碰撞消能。

图 6.5 江垭水利枢纽

为了掌握江垭水利枢纽工程泄洪建筑物的实际运行情况，避免工程在不利工况下长期运行，确保大坝及建筑物安全。长江科学院受澧水公司委托根据湖南水利水电勘测设计院提出的江垭大坝水力学原型观测大纲，在大坝施工期进行了水力学观测仪器及各种辅材的预埋工作，并于 2001—2002 年汛期开展了大坝水力学原型观测，其中包含泄洪雾化雨强的分布及影响范围。

为监测江垭大坝泄洪雾化降雨影响范围和程度，在原型坝区下游两岸布设 22 个雨量测点，在坝顶和坝下桥面各布设 1 个雨量测点。

从总体上来看，江垭大坝泄洪雾化浓雾区主要分布在水舌溅落区两侧岸坡及下游河床上空，大坝泄量越大，空中水雾浓度越高；在浓雾空间分布上，从低空到高空，雾浓度逐渐减小；从水舌溅落区开始，由近至远或由两岸坡脚至两岸上坝公路，雾浓度沿程衰减。

在大坝 7 种泄洪观测工况下，浓雾最高升腾高程约为 230m，最大扩散宽度约 250m，最远飘移距离距坝轴线约 600m；薄雾最高升腾高程约 280m，最宽约 500m，最远距坝轴线约 1000m。

从观测结果来看，在 7 种泄洪工况下，坝顶、右岸开关站、左岸拌和楼平台、坝下桥等处降雨量基本为零；强降雨区（$S>10$mm/h）分布于距坝轴线约 600m 以内的左、右岸坡或公路，1mm/h 以下的降雨最远可延伸至距坝轴线 1000m 的坝下桥附近。在Ⅰ～Ⅱ级（200mm/h 以上）降雨区，暴雨倾盆，狂风大作，飞沙走石，浓雾密布。左岸温泉房在泄量最大工况（3580m^3/s、中孔全开，表孔均匀控泄 3m）下整体倾斜，设置在该部位的钢制雨量桶尽管采用地脚螺丝固定于地面，仍被风雨卷走。处于Ⅱ级雨强区的导流洞出口下游山坡的风化岩段出现坍塌，右岸 6# 冲沟附近的土坡出现坍塌。在温泉房顶部测量的最大雨强达 2314.7mm/h。

虽然江垭大坝开关站及高压输电线路等未受到泄洪雾化的明显影响，但左岸温泉房、导流洞出口下游山坡、右岸 $6^{\#}$ 冲沟均受到泄洪雾化降雨的影响，其中左岸温泉房整体倾斜，而后两个部位的岩体及土坡均出现垮塌。据此，根据江垭水利枢纽泄洪雾化的雨强观测成果对影响部位提出了相应的防护措施。

对于土坡，当雨强低于 10 mm/h 时，可挖除松动体，采取加强绿化、增加植被、开挖排水沟等设施；当雨强为 10～50mm/h 时，土坡宜采用浆砌石护坡，必要时下部采用混凝土护坡，并增加排水设施；当雨强为 50～100mm/h 时，土坡需采用喷锚混凝土防护；当雨强为 100～300mm/h 时，对于土坡及风化岩体，为避免山体滑坡，建议修筑混凝土护坡，加装排水设施；当雨强大于 300 mm/h 时，采用具有一定抗冲能力的钢筋混凝土护坡，且需有一定厚度。

根据原型观测来看，减轻泄洪雾化灾害的另一个途径是合理进行闸门调度。就江垭水利枢纽原观的闸门调度过程来看，同样泄量，对称开启边中孔与单独开启中间中孔相比，水舌入水宽度明显缩窄，在两岸引起的雾雨明显减轻；同样，边表孔与中孔的联合泄流在近坝岸坡引起的雾雨比中表孔与中孔联合泄流时弱得多。

(4)水布垭水利枢纽

水布垭水电站是清江梯级开发的龙头工程，位于湖北省巴东县境内，上距恩施市 117km，下距隔河岩水利枢纽 92km。水库正常蓄水位 400m，相应库容 43.12 亿 m^3，装机容量 1600MW，工程的主要任务以发电、防洪为主并兼顾其他。工程为一等大(1)型水利水电工程，永久主要建筑物级别为 1 级，次要建筑物级别为 3 级。主体建筑物由混凝土面板堆石坝、左岸溢洪道、右岸地下电站和放空洞等组成。混凝土面板堆石坝最大坝高 233m，为目前世界上最高的面板坝。

水布垭水电站左岸泄洪雾化的影响降雨范围顺河流方向向下游延伸、高程逐渐降低，最远达到桩号 1+200.0m，最大高程 310.0m。雾区范围顺河流方向向下游延伸，最远到桩号 1+300.0m，最大影响高程 330.0m。在 $P=1\%$ 泄洪工况条件下，左岸滑坡体上的雾化雨强分布见图 6.6。大岩淌滑波距溢洪道挑流鼻坎约 250.0m，受雾化降雨的影响大，在高程 285.0m 以下，滑坡体上的雨强超过了 10.0mm/h(自然特大暴雨)。台子上滑坡距溢洪道挑流鼻坎约 910.0m，滑坡体上的雾化降雨强度较小。

河道右岸泄洪雾化的影响降雨范围顺河流方向向下游延伸、高程逐渐降低，最远达到桩号 1+150.0m，最大高程 410.0m。雾流顺河流方向向下游延伸达到桩号 1+300.0m，马崖高陡边坡凸向河道中心，雾流沿马崖高陡边坡爬升，最大高程可达 460.0m。马岩湾滑坡距溢洪道挑流鼻坎约 770.0m。滑坡体在高程 290.0m 以下部分受到雾化降雨的影响，降雨强度达 2.5～9.1mm/h，相当于自然降雨的暴雨—特大暴雨量级。

1)雾化防护范围

根据原型观测资料分析、模型试验测试以及同类工程泄洪雾化类比分析的研究成果,遵循安全可靠和经济实用的原则,选取洪水频率 $P=1\%$ 的泄洪工况作为水布垭泄洪雾化防护的设计工况,对泄洪雾化降雨的Ⅰ～Ⅲ级强降雨区采用分级、分区进行防护。其具体范围为左岸从挑流鼻坎至台子上滑坡上游坡脚,高程 290m 以下范围;右岸自挑流鼻坎至马岩湾滑坡下游坡脚,最大高程 320m 以下的区域。其中,左岸重点保护左岸大崖高边坡和大岩淌滑坡,右岸重点保护马崖高边坡及电站出线场交通洞以下至马岩湾滑坡下游坡脚范围。

2)雾化防护措施

①大崖高边坡。

所有开挖边坡高程 230～250m 护坡混凝土厚 0.5m,高程 250～270m 护坡混凝土厚 0.3m,高程 270～300m 采用挂网喷护 15cm,高程 300m 以上采用素喷 10cm 混凝土保护,且所有开挖边坡均设置地表排水系统和排水孔。

②大岩淌滑坡。

为了减少地表水的入渗,将地表水尽快排离滑坡范围,力求消除泄洪雾化雨对滑坡稳定的影响,大岩淌滑坡地表设置全面防渗排水系统,地表排水沟的设计标准为强雾化暴雨区降雨强度为 300mm/h,雾流降雨区强度为 200mm/h,径流系数按 100% 考虑。地表防渗措施采取:①坡面挂网混凝土喷护,喷护厚度 20cm;②工程完工后植被绿化。

③马崖高边坡。

为防止泄洪雾化降雨入渗,所有开挖坡面设置全面防渗排水系统,地表排水系统包括周边截水沟、坡面纵横向排水沟和坡面排水孔。对所有开挖坡面以及正面坡 4# 平洞以西 P_{1q}^{4+5} 以下软岩全部采用挂网喷护,喷护混凝土厚 12cm。4# 平洞以东至马岩湾滑坡、电站出线场交通洞以下的所有软岩边坡均喷锚保护并设置排水孔。

④马岩湾滑坡。

马岩湾滑坡体在高程 290.0m 以下部分处于雾化降雨影响区,为消除泄洪雾化降雨对滑坡的影响,整个滑坡范围均设置地表排水系统,地表排水系统的设计最大降雨强度为 100mm/h。

左、右岸泄洪雾化防护范围内高程 230m 以下所有岸坡均进行混凝土护坡保护,护坡混凝土厚度为 1～2m。河道左岸泄洪雾化分区、分级防护范围见表 6.2,河道右岸泄洪雾化分区、分级防护范围见表 6.3。

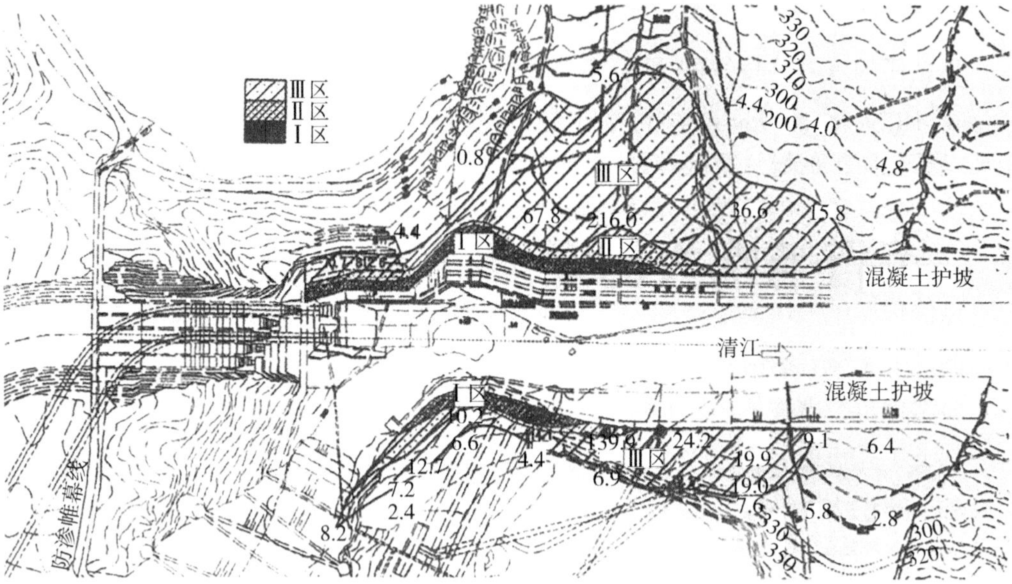

图 6.6　水布垭泄洪雾化分区、分级防护

表 6.2　　　　河道左岸泄洪雾化分区、分级防护范围

Ⅰ级防护区（S≥600mm/h）		Ⅱ级防护区（600mm/h>S≥200mm/h）		Ⅲ级防护区（200mm/h>S≥10mm/h）	
桩号/m	高程范围/m	桩号/m	最大高程/m	桩号/m	最大高程/m
/	/	/	/	0+250.0	230.0(起点)
/	/	0+335.0	230.0(起点)	0+300.0	230.0～282.0
0+365.0	230.0(起点)	0+350.0	230.0～250.0	0+350.0	250.0～286.0
0+400.0	230.0～240.0	0+400.0	240.0～258.0	0+400.0	258.0～284.0
0+450.0	230.0～246.0	0+450.0	246.0～258.0	0+450.0	258.0～279.0
0+500.0	230.0～247.0	0+500.0	247.0～255.0	0+500.0	255.0～278.0
0+550.0	230.0～247.0	0+550.0	247.0～252.0	0+550.0	252.0～274.0
0+600.0	230.0～239.0	0+600.0	239.0～246.0	0+600.0	246.0～277.0
0+650.0	230.0～235.0	0+650.0	235.0～241.0	0+650.0	241.0～286.0
0+700.0	230.0～235.0	0+700.0	235.0～244.0	0+700.0	244.0～290.0
0+750.0	230.0～236.0	0+750.0	236.0～248.0	0+750.0	248.0～289.0
0+800.0	230.0(终点)	0+800.0	230.0～240.0	0+800.0	240.0～285.0
/	/	0+830.0	230.0(终点)	0+850.0	230.0～281.0
/	/	/	/	0+900.0	230.0～278.0
/	/	/	/	0+950.0	230.0～273.0
/	/	/	/	1+000.0	230.0～267.0
/	/	/	/	1+050.0	230.0～262.0

续表

Ⅰ级防护区（S≥600mm/h）		Ⅱ级防护区（600mm/h>S≥200mm/h）		Ⅲ级防护区（200mm/h>S≥10mm/h）	
桩号/m	高程范围/m	桩号/m	最大高程/m	桩号/m	最大高程/m
/	/	/	/	1+100.0	230.0～257.0
/	/	/	/	1+150.0	230.0～243.0
/	/	/	/	1+167.0	230.0(终点)

表 6.3 河道右岸泄洪雾化分区、分级防护范围

Ⅰ级防护区（s≥600mm/h）		Ⅱ级防护区（600mm/h>s≥200mm/h）		Ⅲ级防护区（200mm/h>s≥10mm/h）	
桩号/m	高程范围/m	桩号/m	最大高程/m	桩号/m	最大高程/m
/	/	/	/	0+339.0	230.0(起点)
/	/	/	/	0+350.0	230.0～235.0
/	/	/	/	0+400.0	230.0～259.0
0+491.0	230.0(起点)	0+465.0	230.0(起点)	0+450.0	230.0～277.0
0+500.0	230.0～249.0	0+500.0	249.0～275.0	0+500.0	275.0～311.0
0+550.0	230.0～274.0	0+550.0	274.0～290.0	0+550.0	290.0～351.0
0+600.0	230.0～283.0	0+600.0	283.0～305.0	0+600.0	305.0～370.0
0+650.0	230.0～296.0	0+650.0	296.0～317.0	0+650.0	317.0～385.0
0+700.0	230.0～253.0	0+700.0	253.0～275.0	0+700.0	275.0～395.0
0+715.0	230.0(终点)	0+750.0	230.0～257.0	0+750.0	257.0～386.0
/	/	0+775.0	230.0(终点)	0+800.0	230.0～368.0
/	/	/	/	0+850.0	230.0～330.0
/	/	/	/	0+900.0	230.0～323.0
/	/	/	/	0+950.0	230.0～324.0
/	/	/	/	1+000.0	230.0～293.0
/	/	/	/	1+050.0	230.0(终点)

6.3 雾化防护措施

根据上述调查研究成果，以及各专题研究成果，对水电站枢纽泄洪雾化降雨分级分区，并进行相应的防护。

泄洪雾雨分区防护：

Ⅰ级雾化降雨区，降雨强度 $S \geq 600$mm/h，破坏力强，两岸边坡可采用混凝土护坡；根据雾化雨强分布，设计和修建排水设施。此范围不能布置电站厂房、开关站等

建筑物和附属设施，边坡需护坡保护，且须禁止人员车辆通行。

Ⅱ级雾化降雨区：600mm/h>S≥200mm/h，破坏力比Ⅰ区稍低，该雨区内的两岸边坡可采用喷混凝土和锚杆保护，根据雾化雨强分布，设计和修建排水设施。泄洪时，该雨区内禁止人员和车辆等通行。

Ⅲ级雾化降雨区：200mm/h>S≥10mm/h，该雨强范围大部分超过了自然特大暴雨强度下限(11.7mm/h)，相应范围的边坡仍需保护，雨区内的两岸边坡可采用砌石或喷混凝土等进行保护；根据雾化雨强分布，设计和修建排水设施，对建筑物设置的限制同Ⅰ、Ⅱ级雾化降雨区，须限制人员和车辆通行。

Ⅳ级及其以下雾化降雨区：S<10mm/h，雨强介于自然大暴雨和大雨之间，一般不需要特殊的雾化防护措施，防护方法类同于自然降雨的防护方法，必要时须设置排水设施。

另外，除上述措施外，尚应结合雾雨区工程地质、地貌及布置情况等进行具体处理：

(1)清坡及削坡

人工撬挖边坡上危石及松散岩体，对于体积超过0.7m^3的块石及岩体，可进行小药量浅孔爆破，坡面清理后不能有反坡，因裂隙切割或爆破松动的岩石应清理干净，削坡根据设计坡比进行爆破施工。

(2)主动防护网

利用锚杆将钢丝绳网紧贴岩面固定在坡面上，具有“局部受力、整体承载”的特点，能适应复杂地形、施工方便，适用于地形条件差、施工条件恶劣的大面积的危岩体防护。

(3)被动防护网

针对小于0.5m^3的危石，并视具体部位可设多道拦截形式。

(4)锚杆、锚筋桩、预应力锚索

当主动防护网和被动防护网难以维持边坡局部的稳定时。根据边坡的具体情况，采用锚杆、锚筋桩、预应力锚索等对危石或危岩体进行加固处理。

(5)喷混凝土加排水

对边坡上存在的难以清除的松散堆积体及破碎岩体。采用喷混凝土的方法进行表面封闭，并配合排水孔将岩体内孔隙水排出。

(6)公路防护

修筑钢筋混凝土防雾廊道，增设公路的排水设施，混凝土路面。

(7)永久建筑物防护

封闭式建筑物,设坝体相通的廊道进出,采用防水门窗,且能抗防雨水喷砸。

(8)土坡防护

增设排水系统,防止土坡的冲刷和渗水破坏,引起泥石流,土坡采用"土工布+土工格栅+浆砌石框格"进行保护。

6.4 小结

挑射泄洪引起下游局部地区雾化不可避免,其对工程的危害通过前期预测计算研究以及一系列后期工程防护措施可以避免,保证工程安全运行。

综合考虑泄洪雾化降雨强度以及影响危害,对雾化降雨进行分级分区,并进行相应的防护处理,合理的防护方式能有效地保证工程安全,同时节省工程投资。

参考文献

[1] 张功育,汤健,王海军,等. 跌坎型底流消能工消能机理与研究[J]. 南水北调水利与科技,2005(6):43-45.

[2] 孙永娟,孙双科. 高水头大单宽底流消能技术研究成果综述[J]. 水力发电,2005(8):70-72.

[3] 丁学琦. 大流量高水头水电站泄洪消能设计的探讨[J]. 西北水电,2009(6):1-6.

[4] 刘昉. 挑流泄洪雾化数学模型改进与影响因素分析研究[D]. 天津:天津大学,2004.

[5] 向光红,曹去修. 乌东德水电站枢纽布置咨询报告[R]. 长江勘测规划设计研究院,2005.

[6] 杨智鸿,王愈. 泄洪雾化研究综述[J]. 中国水运,2008,8(7):153-155.

[7] 何海林. 黄龙潭电厂淹没厂房事故前后[J]. 湖北电业,2008:65-69.

[8] 周辉,黄国兵,王才欢,清江水布垭水利枢纽溢洪道泄洪雾化模型试验研究报告[R]. 长江科学院,2002.

[9] 黄财元. 挑流泄洪雾化的 BP 人工神经网络模型[D]. 天津:天津大学,2005.

[10] 王颖,李志远,李池清,白山水电站泄洪溅水雾化与防护工程研究[J]. 水利水电技术,2008,39(6):113-116.

[11] 李瓒. 龙羊峡水电站挑流水雾诱发滑坡问题[J]. 大坝与安全,2001(3):17-20.

[12] 张云芳. 拉西瓦水电站泄洪雾化影响范围研究[D]. 天津:天津大学,2002.

[13] 柴恭纯，陈慧玲. 高坝泄洪雾化问题的研究[J]. 山东工业大学学报，1992，22(3)：29-35.

[14] 柳海涛，刘之平，孙双科. 泄洪雾化预测的人工神经网络方法探讨[J]，水利学报，2005，36(10)：54-57.

[15] 吴修峰，吴时强. 湾塘水电站泄洪雾化原型观测[J]. 水利水运工程学报，2001，12：71-74.

[16] 何思聪. 高坝泄洪雾化研究综述[J]. 现代商贸工业，2012，7：180-181.

[17] 向光红，李伟，王才欢. 清江水布垭水电站泄洪雾化影响分析及防护措施研究[R]. 长江勘测规划设计研究院，2004.

[18] 肖兴斌. 高坝挑射水流雾化研究综述[J]. 长江水利教育，1997，14(1)：69-72.

[19] 刘宣烈，安刚，姚仲达. 泄洪雾化机理及影响范围探讨[J]. 天津大学学报，1991，14(1)：31-36.

[20] 黄国情，吴时强，陈惠玲. 高坝泄洪雾化模型试验研究[J]. 水利水运工程学报，4：91-94，2008.

[21] 陈端，金峰，李静. 高坝泄洪雾化降雨强度模型率研究[J]. 水利水电技术，2005，36(10)：47-49.

[22] 陈端. 高坝泄洪雾化雨强模型律研究[D]. 武汉：长江科学院，2008.

[23] 陈维霞. 鲁布革电站泄洪建筑物雾化原型观测[J]. 云南水力发电，1996，12(4)：31-36.

[24] 陈慧玲. 乌江东风水电站水力学原型观测——泄洪雾化观测报告[R]. 南京水利水电研究院，1997.

[25] 宋恩来. 白山水电站泄洪“雾化”和溅水研究[J]. 东北电力技术，2002，8：9-13.

[26] 王环玲，徐伟亚. 高坝泄洪雾雨的强度和分布范围研究进展[J]. 三峡大学学报，2010，32(5)：1-5.

[27] 孔彩粉，廖忠刚，耿莉，等. 小浪底工程泄洪雾化影响及其防护[J]. 华北水利水电学院学报，1999，20(2)：18-20，35.

[28] 苏建明，李浩然. 二滩水电站泄洪雾化对下游边坡的影响[J]. 水文地质工程地质，2002，2：22-24.

[29] 王才欢，金峰，林珍喜，等，江垭水利枢纽工程大坝水力学原型观测报告[R]. 长江科学院，2002.

[30] 刘宣烈，刘钧. 三元空中水舌掺气扩散的试验研究[J]. 水利学报，1989，11：10-17.

[31] 杨朝晖，吴守仁，刘善均，等. 宝珠寺水电站泄洪雾化原型观测[J]. 水利水电技

术,2007,38(1):69-73.
[32] 陈慧玲.小湾水电站泄洪雾化研究[J].云南水力发电,1998,14(4):51-55.
[33] 罗福海,李伟,向光红.水布垭电站泄洪雾化影响分析及防护研究[J].水利水电快报,2009,30(11):37-39.
[34] 陈端,金峰,向光红.构皮滩工程泄洪雾化降雨强度及雾流范围研究[J].长江科学院院报,2008,25(1):1-4.
[35] 陈端.高坝泄洪雾化降雨强度分布及模型律研究[R].长江科学院,2010.
[36] 刘宣烈.泄洪雾化入水喷溅物理及数学模拟研究[R].天津大学,1989.
[37] 周辉,陈慧玲.挑流泄洪雾化降雨的模糊综合评判方法[J].水利水运科学研究,1994,1-2:165-170.
[38] 李渭新,王韦,许唯临,等.挑流消能雾化范围的预估[J].四川联合大学学报,1999,3(6):17-23.
[39] 孙双科,刘之平.泄洪雾化降雨的纵向边界估算[J].水利学报,2003,12:53-58.
[40] 梁再潮.雾化水流溅水区的分析和计算[J].长江科学院院报,1996,13(1):9-13.
[41] 梁再潮.雾化水流计算模式[J].水动力学研究与进展(A辑),1992,7(3):247-255.
[42] 刘士和,梁再潮.深窄峡谷区泄洪雾化及其影响的研究[J].武汉水利电力大学学报,1997,30(4):6-9.
[43] 刘士和,曲波.泄洪雾化溅水区长度深化研究[J].武汉大学学报(工学版),2003,36(5):5-8.
[44] 孙双科,刘之平.泄洪雾化降雨的纵向边界估算[J].水利学报,2003,12:53-58.
[45] 彭新民,林芝,黄财元,等.挑流泄洪雾化的人工神经网络模型初探[J].中国农村水利水电,2006,1:60-61,65.
[46] 向光红,江义兰,金蕾.构皮滩水电站泄洪雾化及防护研究[J].贵州水力发电,2005,19(2):34-36.
[47] 徐洪霞,赵心畅.水利工程混凝土高边坡生态恢复措施研究[J].中南水力发电,2008,12:28-32.

第7章 总结与展望

本书针对坝高、泄洪功率大、河谷狭窄、岸坡形态和地质条件复杂等特点，在以往的研究基础上，通过5个专题对高坝泄洪雾化的预测技术进行了研究，耦合原型工程类比、物理模型和数学模型预测方法，开展泄洪雾化复合预测技术研究，全方位预测泄洪雾化各雨区以及雾区的降雨强度和雾流浓度的分布及范围，研究泄洪雾雨入渗对近坝区边坡稳定性的影响，以及不同雾雨强度和地质条件差异对雾化区边坡稳定性状的影响规律与致灾机理，分析坝区局部区域内雾雨对周边环境的影响方式、范围，研究泄洪雾雨对该区域内人类生产生活以及动植物环境的影响机制，提出泄洪雾雨环境影响评价指标体系。

①高坝泄洪雾化形成过程是挑流水舌在空中运动过程中紊动掺气形成不连续水体和落入下游水体时激溅反弹形成破碎水滴，向周围扩散形成降雨和雾流。泄洪雾化是非常复杂的水—气和气—水两相流，影响因素十分复杂，雾化降雨的影响范围和降雨强度与上下游水位、下泄流量、消能方式、下游地形地势、当地气候等因素有关。

②泄洪雾化雾源区的降雨强度以水舌落水点为中心呈对称分布，数值由内向外逐渐减小。落水区上游的雾化主要由水舌两侧散裂水滴抛洒形成，降雨强度在横向断面内呈双峰分布；落水区下游的雾化主要由水舌与水体激溅反弹产生，降雨强度在横向断面内呈单峰对称分布；落水区两侧同时有水舌裂散抛洒和水舌落入水体激溅反弹产生的雾化，形成的雨强基本沿纵向呈单调递增的分布趋势。

③泄洪雾化降雨雨滴主要由滴径较小、数量众多的优频雨滴和滴径较大、数量很少的优势雨滴组成，两种雨滴的组成比例共同影响测点雨强的大小。优势雨滴和优频雨滴满足不同的模型律，雾化雨强的模型律可表达为两者的线形组合。泄洪雾化引起的下游降雨原则上可以分为三个区：抛洒降雨区、溅水降雨区、雾流降雨区。其中，抛洒降雨区的降雨组成以优势雨滴为主，雨强模型律为 $S_P = S_m \times L_r{}^{1.553}$；溅水降雨区的降雨优势和优频雨滴的成分并重，雨强模型律为 $s_p = s_f \times L_r{}^{1.653} + s_g \times L_r{}^{1.196}$；雾流降雨区的降雨以优频雨滴为主，雨强模型律为 $S_P = S_m \times L_r{}^{1.636}$ 。

④挑流雾化水流全场预测计算数学模型，得到了江垭和东江水电站泄洪雾化原

型观测资料的验证计算，表明该泄洪雾化数学模型可用于挑流泄洪工程的雾化降雨模拟计算，为类似工程的设计以及工程下游边岸防护提供科学参考。

⑤以细砂、黏土为研究对象，采用模型试验研究降雨条件下的边坡稳定性，全程监测坡内含水率、孔压、坡面位移物理量的变化，观察不同雨强、坡度下边坡的破坏现象。通过归纳和分析试验数据，对含水率、孔压变化进行深入研究，进一步揭示降雨入渗对边坡破坏机理和过程，随着雨强的增大，含水率发生变化的时间越早，因为雨强增大，边坡容易饱和，而饱和渗透系数大于非饱和渗透系数，所以随着雨强增大，水分入渗也快。随着雨强的增大，孔压发生变化的时间越早，增加的梯度相对也大，但最终所达到的最大值基本相同。这说明雨强增大，饱和带形成时间越早，而孔压最终的大小不是由雨强决定的，小雨强长历时也能形成较大孔压，从而较大降低土体的有效应力和抗剪强度，降低边坡稳定性。

⑥雾化雨入渗条件下，边坡坡脚、下部首先产生水压力且由坡面至坡底增加。随着降雨入渗，饱和区域向下发展，饱和区域亦从在边坡底部由坡外向坡内发展，孔压区域因此向下部和内部发展，即水压力区域在竖直和水平方向上均会发展。最终，整个坡体均产生孔压，边坡表层处孔压等值线密集，说明表层水压力变化梯度大，水分的势能变化大；在边坡内部，水压力在坡外向坡内的方向上增加，在竖向上也是增加，最终在边坡上部的底部区域有最大孔压。

⑦陡坡的整个坡面区域均有较大孔压，而缓坡中部至顶部的坡面区域的孔压要较小，它们在靠近坡底的区域孔压均较大，从陡坡孔压分布说明其破坏除了重力的分量增大外还有孔压的影响导致破坏规模大和连续性强。

⑧有限元模拟分析结果表明，虽然无防护时，安全系数在降雨停止后能迅速回升，但由于其在降雨时，下降幅度大，下降速度快，总体安全性偏低。有抗滑桩时，由于抗滑桩的布置位置和布置数量对安全系数影响较大，因此此次计算情况并不能完全反映其对边坡安全系数的影响，具有一定的局限性，如果布置准确，抗滑桩能极大地提高潜在滑动块的抗滑能力。浆砌石护坡条件下，其安全系数与混凝土条件相比，对降雨更为敏感，安全系数变化响应更为迅速，但总体下降幅度有限。浆砌石护坡的入渗率如果过小，将影响边坡的排水能力，内部阻滞的水将提高静水压力，进而威胁边坡的稳定性；反之，则无法对大量降雨起到有效的阻渗作用。而在混凝土衬砌条件下，安全系数变化幅度最小，且在此次计算中，其所有工况的安全系数均大于1，显示其在有雾化雨入渗条件下，对边坡安全防护具有十分明显的作用。需要指出的是，在有混凝土衬砌时，为了能使其发挥最大的保护作用，安全排水设置仍然十分重要。

⑨在掌握雾雨强度及分布的基础上，分析坝区局部区域内雾雨对周边环境的影响方式、影响程度和影响范围，研究泄洪雾雨对该区域内人类生产生活以及动植物环

境的影响机制，在雾雨区和对照区，选定样方，对比分析湿度、温度、土壤含水量、土壤微生物群落、植物光合作用速率、植被格局等的差异，从温度和湿度要素评价雾雨对动物/人的舒适度影响，从植物光合作用速率及植被格局差异研究雾雨对植被的影响；通过对实验数据的分析，结合观测，提出了泄洪雾雨环境生态影响评价指标体系，包括：雾雨区湿度变率及其持续时间、雾雨区温度变率及其持续时间，雾雨区人为淹没强度及其持续时间，进而为建立泄洪雾雨环境影响评价指标体系提供参考。

⑩雾化区雾流降雨潜在危害程度受多个因素影响，具有不确定性及模糊性，因而模糊数学综合评判方法是雾流降雨潜在危害程度评价分析的有效途径；研究分析雾化区内雾流降雨潜在危害程度的 7 个主要影响因素，评价泄洪雾雨影响范围及对高边坡稳定、坝区交通、电厂发电、局部区域内人类生产生活以及动植物环境的影响，对于十分特殊的问题，可适当增加考虑的关联因素，扩展评价指标体系，即可进行模糊综合分析；指标体系及其权重的选取都是在广泛调查及实际工程经验的基础上得出的，有较为扎实的基础，通过对工程实例的评价分析，所得结果与实际吻合较好，验证了模型的有效性。

⑪挑射泄洪引起下游局部地区雾化不可避免，其对工程的危害通过前期预测计算研究以及一系列后期工程防护措施可以避免，保证工程安全运行，综合考虑泄洪雾化降雨强度以及影响危害，对雾化降雨进行分级分区，并进行相应的防护处理，合理的防护方式能有效地保证工程安全，同时节省工程投资。

通过上述的研究，基本掌握了泄洪雾化的运动规律，并在前人研究的成果上，开发了泄洪雾化降雨和雾流复合预测技术，建立复杂条件下泄洪雾雨区边坡稳定性以及坝区局部区域雾雨环境影响的定量评价机制，提出泄洪雾化工程安全与环境影响的综合防护措施，并开展工程应用研究。以此进一步提高我国高水头、大流量水利水电工程泄洪的安全性，为西部地区现代水利水电工程的建设、管理提供科学依据和技术支撑。

由于泄洪雾化是非常复杂的水—气和气—水两相流，影响因素十分复杂，本书的预测技术还需要不断地通过其他工程进行检验和修正，并不断地加以完善。